Art Design

高职高专艺术设计类专业
“十二五”规划教材

CorelDRAW
Technology and design

CorelDRAW 技术与设计实战

夏高彦　编著

化学工业出版社
·北京·

本书以CorelDRAW绘图的一般顺序（即绘制轮廓——初步填色——图形修整——特效深化——文本添加——图形类型转换）为编撰章节次序，以CorelDRAW实际工作中的功能需求为内容叙述依据，将案例操作与软件功能学习有机结合，可有效实现做中学、学中做的理实一体化需求。同时利用信息化平台与手段，配置了相应的微课式学习视频、微型化在线测试、典型化实操案例等网络学习内容。全书由34个案例和实用的技术理论结合而成，结构清晰、技法全面，针对性和实用性较强。

本书适合于初级、中级用户的理实一体化教学或者业余自学，也可以供平面广告设计、标志设计、VI设计、图案设计等人员学习参考。

图书在版编目（CIP）数据

CorelDRAW技术与设计实战/夏高彦编著. —北京：化学工业出版社，2016.12

高职高专艺术设计类专业“十二五”规划教材

ISBN 978-7-122-28338-2

Ⅰ.①C… Ⅱ.①夏… Ⅲ.①图形软件-高等职业教育-教材 Ⅳ.①TP391.41

中国版本图书馆CIP数据核字（2016）第253508号

责任编辑：李彦玲　朱　理　　装帧设计：夏高彦　王晓宇
责任校对：边　涛

出版发行：化学工业出版社（北京市东城区青年湖南街13号　邮政编码100011）
印　　装：北京画中画印刷有限公司
787mm×1092mm　1/16　印张13　字数356千字　2017年1月北京第1版第1次印刷

购书咨询：010-64518888（传真：010-64519686）　售后服务：010-64518899
网　　址：http://www.cip.com.cn
凡购买本书，如有缺损质量问题，本社销售中心负责调换。

定　　价：58.00元

前言
Foreword

无论是普通图书市场还是教材市场，并不缺乏计算机设计软件的书籍。这些书籍大致分为两类，即偏理论的教程类书籍和偏实例的案例类书籍。在这两类书籍中，偏重理论的教程类书籍因为过于强调每个功能、命令的讲解，缺少有质量的实例的支撑，常令读者感到乏味而令学习难以持续；偏重案例类的书籍虽然让读者能从案例中体验到制作成功的喜悦，直观地感受到软件功能的运用，但案例内容常因未顾及对软件功能的系统解剖而让读者学习完后仍是一知半解，只知道按相应的案例步骤做，却没有触类旁通，真正理解。

本书通过8个章节共30个功能针对性强的案例将知识贯通起来，使读者能按先通过实例体验功能，再运用理论引导理解，继而再用案例强化使用的理实一体的方法进行有效的学习。最后，在第9章，再通过5个类别的企业案例设计制作，让读者充分体验CorelDRAW这个软件在实际工作中的运用。

本书的特色主要表现在：第一，书的结构设计清晰、简练。每一章的结构均由要领导航图示——学习导入——实例先导——技术详解——案例（趁热打铁）——案例（举一反三）构成。这种结构能够很明晰地让读者清楚学习目的，并能由浅入深地进行学习，很适合自学以及理实一体化教学的需要。第二，将实例与技术理论科学融合，实现实例所用软件技术与所在章节的理论一对一的对接；第三，将技术与设计、艺术有效融合，做到案例设计既能契合相应的软件技术，又能体现一定的艺术审美，并且能与工作中的设计实战结合。第四，将学校系统教育、社会机构软件培训、企业工作的不同需要有机融合。学校教育要立足技能传授，注意知识培养的系统性；社会机构软件培训强调以案例入手，培训讲究短平快；企业实际工作重在设计作品与客户要求的对接，这些需要都通过本书合理的结构安排、精心的案例设计得到良好的体现与融合，适用于各类读者。

该书采用CorelDRAW X7版本（32位）制作而成。但是为了使用不同版本的读者学习方便，所提供的CorelDRAW素材、源文件等已全部转换成了X4版本，即使未安装最新版本的读者也可以方便地学习使用。

本书以湖南省名师空间课堂项目为资源支撑，适合信息化教学的需要，该网络课堂中配有与本书相关联的部分微课教学视频、案例视频、课程标准、授课计划、教案、实训素材、在线自测、试题库、试卷库等内容，读者可点击http://www.worlduc.com/SpaceShow/index.aspx?uid=359903进行学习下载。

最后，特别感谢长沙天蓬元帅品牌设计有限公司朱建明经理提供部分企业项目案例，感谢娄底职业技术学院彭艳云、方芳、张海峰，潇湘职业学院曹先兵提供的帮助。当然，由于编者的水平有限，编撰过程中难免有不尽如人意的地方，欢迎广大读者提出批评建议。

娄底职业技术学院　夏高彦

2016年11月

目录
CONTENTS

第6章 图形特效篇 /084

第7章 文字处理篇 /124

第8章 位图运用篇 /139

第9章 设计实战篇 /159

参考文献 /202

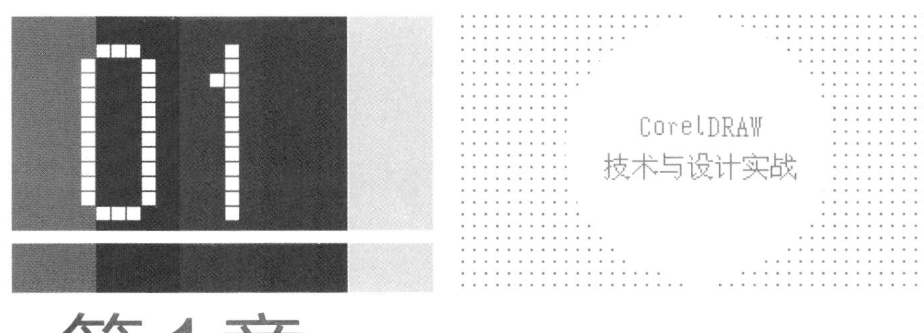

第1章 学前准备篇

要领导航

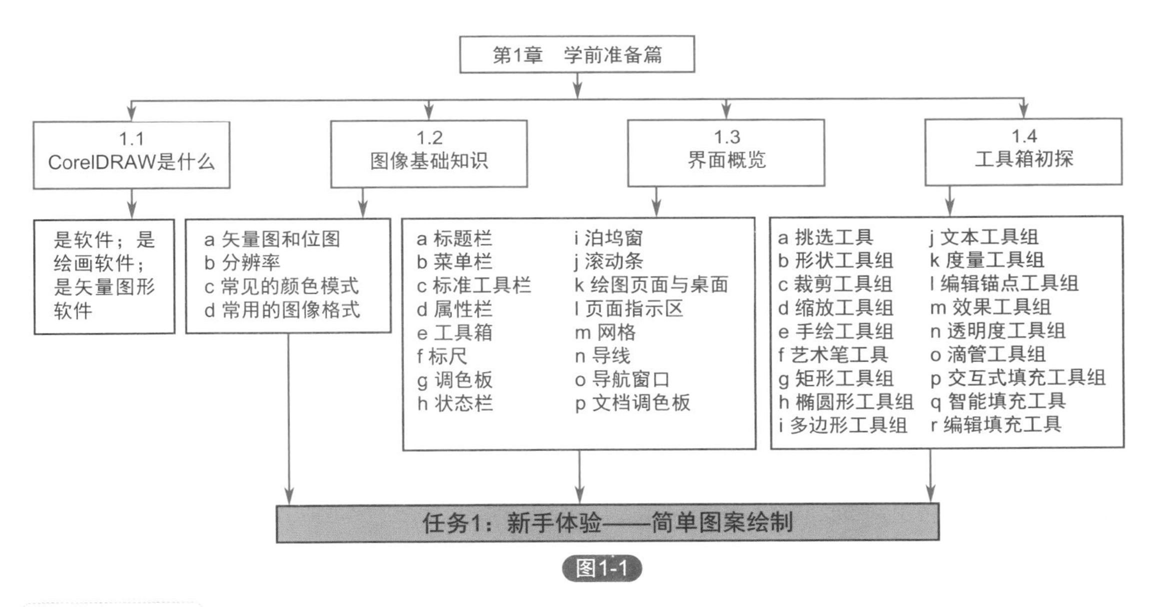

图1-1

学习导入

提问：新手学习一个图形设计软件要从哪里开始入门？

回答：先了解软件的能完成哪些工作、了解与图形处理相关的一些最基础的知识，然后感受一下软件的界面、体验一下软件的应用，这样，你就算是初步认识它了。下面，就让我们这么开始吧！

技术详解

1.1 CorelDRAW是什么

CorelDRAW是Corel公司推出的一个图形软件。Corel软件公司总部设在加拿大的渥太华，是硅谷以北最有影响力的软件公司之一。

CorelDRAW产生于1989年，这是一个一开始就基于PC机的应用软件。自这一年起，该公司几乎每12 ~ 18个月就会推出一个新的版本。从2006年发布的CorelDRAW 13开始，软件版本更改为CorelDRAW X3。2016年3月，公司发布了CorelDRAW X8。对于不断升级的版本，大家也不需要有太多的担心，不同版本之间常用功能基本是相同的。一些企业在实际工作中，常常会选用几年前的版本。所以，学习时，能很好地掌握一个版本的运用，就无需担心不会使用其他版本。

CorelDRAW是一个绘画和插图的制作软件。它可以广泛运用于标志设计、字体设计、VI设计、广告设计、包装设计、版面设计、Web网页设计、插画设计、书籍装帧设计等诸多领域，可以制作出清晰度很高的高质量的图形。

CorelDRAW是一个矢量图形软件，它常和著名的位图处理软件Photoshop一起联手，在平面设计领域里发挥着各自强大的优势和魅力。当然，该公司也有自己的位图软件Photo Paint，它和Photoshop一样，在处理位图图像方面有着强大的能力。

1.2 图像基础知识

（1）矢量图和位图

矢量图：也叫向量图。它用数学的方法计算并描述出对象，清晰度很高。一个图形中包括许多元素，每个元素都称之为一个“对象”。每个对象都是一个自成一体的实体，包括形状、轮廓、大小、颜色等属性。但这种类型的图像不适于制作一些色彩变化较为复杂的图像，如真实的摄影效果。制作矢量图形的常用软件有：CorelDRAW、Illustrator、FreeHand、Flash、AutoCAD、Fireworks等。

位图：也叫点阵图，是指由像素点组成的图形。在点阵图中，每一幅图像都由许多的小方块形像素点组成。每个像素点的位置、颜色等信息，都被详细地记录下来。所以，当需要处理的数据越多时，文件也就越大，处理的时间也就越长。但由于其记录了每个点的详细信息，所以可以创造出逼真的视觉效果。当图像放大时，图像清晰度将降低。制作位图图形的软件主要有：Photoshop、Paint等。

区分二者的最简单方法：放大图像时，出现“马赛克”式小方块的是点阵图（图1-2中的b-1），始终很清晰的是矢量图（图1-2中的b-2）。

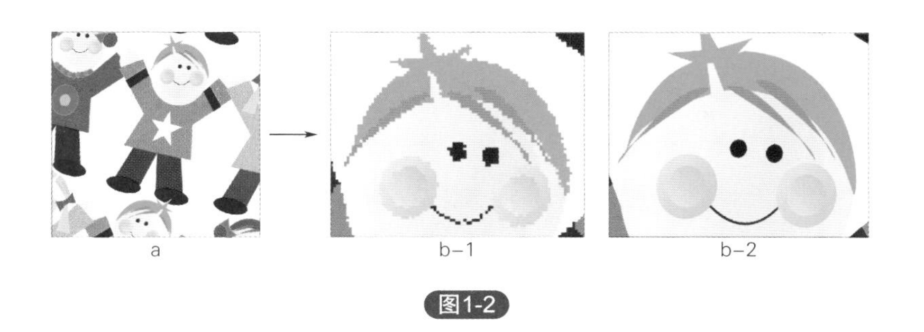

图1-2

（2）分辨率

分辨率指单位长度内所包含像素的多少，用dpi表示，即dot per inch，意思是每英寸多少像素点。它是一个综合性的术语，包括图像分辨率、设备分辨率、输出分辨率等。其中像素的形状是一个小矩形，用px表示，由Picture（图像）和Element（元素）这两个单词的字母构成。

图像分辨率：指图像中每单位长度所包含的像素点的数目。通常以像素/英寸为单位来表示。分辨率越大，文件也就越大，屏幕上所显示的图像也越大，但并不影响实际输出的图尺寸。

设备分辨率：指显示器、数码相机、扫描仪等设备上每单位长度显示的像素点的数目。一般都有一个或几个固定的分辨率，这是一固定的数值，不能更改。显示器的分辨率一般为72dpi或96dpi。当图像设置的分辨率大于显示器分辨率时，在屏幕上显示的尺寸将大于实际输出的尺寸。

输出分辨率：是指打印机、照排机、绘图仪等输出设备在输出图像时每英寸所产生的油墨点数。图像分辨率可不与输出分辨率相同，但应成比例，方能产生较好的效果。

（3）常见的颜色模式

颜色模式是指显示颜色的不同的方式。在计算机图像处理中，常用的模式有RGB、CMYK、HSB、Lab、黑白、灰度、索引等。每种都有自己的特点和适应范围。

① RGB模式。如图1-3，这是一种由红（Red）、绿（Green）、蓝（Blue）三种原色光谱按不同比例和强度混合而呈现的颜色。它是一种加色模式。每种色包括0 ~ 255的强度值，当这个值为最大时，颜色纯度最高。当三种色值都为255时，相混合即产生白色；当三色值均为0时，相混合即产生黑色。通过三种色光不同数值的混合，共可以产生一千六百多万种颜色。这种模式适应于光照、视频和显示器。

② CMYK模式。如图1-4，这是一种印刷模式，主要用于印刷领域。CMYK分别代表青（Cyan）、洋红（Magenta）、黄（Yellow）、黑（Black）。这是一种减色模式。每种色包括0 ~ 100%的强度值。当4种色值都为0时，相混合会产生白色；当4种色值都为100时，相混合会产生黑色。当在电脑上设计的作品最终要发往印刷厂印制时，在发送前，应将色彩模式转换为CMYK模式。

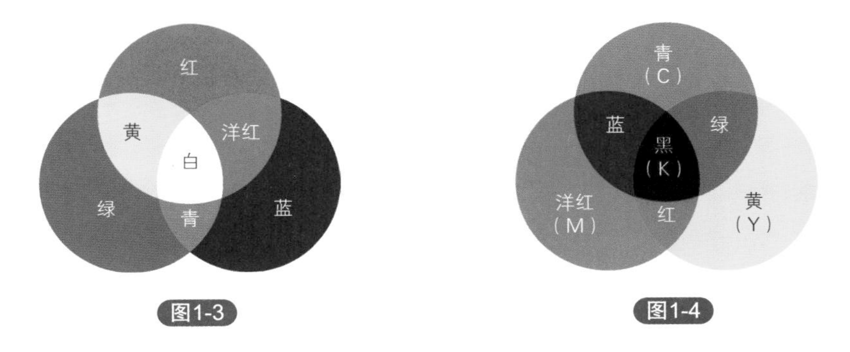

图1-3　　图1-4

③ HSB模式。如图1–5，这是根据色彩三要素来定的模式。HSB分别代表：色相（Hue）、饱和度（Saturation）、明度（Brightness）。其中色相值根据色轮用0 ~ 360° 来表示，饱和度和明度值都用0 ~ 100%来衡量。值越大，越饱和，颜色越亮。

④ Lab模式。如图1–6，这是根据国际照明委员会测量而得的一种模式。Lab是将色彩的明度与彩度分开而设。其中，L代表亮度范围为0 ~ 100；a表示从绿到红的轴线；b表示从蓝到黄的轴线，两者的范围都是 –120 ~ +120。

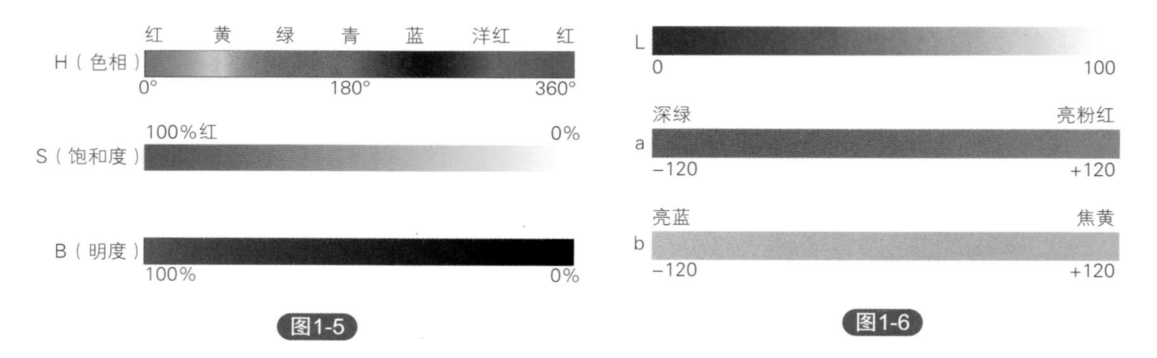

图1-5

图1-6

⑤ 黑白模式。黑白模式没有中间层次，只有黑白两种色。只有灰度模式和通道图模式才能直接转为黑白模式。常见的有三种转换模式：50%阈值、抖动图像转换、误差扩散抖动。通过转换模式转换后，有些图像看起来像是有黑、白、灰的色阶效果，但如果放大再看，就能看到实际上这些效果都是由密集度不同的黑、白像素构成的，只因为密集度不同，才会产生层次感。

⑥ 灰度模式。灰度模式是通过0 ~ 255个灰度值组成的灰色图像，是无彩色模式。其中0表示黑色，255表示白色。在灰度模式下，无论给对象填充任何一种有彩色，都只以相应的灰度显示出来。灰度模式由于被删除了所有的彩色信息，因此，文件较之于RGB等彩色模式要小许多。

⑦ 索引模式。索引模式是根据图像中的像素建立一个索引颜色表，表格里最多只有256种颜色，当图像中包含的颜色超过256种时，程序会将颜色归纳为256种以内，相近似的颜色会被合并为一种颜色。这种模式只可当作特殊效果专用，不能用于常规印刷，常常被用于多媒体和网络上。因为颜色的种类少，所以可节约大量的磁盘空间，同时方便在网络上传输。

（4）常用的图像格式

在计算机领域的各类文件中，因包含了不同的数据类型，所以在保存文件时的文件格式也各不相同。每个程序通常都会为自己的文件添加扩展名，如.doc、.wps、.bmp、.jpg等。扩展名位于文件名的后面，二者之间用实心小圆点隔开，如：图像18.cdr。小圆点不可以去掉，也不能用句号代替。这些扩展名就相当于文件的身份证，如果去掉这些扩展名，文件的类型常常会因为计算机不能识别而无法打开。常用的图像文件格式有以下几种：

① CDR文件。这是CorelDRAW专用的格式，它可以记录文件中对象的属性、位置、分页等，该格式很少能被其他软件和工具所支持。

② JPEG文件。这是一种最常用的图像格式。它是一种有损压缩格式，可压缩文件的大小，共设置了12个压缩级别，在压缩过程中会丢失一些信息，但对图像质量一般并无大的影响，通常压缩级别只要不低于8，一般从屏幕上看是感受不到太大变化的。

③ BMP文件。这是标准的Windows图像格式，支持RGB、索引、灰度、位图等色彩模式，但不支持Alpha通道。但是它所生成的文件占用的空间较大，故而不太受用户欢迎。

④ GIF文件。这是常用于网页制作中的一种格式。可极大地节省存储空间，支持透明背景，

可与网页背景较好地融合。但其只能处理256种颜色，不支持Alpha通道。

⑤ TIFF文件。这是一种应用非常广泛的图像格式。几乎被所有绘画、图像编辑和页面排版应用程序所支持。它可以同时保存路径、图层、通道等。

⑥ PNG格式。这是一种位图文件存储格式，它最大的便利是可以保存对象的透明背景，而且体积较小，正受到越来越多用户的青睐，未来或许有替代TIFF和GIF格式的可能。

⑦ PSD格式。这是Photoshop的专用格式，它是唯一支持全部颜色模式的格式。可记录层、通道、路径、参考线和颜色模式等信息。该格式很少为其他软件和工具所支持。

1.3 界面概览

如图1–7所示，这是CorelDRAW X7的界面。从中我们可以看到，该界面有不少地方与很多的应用软件一样，有着普遍的标题栏、菜单栏、标准工具栏、属性栏、标尺、状态栏等。此外，作为图形处理软件，它还有图形软件所必需的工具箱、调色板、泊坞窗、绘图页面、页面指示区、文档调色板、快速导航窗等。

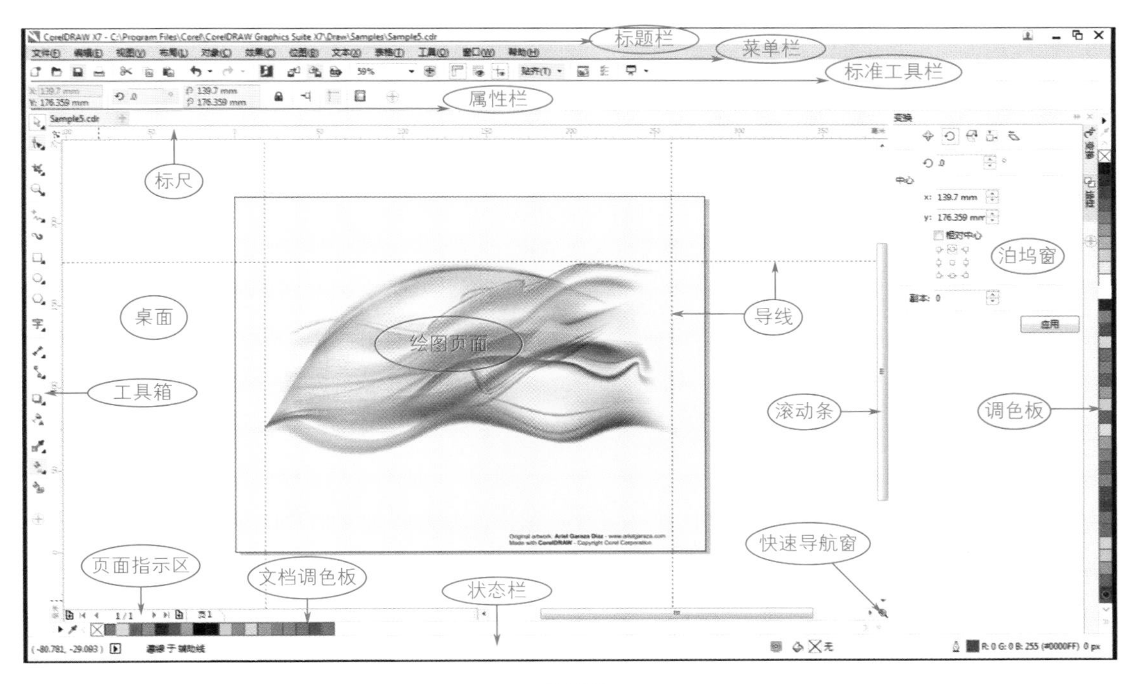

图1-7

(1) 标题栏

如图1–8所示，标题栏列出运行程序名及版本、正在打开使用的文件名。右边有最小化/还原/关闭按钮。

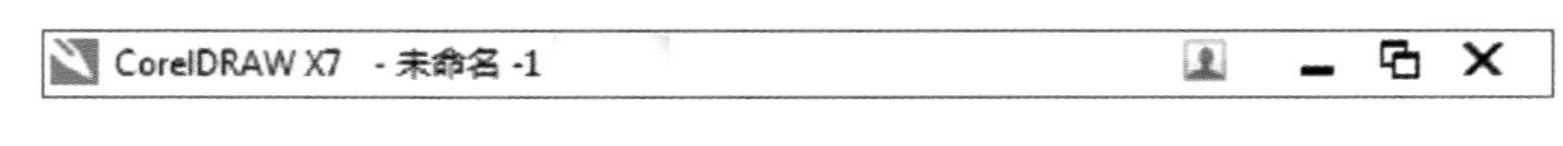

图1-8

（2）菜单栏

如图1-9所示，菜单栏由12大类组成，它提供软件大多数命令和功能。每一菜单之下又有若干下拉式子菜单。

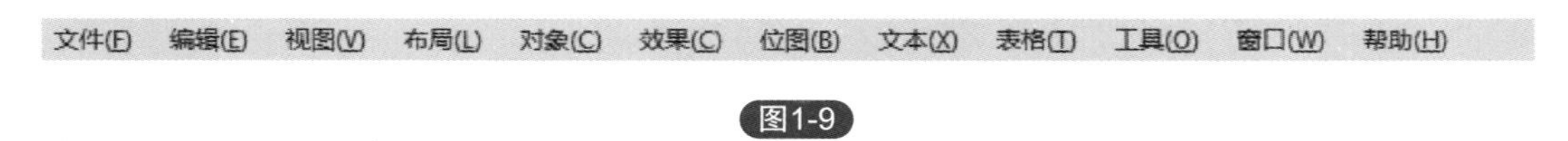

图1-9

（3）标准工具栏

如图1-10所示，标准工具栏提供一些常用命令的快捷按钮。如新建、打开、保存等。

图1-10

（4）属性栏

如图1-11所示，属性栏是位于标准工具栏之下的一个随用户正在使用的工具而变化的横栏，它提供一些与正在使用工具相关的控制、参数。如当使用挑选工具时，该属性栏上会显示文件类型、文件尺寸、页面方向等内容。

图1-11

（5）工具箱

如图1-12所示，工具箱位于窗口的左边，包括一系列绘图工具，用以创建各种作品。

在工具箱顶部边缘按下左键并拖动，可将其移至视窗其他位置，并更改排列方向、单排或多排等排列形式，再若双击，又恢复预置的竖向排列状态。

有些工具的右下显示了一个黑色小三角，表示该工具下藏有其他工具。单击该工具，并停留片刻，即可显示隐藏的工具。

图1-12

（6）标尺

如图1-13所示，标尺由水平和垂直标尺构成，用以辅助确定对象尺寸及位置。

在左上角标尺的交点处单击并拖动鼠标，可重新确定标尺的起始点。

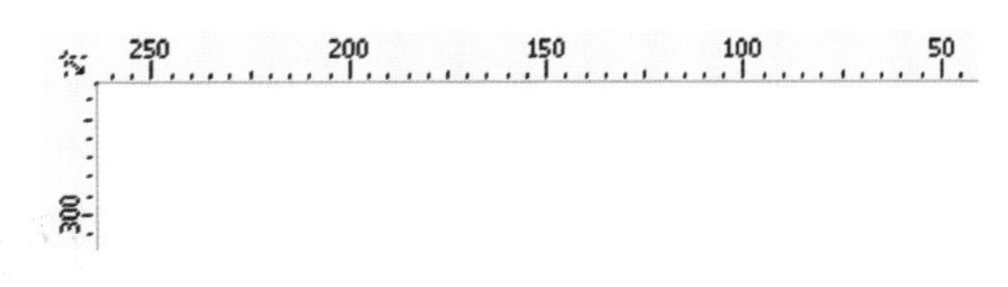

图1-13

（7）调色板

如图1–14所示，调色板位于屏幕的右侧，由许多色块组成，用来决定物件外轮廓或内部填充的颜色。可以通过单击上下端的三角形按钮来得到其它隐藏的颜色。其顶端“☒”用以快速删去外轮廓或内部填充的颜色。

调色板有许多种类型，大多数情况下，屏幕的右侧只显示CMYK或RBG一种类型的调色板，且只显示一行。如果需要同时在右侧排列多个调色板或是替换当前的调色板，可通过选择“窗口—调色板”菜单，在其中选择需要的调色板。如果需要看到同一个调色板未在单行中显示出来的其他颜色，可以单击调色板底部的黑色箭头，就可以看到其他颜色了。

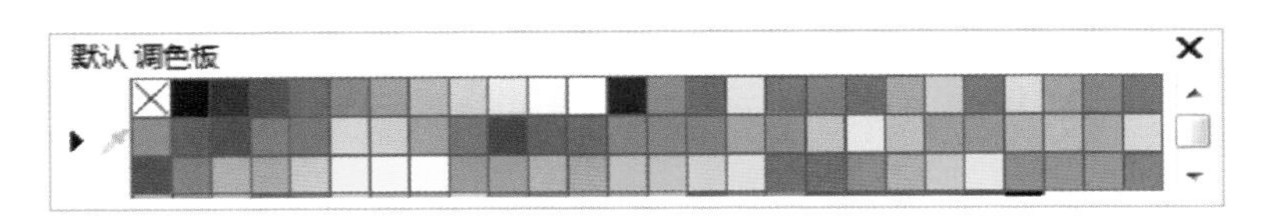

图1-14

快行道：怎样为一个正在处理的对象填充或删除颜色？

① 为外轮廓填色：在需要的颜色块上单击右键。
② 为内部填色：在需要的颜色块上单击左键。
③ 在某一色块上单击左键，并按住左键一会儿，可调出这种颜色的灰度调色板。
④ 用右键单击颜色块并按住一会儿再释放，可调出调色板的一个级联菜单。

（8）状态栏

如图1–15所示，状态栏在页面的底部，主要包括三部分内容：
第一部分可包括光标位置、对象信息、颜色信息、所选工具信息。
第二部分显示正在操作的对象及其性质等信息。这部分信息很重要，制作中应随时关注。
第三部分在右侧，两个颜色框分别显示被选对象的填充色及外框色。

图1-15

状态栏很重要，能帮助使用者观察到许多表面上看不出来的情况。例如，当两个色彩不同，形态和尺寸完全相同的图形完全重叠时，要想知道当前选择的是哪一个对象，可以通过状态栏右侧显示的被选对象的颜色来判断；又如，当要同时选取多个对象时，可边选取边观察状态栏中部信息的变化，便能做出正确的判断。

（9）泊坞窗

如图1–16所示，泊坞窗是一个灵活多样的功能窗口，它有很多个，平时关闭不显示，要用时打开，用户可以一次打开多个，并可折叠存入在调色板左边，不要时，再关闭它。通过菜单“窗口—泊坞窗”可查看所有泊坞窗。

图1-16

（10）滚动条

如图1–17所示，滚动条包括水平、垂直滚动条两部分，用于滚动屏幕。

（11）绘图页面与桌面

如图1–18所示，绘图页面是绘制图形时的有效工作区域，相当于一块画布，只有在绘图页面范围内的对象才能被打印出来。绘图页面以外的内容可以显示，但不能被打印出。因此，在制作过程中，应把绘制的对象尽可能地放置在绘图页面内。绘图页面的大小、种类可通过属性栏设定，默认为A4纸。

桌面则是指环绕在绘图页面周围的空白区域。

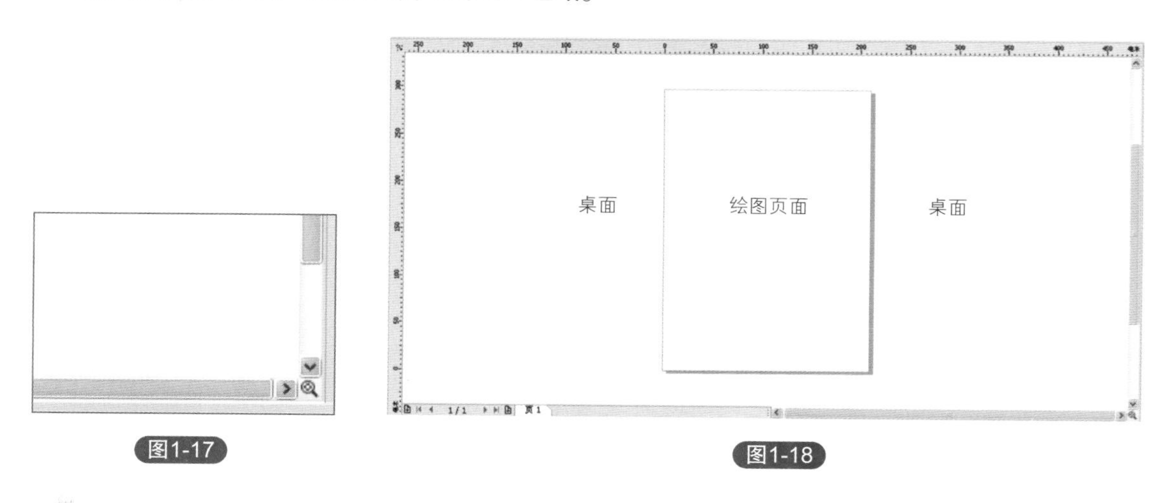

图1-17　图1-18

快行道：

有时候，如果有些对象已放在绘图页面以外的区域，且离绘图页面较远，不便于用挑选工具移至绘图页面里时，可以先选中要放回页面的对象（如果同时有多个对象被选中，请先将这些对象群组），然后按下快捷键：P，这时，这些对象便会自动跳至页面的正中位置。

（12）页面指示区

如图1–19所示，页面指示区位于页面左下角，用于显示文件所包括的页面数或添加页面、切换页面等。一个文件中可以包含很多的页面，一共有多少个页面，当前正在第几页、页面的名称是什么等信息都在这里得到体现。要给页面更换名称，只需要在这个指示区相应的页面上右键单击，在弹出的级联菜单中选择“重命名页面”即可重新命名。

页面的管理还可以通过“版面”菜单进行。当一个文件中页面较多时，良好的页面管理习惯有助于设计管理。

图1-19

（13）网格

网格平时不显示，需要使用时，可通过菜单“视图|网格”来显示。网格用来辅助确定对象的位置、形状、大小等，其网格大小、密度可根据用户需要设定。输出时，网格将不被打印出。设置网格可通过菜单“工具|选项”命令来打开“选项”对话框，在其中找到“文档|网格”进行设置。

（14）导线

导线，即辅助线。包括横向、竖向、斜向几种，作用与网格大体相同。从标尺处单击并拖动即可拖出导线。导线拖出后，可以像对待普通对象一样，利用挑选工具对其进行移动、旋转，如需要删除，只需要用挑选工具单击它，然后按Del键即可。

要设置非常精确位置的导线同样可通过菜单“工具|选项”命令来打开“选项”对话框，在其中找到“文档|辅助线”进行设置。

（15）导航窗口

导航窗口位于两条滚动条的交叉口，它的快捷键是N。它的作用是，无论桌面上有多少对象，无论这些对象在桌面上的哪一个角落，无论当前显示窗口是否能看到这些对象，只要打开导航窗口，则桌面上所有的对象都会在窗口显示出来，它可以方便快速查找距离较远的对象。

（16）文档调色板

在页面指示区的下方有一个“文档调色板”。它的功能是，当正在处理的文件中，每添加一种颜色时，文档调色板中就会自动添加进这个颜色，并可与文档一起保存。它可以很好地保存一些需要反复使用的颜色以方便后面使用时快速调用。

1.4 工具箱初探

（1）挑选工具

作用：在对某一个或多个对象进行处理前，必须先用挑选工具选中该对象。

基本使用方法：用挑选工具单击对象，外侧会产生8个黑色方块柄，表示该对象已被选中。

如要选择一群对象，则可以用该工具在页面中单击并拖出一个矩形虚框，凡是被虚框完全围住的对象均可被同时选中。

快捷键：空格键（文本工具时除外）。

快行道：

◆ 拖出矩形虚框时，同时按住Alt，则只要矩形框接触到的任一对象都可选中，而不再需要全部框住对象才能选中。

◆ 按住Shift键，单击需要的对象，可同时连续选择若干对象。同时，若单击一个已选中的对象，则可以撤选这个对象。

◆ Ctrl+A，可一次选中页面中所有对象。

◆ 如果要选择导线、节点等不同属性的对象，可使用菜单“编辑——全选”命令，它可以一次选中所有的对象、文本、导线、节点。

（2）形状工具组

该工具组由形状、平滑、涂抹、转动、吸引、排斥、沾染、粗糙共8个工具构成。其中最重要的就是形状工具，它是造型的核心工具，可以说，不会使用形状工具，就等于没有学这个软件。这些工具的基本功能如下。

① 形状工具：它主要是通过编辑节点、线段来塑造、修改图形的各种造型。在绘制图形时，基本上都离不开它。

② 平滑工具：它可以使边缘不够平滑的对象变得更加平滑。

③ 涂抹工具：它可使对象边缘产生被涂抹过的少量变形效果。

④ 转动工具：它可以使对象像被手指搅动过一样产生转动、推移、搅拌等多样的变化。

⑤ 吸引工具：它可以使对象的节点吸引到光标处，随着光标的移动而产生涂抹变化来实现对象的形状调整。

⑥ 排斥工具：它可以使对象的节点推离光标处来实现对象的形状调整。

⑦ 沾染工具：它可使对象像被手指或其他笔刷抹过一样。

⑧ 粗糙笔刷：可使对象边缘产生齿状效果。

（3）裁剪工具组

包括裁剪、刻刀、虚拟段删除、橡皮工具四种，基本功能和用法如下。

① 裁剪工具：选择该工具后，在页面中单击并拖动绘出裁剪范围框，在裁剪框内双击，裁剪框以外的对象即可被裁剪掉。

② 刻刀工具：可将图形任意切割成若干块。基本使用方法是选中刻刀置于对象的一边，刻刀自动立起，表示可以刻印，单击一下，再将刻刀至于对象另一边，刻刀再次立起，再次单击，则可以将对象一分为二。使用这些工具时要注意属性栏上的两个属性。

保留为一个对象：选中此项后，当刻刀将对象分割后，分割后的对象仍是一个整体，需用“排列—分离”命令才能将对象分开。如未选中此项，则分割后的对象将成为无关联的单个对象。

剪切时自动闭合：选中此项后，当刻刀将对象分割后，新对象将自动闭合，便可以被填充；如撤选此项，则新对象成为开放式曲线，原有的填充消失且不能够被填充任何颜色。

③ 橡皮工具：可擦去不要的部分。基本使用方法有两种，第一种是在对象上单击并拖动；第二种是在对象上先在起点单击，再至终点单击。

④ 虚拟段删除工具：通过在交叉线之间的线段上单击，即可清除交叉线之间线段。

（4）缩放工具组

包括缩放工具（快捷键：Z）及平移工具（快捷键：H），用于缩放或移动对象。属性条上有不同的缩放方法。

快行道：

在制作中，经常要对对象进行不同形式的缩放，所以记住以下快捷方式是非常有必要的，它可以大大提高操作速度：

F4	满屏显示全部对象
Shift+F4	显示整个页面
Shift+F2	放大选中的对象至满屏
F2	选中放大工具（也可用快捷键：Z）
F3	缩小全部对象

（5）手绘工具组

包括8种工具，其中手绘、2点线、贝塞尔、钢笔、B样条、折线、3点曲线共7种工具可绘制各种精确的、粗略的直线或曲线；智能绘图工具能自动调整用该工具绘制出的形状，使之更接近某个规则的几何形。例如，随手绘制出一个歪歪斜斜、线条不够平滑的圆形，智能绘图工具将可以快速将其调整为轮廓平滑的椭圆形。

（6）艺术笔工具

艺术笔工具可能绘制一些手绘笔触效果、预设图像、肌理图像效果等不同的预设效果。它可以自己创建笔刷，然后通过艺术笔泊坞窗将其保存，之后便可以作为一个新笔刷样式长期使用了。

（7）矩形工具组

包括两个工具：矩形工具和三点矩形工具。矩形工具的基本用法是，在页面上单击并拖动，即可建立矩形。三点矩形的用法是，先在页面上单击并拖动，得到一条直线，然后松开鼠标左键，移动指针到合适的位置，再次单击，即可绘制出一个三点矩形。

快行道：

拖动时，按住Ctrl，可画出正方形；拖动时，按住Shift，可以单击点为中心画出矩形。如同时按下Ctrl+Shift，可以绘制在单击点为中心点的正方形。

（8）椭圆形工具组

包括椭圆工具与三点椭圆工具，使用基本方法与矩形工具相同。

（9）多边形工具组

这组工具较多，共包括三组工具，共计十种工具。其中第一组包括多边形、星形、复杂星形工具；第二组包括图纸和螺纹工具；第三组包括基本形状、箭头形状、流程图形状、标题形状、标注形状工具。

① 多边形工具组：可以通过设置对象的边数来绘制三边以上的对象。

② 图纸和螺纹工具：可以绘制多个群组的矩形组织的图纸以及对称和对数状的螺旋纹样的对象。

③ 基本形状工具组：可以绘制一些软件预设好的基本形并可以进行适当范围内的形状调节。

（10）文本工具组 字

包括文本工具和表格工具。文本工具可以建立美术文字，也可建立段落文本。表格工具可以轻松地绘制出各种矩形表格，并且通过使用形状工具，可以对这些表格进行方便的合并、拆分、插入、删除单元格等操作。

（11）度量工具组

包括平行度量、水平或垂直度量、角度量、线段度量、3点标注5种工具。主要用来精准测量对象的长度、角度并进行标注。

（12）编辑锚点工具组

包括直线接器、直角连接器、圆直角连接符、编辑锚点4种工具。其中前三种可以用来制作各种图表之间的连接线，第四种则用来在图像中编辑锚点的位置。

（13）效果工具组

包括6种工具，即阴影、轮廓图、调合、变形、封套、立体化工具。这些工具主要用于为对象添加各种特殊效果，一般作用于矢量图工具，但阴影工具既可应用于矢量图，还可应用于点阵图。

（14）透明度工具

透明度工具可以使矢量图和位图产生各种透明的效果。

（15）滴管工具组

包括颜色滴管和属性滴管工具。前者可以将对象填充或轮廓线的颜色应用于其它对象，后者可以将对象的各种属性应用于其它对象。

（16）交互式填充工具组

包括交互式填充和网状填充2种工具，其中交互式填充工具通过在属性栏中设置及在图形窗口中直接调整控制柄而完成填充。与编辑填充工具相较而言，它使用时无需打开对话框，使用起来更加快捷、直观。网状填充则可以为对象先添加网格，然后在不同的网格线上或网格内进行颜色填充，从而达到多种颜色混合填充的效果。

（17）智能填充工具

它可以快速地为重叠区域创建一个新的对象，并为其填充某一种颜色。这些重叠区域的填充用工具箱中的其它填充工具很难快速实现，所以这个工具有它的独特价值。

（18）编辑填充工具

它是通过弹出对话框的形式来对对象进行各种填充。

新手体验——任务1　简单图案绘制

图1-20

任务要求：按照步骤指示，绘制出如图1-20所示的简单图案。

任务目标：了解CorelDRAW的一般工作过程，体验CorelDRAW是如何进行绘图工作的。

主要工具：椭圆工具、挑选工具、交互式填充工具。

主要命令：编辑|重复再制（快捷键：Ctrl+R）、对象|合并（快捷键：Ctrl+L）。

操作步骤：

① 双击CorelDRAW X7图标，打开软件。如图1-21所示，在弹出的欢迎界面上选择“新建文档”，然后在弹出的对话框中，将

名称改为“简单图案”，然后观察这个对话框中的“宽度”“高度”“渲染分辨率”，了解文件设置的一般参数，然后按“确定”，便创建了一个新的文件。

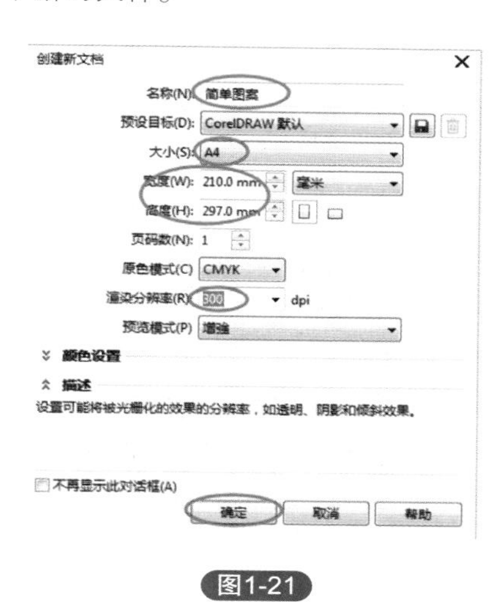

图1-21

② 在工具箱中用鼠标左键单击椭圆工具，以选中该工具。然后，在页面中按住左键并拖动鼠标，便可绘制出如图1–22所示的一个正圆（提示：在拖动鼠标之前先按住Ctrl，就可以绘出正圆图形）。

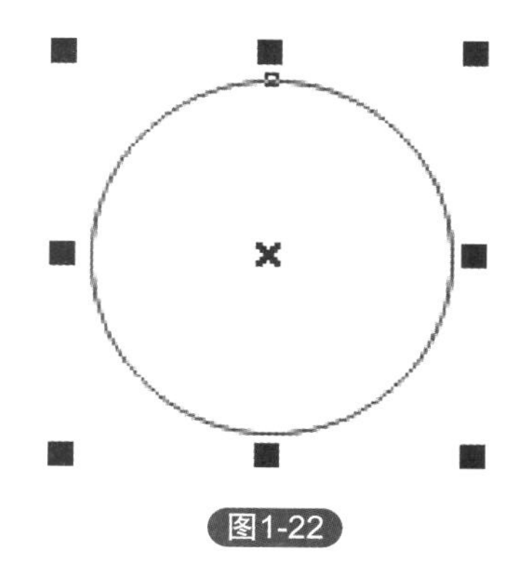

图1-22

③ 在圆形中心的处单击一下左键，如图1–23所示，图形边上的方形控制块会变化成双向箭头形状。然后如图1–24所示，将中心的小圆用左键按住并拖动移至底部合适的位置。

④ 将鼠标指针移至右上角的双向箭头处，按住Ctrl，再按住左键，向逆时针方向拖动鼠标，使圆形向左旋转15°。在松开左键之前先按一下右键，便可得到第二个圆形（图1–25）。

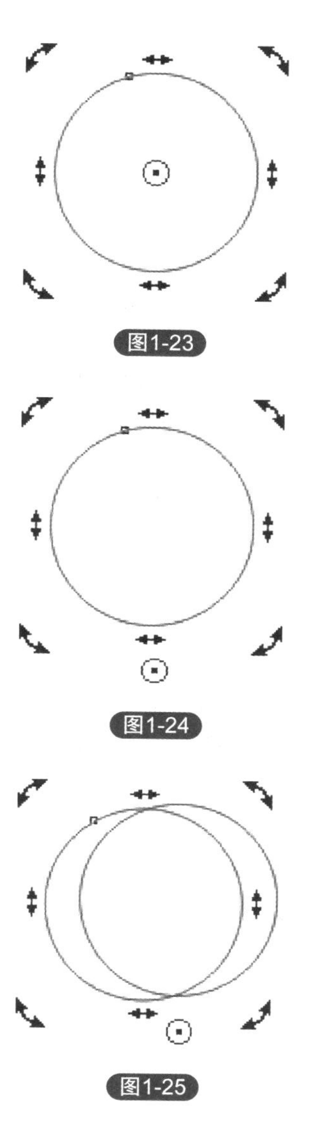

图1-23

图1-24

图1-25

⑤ 反复按下Ctrl+R键多次，使圆旋转一周（图1–26）（注意，要正好旋转一周，不可旋转过头，否则出现两个圆重叠的状态）。

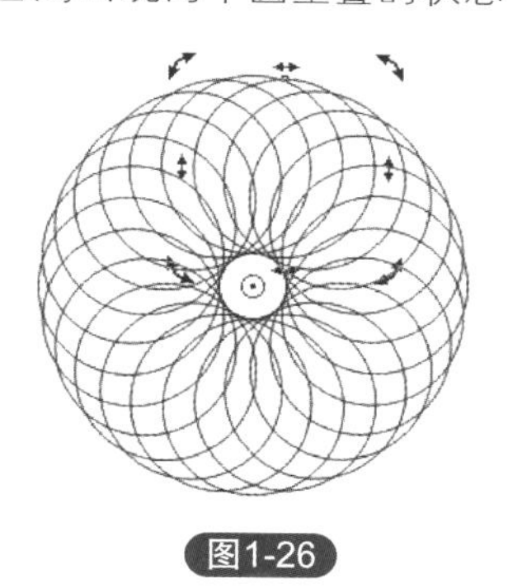

图1-26

⑥ 单击工具箱顶部的挑选工具，在整个图形上通过单击并拖动的方法画出一个虚线框，框选住全部图形，然后在屏幕右侧的调色板中找到蓝色并单击左键，给所有对象填充上蓝色（图1–27）。

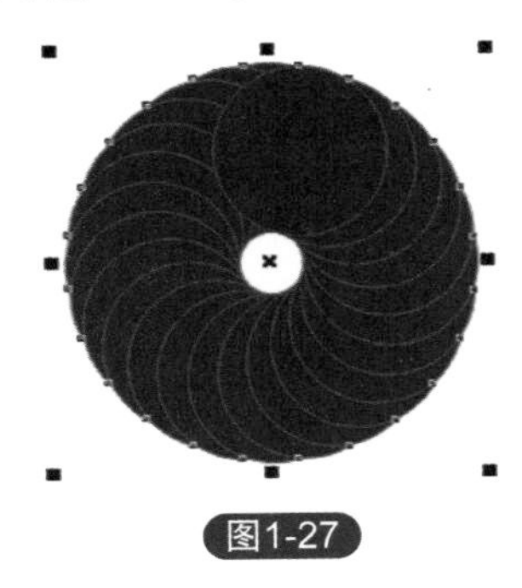

图1-27

⑦ 按下Ctrl+L（合并命令），得到如图1–28所示的图案。

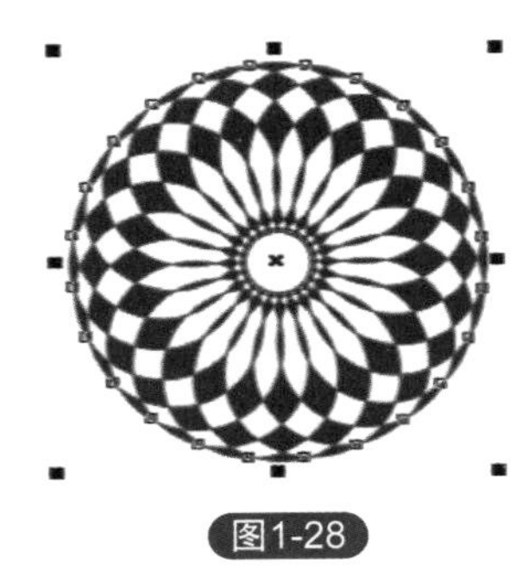

图1-28

⑧ 单击工具箱中的交互式填充工具，在属性栏上的填充类型中，选择渐变填充和椭圆形渐变填充，得到如图1–29的渐变填充色彩效果。

⑨ 在调色板上分别选择黄色和红色，用左键拖住颜色拽到图1–30所示的位置（注意，拖动颜色时，鼠标指针必须挨到方框中和虚线上，否则填色无法成功），得到三色渐变的图形。

图1-29

图1-30

⑩ 用右键在调色板顶端的☒单击，以去除图形廓线。最后在图形以外的地方单击，以撤销对图形的选择，便可以欣赏到如图1–31所示的效果了。

图1-31

⑪ 图案绘制完成后，选择“文件|保存”（快捷键：Ctrl+S），将文件保存在电脑中合适的位置，任务一的工作便全部完成了。

微课助手

视频1　如何理解RGB与CMYK模式
视频2　认识CorelDRAW 1界面

CorelDRAW
技术与设计实战

第2章 操作入门篇

要领导航

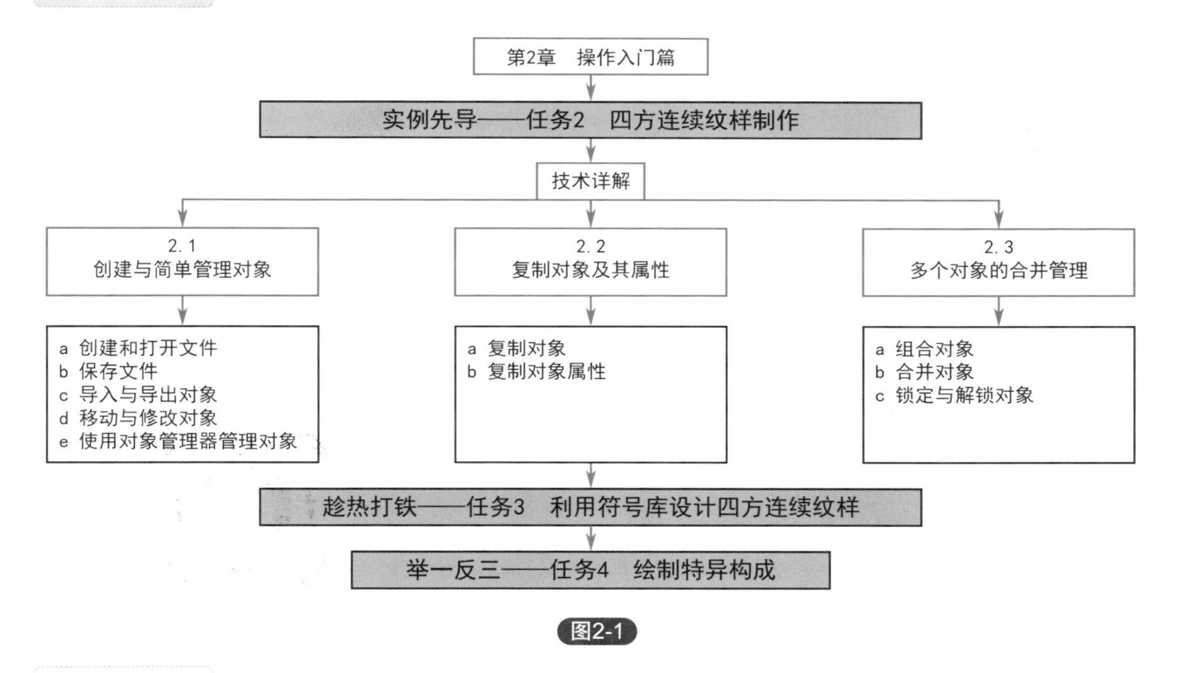

图2-1

学习导入

提问：我已经对软件有一个基本认识了，现在要从哪里开始进入技术学习呢？

回答：每一个CorelDRAW文件中都包含了若干个对象，我们就先从如何创建文件和管理对象开始吧。创建文件是要解决如何新建或打开或导入一个文件，管理对象则是如何对一个文件中的各个对象进行归纳、分组、组合、锁定、复制等，以便于当一个文件中的对象很多时不至于“乱堆乱放”，不便调用、处理。

实例先导——任务2　四方连续纹样制作

任务要求：利用椭圆绘图工具，绘制简单的四方连续纹样。

任务目标：体验CorelDRAW的基本工作方法和使用快捷键带来的便利。

主要工具：椭圆工具、挑选工具。

主要命令：文件|新建、对象|合并；快捷方式：Ctrl+R、Ctrl+G、Shift+PageDown。

操作步骤：

① 双击CorelDRAW图标，打开软件，如果没有出现欢迎屏幕，则选择“文件|新建”然后在弹出的对话框中进行如图2-2所示的文件名称、页面大小的设置，单击“确定”后，得到一个页面。

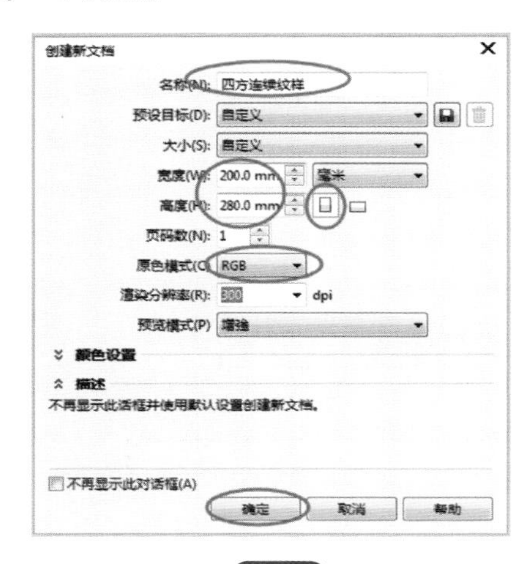

图2-2

② 在工具箱中单击椭圆形工具，先按住Ctrl，再在页面中按住左键并拖动鼠标，绘出一个正圆。

③ 按住Shift，将鼠标指针移至圆形右下角黑色角点处，按下左键并拖动鼠标向内拖动，绘出一个小一点的正圆。在松开左键之前先按下右键，得到一个复制的正圆（如图2-3）。

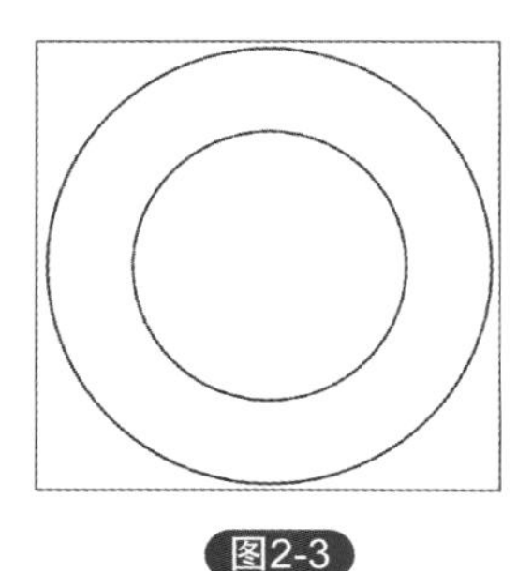

图2-3

④ 在工具箱中单击挑选工具，按下左键围着两个圆形画出一个将两个圆完全围住的虚线框，使两个圆被同时选中，然后在菜单中选择“对象1合并”（快捷键：Ctrl+L），得到一个圆环。在屏幕右侧的调色盘中用左键单击蓝色，给圆环填充蓝色，再用右键单击白色，使轮廓线的颜色填充为白色（图2-4）。

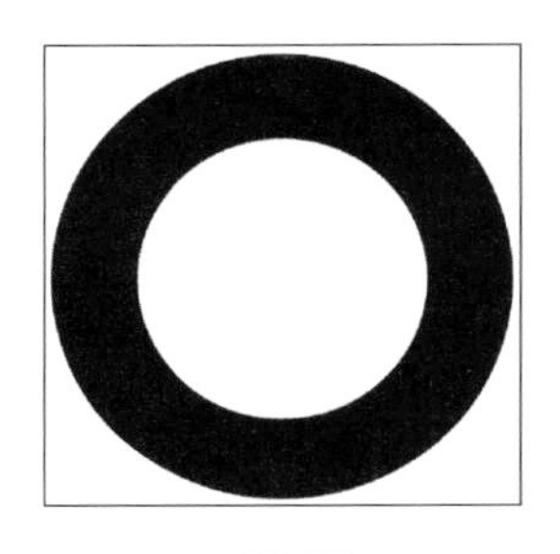

图2-4

⑤ 再次单击图像，使圆环处于可旋转状态，如图2-5所示，将旋转中心点移至圆环左下方。

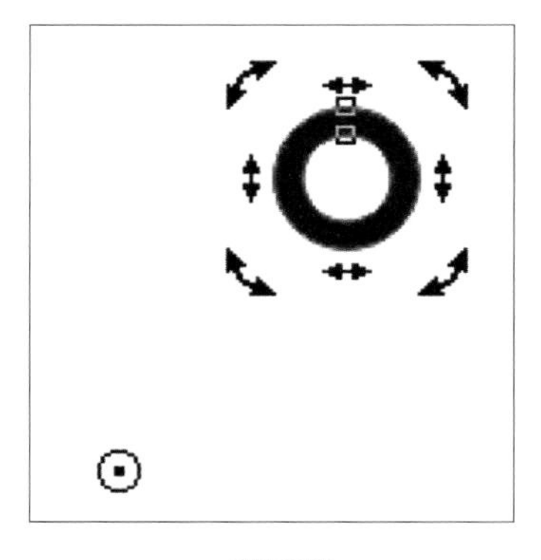

图2-5

⑥ 按住Ctrl，同时按住右上角旋转按钮并向右下方拖动。在松开左键之前先按下右键，如图2-6所示，得到一个复制圆环。

图2-6

⑦ 反复多次按下Ctrl+R，每按一次会得到一个圆环，多次后得到如图2-7所示的图形。

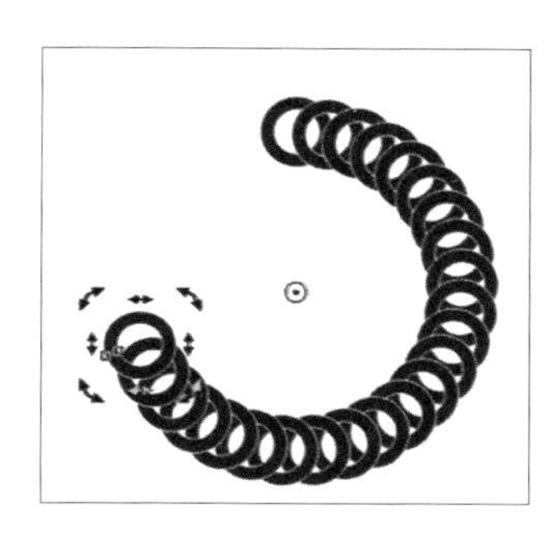

图2-7

⑧ 用挑选工具围住所有图形画虚线框，以选中所有图形，然后按下Ctrl+G，将所有图形群组为一个整体。

⑨ 按住Shift，利用第3步方法，向内复制图形，再反复使用Ctrl+R，得到如图2-8所示的图形。按下Ctrl+G，群组图形。

图2-8

⑩ 选择图形，利用第3步方法，将图形复制一份小图形，并移至左下角（图2-9）。

图2-9

⑪ 按住Ctrl，用挑选工具选中小图形左边中部的角点向右拖动，看到一个反像（即镜像）的图形后，先按下右键，再松开左键，便得到一个镜像的图形。再将其移于右侧（注：移动时按住Ctrl，可保持水平移动）（图2-10）。

图2-10

⑫ 用同样的方法，如图2-11所示，将小图向上复制放置于图形右上角，然后框选所有图形，按下Ctrl+G，群组所有图形。

图2-11

图2-12

⑬ 如图2–12所示，用同样的复制方法，将群组的图形分别向左、上复制对象。然后框选所有图形，按下Ctrl+G，再次群组所有图形。接着，选择工具箱中的矩形工具 ，在刚画的对象上单击并拖动绘制出一个矩形，然后单击调色板中的黄色，为其填充颜色。此时，可以看到黄色矩形拦住了刚绘制的其它对象，所以要想办法将其置于这些对象的后面。方法是：在选中矩形状态下按快捷键Shift+PageDown，矩形就到后面去了。最后再用同样的办法绘制一个矩形在中间，最终得到图2–12所示的效果。

2.1 创建与简单管理对象

（1）创建和打开文件

当双击CorelDRAW图标，打开这个软件后，会出现一个欢迎屏幕，如果不需要每次打开软件时都启动这个屏幕，可单击“帮助”菜单中的“欢迎屏幕”，下次启动时就不会再出现了。当没有这个欢迎屏幕时，可以在菜单栏中选择“文件|新建”，此时会弹出一个对话框，如图2–13所示，在这个对话框中可以设置新建文件的名称、页面的大小、色彩模式、分辨率等。其中默认的页面大小是A4大小，即宽度为210mm，高度为297mm。如果不需要这个页面大小，则可以在“大小”中选择其它的预设的纸张型号，或者是在宽度和高度中自由设定；原色模式可以选择CMYK或RGB模式。

图2-13

除此之外，创建新的文件或打开已有文件的方法还有以下几种：① 在标准工具栏中按下新建文件按钮“ ”；② “文件|从模板新建…”，这个命令可以打开一

些已经预设好的文件页面布局；③“文件|打开”；④“文件|打开最近用过的文件”。从这个命令里可以从最近打开过的四个文件里选择文件来打开。

当创建的新文件大小为A4，但创建后又需要修改文件大小、方向等时，可以在属性栏相应栏框中进行修改（图2–14）。

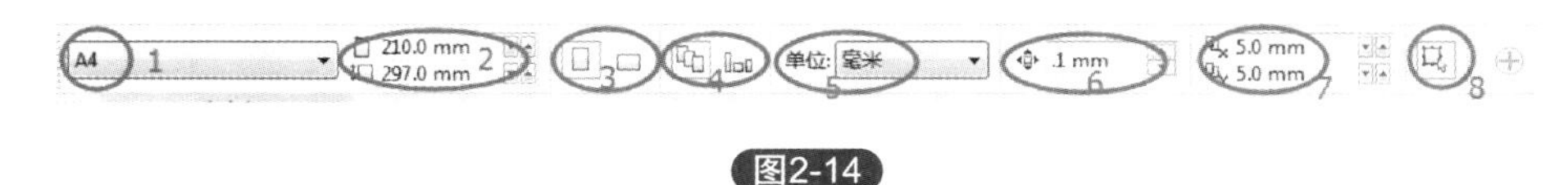

图2-14

在图2–14标出的各个红色椭圆中：

1号为纸张类型，可在下拉列表中选择多种规范的纸张类型，默认文件类型为A4；

2号设置张纸的宽度和高度；

3号的两个按钮用来选择纸张摆放的方向是横式还是竖式；

4号的两个按钮用来设置纸张尺寸和方向是否针对所有页面还是只针对当前页面。即当一个文件中有多个页面同时存在时，如选择前一个按钮，则所有页面尺寸和方向都是一样的，如选择后一个按钮，则每个页面都可以允许有自己不同的尺寸和方向；

5号用来设置对象尺寸的单位，常用的有毫米、厘米等；

6号用来设置对象在微调（用键盘上方向键移动）时，每次移动的尺寸；

7号用来设置再制图像（Ctrl+D）时，新生成图像相对于原始图像的偏移尺寸；

8号按钮为“所有对象视为已填充”按钮，默认情况下是被按下的，此时，要选择和填充一个对象只需要单击此对象任意一个位置都可以操作。但如果单击使其不被选择，则要填充一个未填充颜色的对象时，必须先全部确保选中了该对象的轮廓线才能被填充和被选中。

（2）保存文件

保存文件的方法与新建文件方法大体相同，包括：① 选择菜单中的“文件|保存”保存；② 单击标准工具栏中的保存按钮 保存；③ 用快捷键Ctrl+S保存。如果是将现有的文件另外保存一份，可通过菜单“文件|另存为”进行保存。

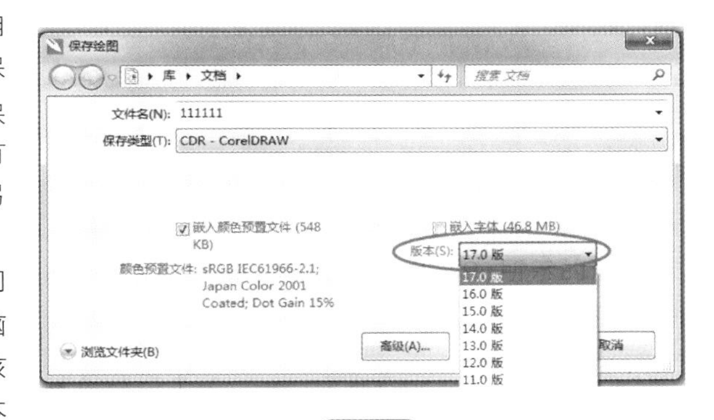

图2-15

此外，在保存文件中，有一个很重要的问题需要引起高度的重视，那就是由于不同电脑上安装的CorelDRAW版本可能不同，而在该软件中，高版本可以打开低版本文件，低版本却无法打开高版本文件。因此，当作品需要发送到其它电脑上运行时，可以先将文件另外保存为低版本文件，以防在其它低版本的软件中无法打开。如图2–15所示，选择“文件|另存为”，然后在弹出的对话框中右下侧的版本项中选择一个合适的版本。

（3）导入与导出对象

除了“打开”“保存”命令外，还可以通过文件菜单中的“导入”命令将jpg等一些其它格式的文件导入，可以通过“导出”命令将cdr文件导出为各种其它格式的文件。

① 文件|导入（快捷键：Ctrl+I）：除了CorelDRAW自己的专门文件格式外，它只能通过“打开”命令打开其它十分有限的格式的文件，如AI文件，对于无法直接打开的一些格式的文件，可

以通过“导入”命令来导入，如doc、jpg、gif、psd等。

② 文件 | 导出（快捷键：Ctrl+E）：当cdr文件需要转换为位图、文本等其他文件格式时，无法使用“保存”命令来完成。此时，就可以用“导出”命令来实现文件格式的转换。

（4）移动与修改对象

使用挑选工具，可以对选中的对象进行移动或简单的修改。

① 移动、修改对象

a. 移动对象：用挑选工具单击一下对象，当鼠标指针变成双箭头移动指示时，按住左键并拖动即可以移动对象。

b. 调整对象高度、宽度：对于已经被选中的对象，单击并拖动对象周围的黑色方块控制柄时，就可以将对象垂直或水平拉伸。

c. 旋转或斜拉对象：对于已经被选中的对象，用挑选工具再次单击，可使对象处于可旋转或斜拉状态，此时在相应的按钮处按住左键并拖动移动控制柄就可以旋转或斜拉对象（图2-16）。

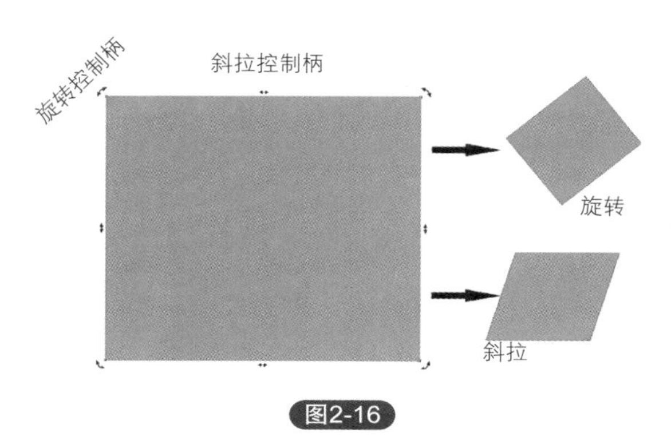

图2-16

② 使用Ctrl精确控制对象的移动与修改。直接利用控制柄进行对象的移动与修改时，很难控制每次变换的标准，如果通过Ctrl的帮助（Ctrl在CorelDRAW中可以固定每次变换量，使每次变换的尺度都是一样的），就可以精确地控制对象的变换了。使用Ctrl控制对象主要包括几个方面的内容。

在拖动对象的同时按住Ctrl键，对象会被约束成垂直或水平移动；改变对象的尺寸时按住Ctrl键，尺寸调整将被约束成整数倍放大；选择一个对象，按住Ctrl键，并单击一个控制柄，然后把对象从它上面反向拖过，可以垂直或水平镜像它；旋转对象时同时按住Ctrl键，旋转会被约束成15°的增量进行。当然，这个15°的增量只是默认的数值，如果希望能换一个增量值也是可以的。选择“工具 | 选项”（快捷键：Ctrl+J），然后在对话框中选择“工具区 | 编辑 | 限制角度”就可以进行修改了。

（5）使用对象管理器管理对象

对象管理器是一个泊坞窗，位于“窗口 | 泊坞窗 | 对象管理器”中。其功能是用于分类管理每个文件中的所有绘制的对象。选中该命令后，可以打开“对象管理器”窗口。如图2-17所示，当新建一个文件，还未在文件中绘制任何东西时，对象管理器显示文件中包含一个页面1、一个主页面、六个按钮。而页面1中有红色的字“图层1”，表示当前的工作图层是图层1。此时如果在页面中开始绘制对象，则所有的对象都会自动置于图层1之下，如图2-18a所示。现在，单击“新建图层”按钮，如图2-18b所示，管理器中新增加了一个图层2。按住图层1中的蓝色椭圆拖至图层2中，然后，再在页面上绘制一个三角形，此时，可以看到图层2下有了两个对象。默认情况下，“跨图层编辑”按钮是按下状态，此时，可以页面中任意处理图层1或图层2的对象；然而，当再次单击“跨图层编辑”按钮，将其关闭后，则在页面中只能处理管理器中呈红色字的图层，另一个图层的对象将无法被选中，除非在管理器中再次单击该图层。由此，可以看出，通过对象管理器可以实现对多个对象的分组管理。此外。图2-17中可以看到还有一个“新建主图层”和“新建主图层（奇数页）”按钮，通过单击这两个按钮新建的图层，将归在主页面下层，在其中绘制的对象会在文件中的每个页（或奇数页）中都显示。

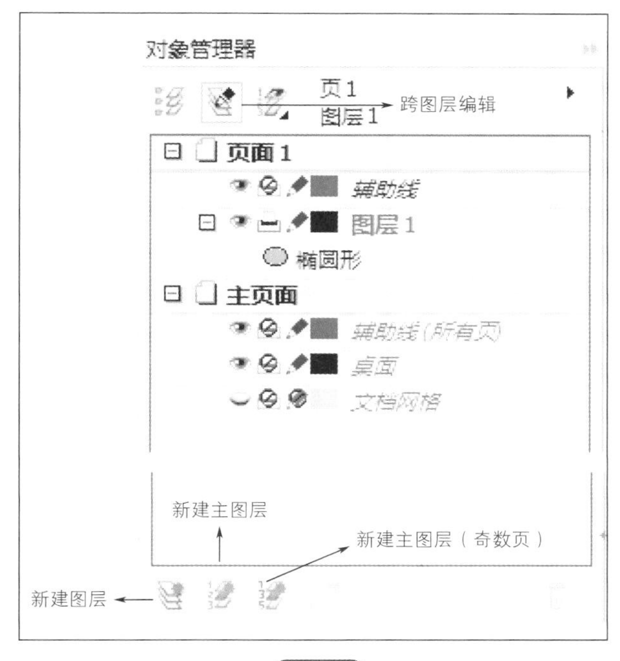

图2-17

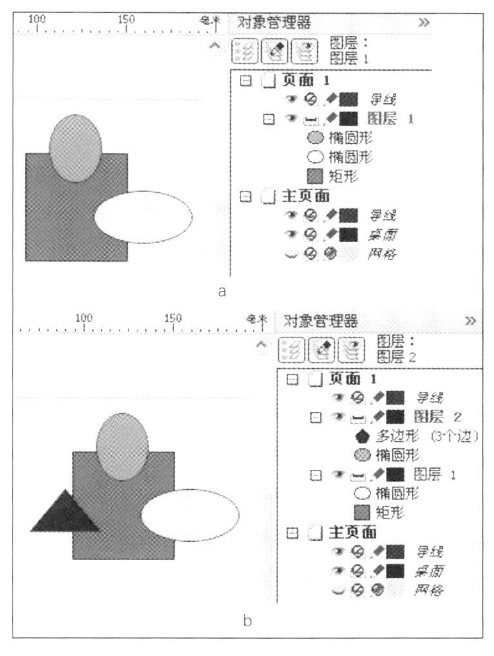

图2-18

2.2 复制对象及其属性

(1) 复制对象

当要对一个对象进行复制时，有多种办法可完成操作。在很多软件中，通用方法的是先用“编辑|复制（Ctrl+C）”命令复制对象，再用“编辑|粘贴”（Ctrl+V）命令将复制的对象粘贴到页面中。在CorelDRAW中，还有不少其他的方法能够更加方便、快捷地复制对象。

① 用键盘上的“+”复制。当选中一个对象后，直接按小键盘上的“+”，可以得到与原始对象完合重合的复制对象。

② 用鼠标拖动复制。选中一个对象，单击左键并拖动它，在松开左键之前，先单击一下右键，则生成一个复制对象。

③ 用菜单命令“编辑|再制”（Ctrl+D）或“编辑|仿制”复制。这两个命令都可以对对象进行复制，所不同的是，“再制”命令生成的新对象与原对象没有连带关系，改变原始对象不会对再制对象有任何影响；“仿制”命令生成的新对象与原对象具有连带关系，改变原始对象时，仿制对象也会跟着改变。但如果直接修改了仿制对象后，它与原始对象的连带关系也将终止，此时如果再改变原始对象，仿制对象将不会再跟随改变，也就意味着二者之间的连带关系被终止了。

④ 用“编辑|重复”（Ctrl+R）重复复制对象。这个命令可以重复在它之前一次的操作动作，例如移动、旋转、缩放、复制、填充颜色等，是使用非常多的一个命令。

（2）复制对象属性

如果一个文件有两个或两个以上的对象，可以通过多种方法将一个对象的轮廓笔、轮廓色、填充等属性赋予给另一个对象。具体操作方法是：选中想要修改的对象，然后在菜单上选择“编辑|复制属性自…”，在弹出的对话框中勾选需要复制的属性（轮廓笔、轮廓色、填充、文本属性），按下“确定”键后，会产生一个箭头，用它单击已经具有这些属性的对象，即可以将已有的属性复制到选中的对象上。

快行道：

右键单击并拖动已有这些属性的对象至欲修改的对象松开，在弹出的级联菜单中选择要复制的属性，即可快速完成属性的复制。这比用菜单又要快捷一些。

2.3 多个对象的合并管理

在同一个文件中，由于CorelDRAW绘制出的每一个对象都具有独立性，因此，当文件中对象很多时，如果不进行有序管理，就可能会由于对象过多而影响到操作，此时可以通过“对象”菜单中的组合、合并、锁定等命令对对象进行管理。

（1）组合对象（快捷键：Ctrl+G）

这个命令的操作方法是：先选择两个以上的需要组合的对象，然后选择“对象|组合|组合对象”，即可将所选对象变为一个整体，以便于在后面的操作中统一行动。要注意的是，这种组合所产生的整体是临时性的组织，当中间需要解散它们时，只需要选择“对象|组合|取消组合对象”（快捷键：Ctrl+U）命令，就可以让组合的各个对象回到组合前的自由状态。除了快捷键外，属性栏上也有这两个命令的快捷按钮——组合按钮、解除组合按钮。

小窍门：

在群组状态下，如果不想解除群组，但又想针对组内个别对象进行操作，可通过按住Ctrl，然后单击组内对象的办法来个别选择组内某个对象进行单独操作。

（2）合并对象（快捷键：Ctrl+L）

合并也是将多个对象变成一个对象，操作方法与组合相同，但是，合并后再打散的对象会发生一些形状和属性上的变化，具体来说。

① 合并后的对象将失去各自的原有的色彩、轮廓线等独立属性，变成属性相同的整体，最后被选的对象将决定填充的色彩和轮廓线的特性。

② 当合并的对象两个之间有重叠区域时，合并后重叠的部分会被挖空，产生一个“空洞”，如果是三个或三个以上的单数重叠时，重叠处不会被挖空。

③ 合并后的对象由于已经失去各自的原有的独立属性，虽然可以通过“对象|拆分”（快捷键：Ctrl+K）把它们再次拆开，但色彩、轮廓线宽度、线性、颜色等属性也不能再复原了。

(3)锁定与解锁对象

当页面上的对象逐渐增多时，有时希望选中一个对象而不希望因不小心而影响或移动其他对象，这时可通过“对象|锁定|锁定对象”将对象锁定。锁定后的对象将不能对其进行任何操作，直至通过“对象|锁定|解锁对象”解锁对象，才可能重新操作对象。

趁热打铁——任务3　利用符号库设计四方连续纹样

任务要求：在符号库中找到相关对象，通过各种复制方法，将其制作成一幅四方连续图案（图2-19）。

任务目标：了解符号库中预制的内容，运用符号库中的简单符号制作不简单的四方连续纹样。

主要命令：文本|插入字符（Ctrl+F11）、对象|组合（Ctrl+G）、编辑|重复（Ctrl+R）。

操作步骤：

> **小提示：**符号库中有很多软件预制的符号、图形，充分了解里面的内容，可以利用它们制作出许多好的作品。符号库可通过“文本|插入字符”打开符号泊坞窗。对于需要使用的符号，只要按住并拖动符号到页面上即可。本例所需要的符号在“Wingdings”符号中。

图2-19

① 打开CorelDRAW软件，在属性栏中先修改文件的单位为“厘米”，然后设置文件尺寸为宽度30cm，高度30cm，按回车键，得到一个正方形的页面，如图2-20所示。

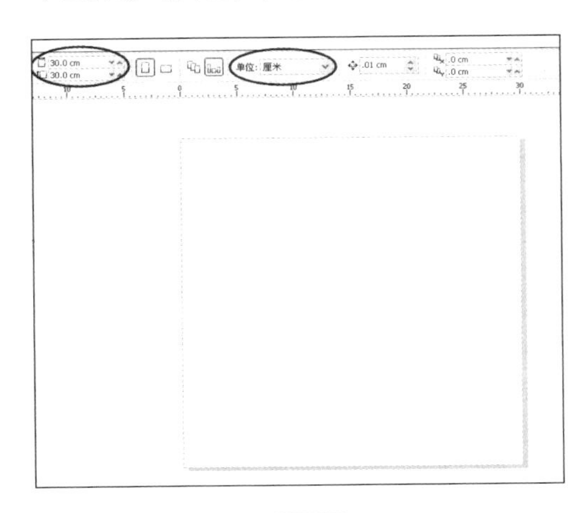

图2-20

② 选择菜单“文本|插入字符”（Ctrl+F11），打开符号泊坞窗，在其中的字体选项中选择“Wingdings”，然后用左键按住手形符号，并拖至页面左上方松开。在右侧调色盘中找到紫色，分别用左键和右键各单击一下，给手形填上紫色，如图2-21所示。

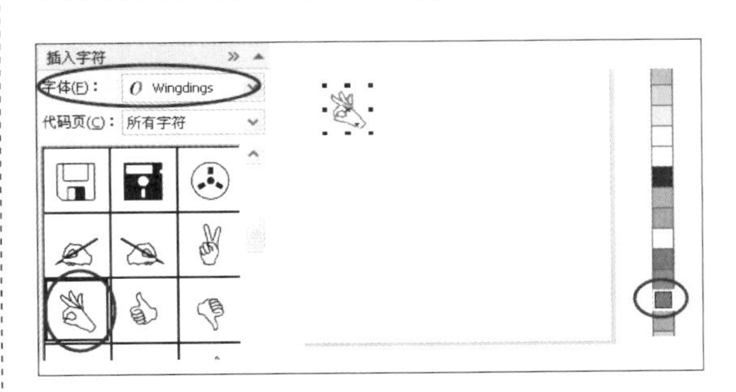

图2-21

③ 将鼠标指针置于手形对象上，再次单击一下左键，使控制柄黑方块变为旋转状态，然后，按住Ctrl，同时再用鼠标按住对象边角的一个控制柄，逆时针稍稍旋转拖动，看到属性栏上的旋转角度为45°时，松开Ctrl键和鼠标左键，得到旋转了45°的手形，如图2-22所示。

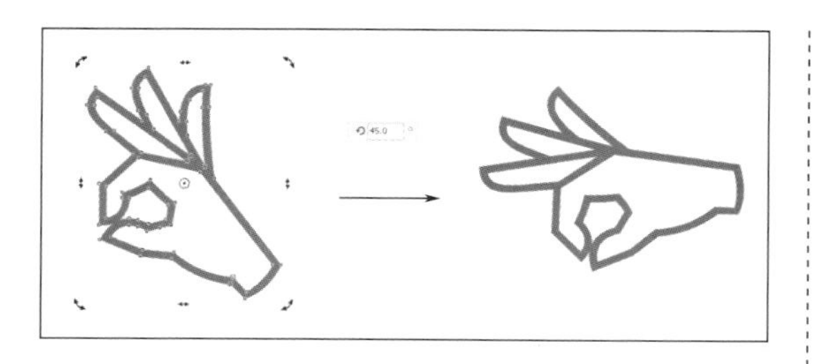

图2-22

④ 再次单击一下旋转后的手形，然后按住Ctrl，同时用鼠标按住对象左侧中部的控制柄，将对象向右拖动，待得到一个镜像的对象时，先按下右键，然后再松开左键和Ctrl键，得到一个复制的对象，如图2–23所示。

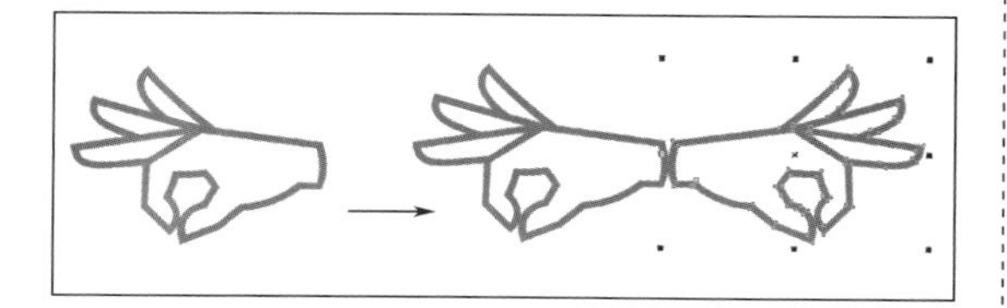

图2-23

⑤ 按下左键，围绕着两个相反的手形画出一个虚线框（必须全部围住两个手形），使两个手形被一起选中，然后选择“对象|组合”（快捷键：Ctrl+G），将两个手形对象群组为一个对象组。

⑥ 然后再次按住Ctrl，同时用鼠标按住对象组上侧中部的控制柄，将对象组向下拖动，用与第4步相同的方法又得到一个镜像的对象，如图2–24所示。

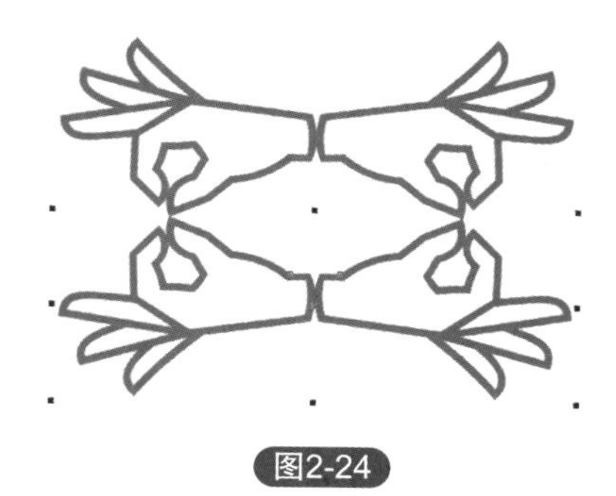

图2-24

⑦ 用与第5步相同的方法再次将这四个手形群组为一个对象组。

⑧ 再单击一下对象组，使其处于可旋转状态。用第3步相同的方法旋转复并制对象组90°，得到如图2–25所示的结果。

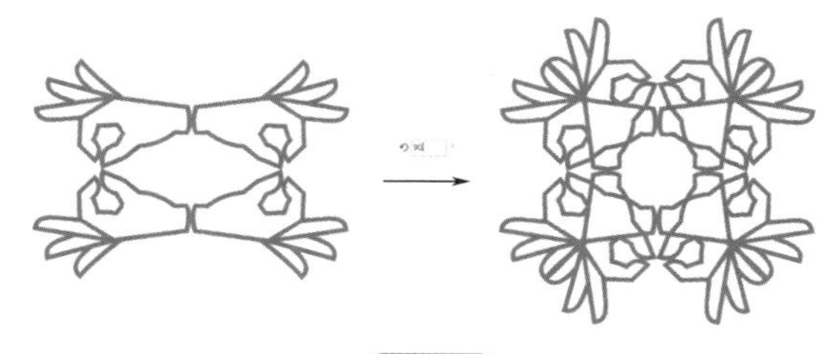

图2-25

⑨ 再次用新生成的对象群组为一个对象组，然后按住Ctrl，同时用鼠标按住对象组左侧中部的控制柄，将对象组向右拖动，用与第4步相同的方法再次得到一个镜像的对象。接着按一下Ctrl+R，重复上一个动作，得到第三个群组对象，结果如图2–26所示。

图2-26

⑩ 继续用以上同样的方法进行向下的重复复制，最终得到如图2–27所示的四方连续纹样。最后保存作品，将作品保存为CorelDRAWX4版本（保存方法参见图2–15），完成制作。

图2-27

举一反三——任务4 绘制特异构成

图2-28

任务要求：利用符号库“Wingdings”中的笑脸符号☺，按图2-28所示的效果制作一个特异构成作品。

任务提示：

① 本任务的总体制作思路与任务3相同，都是利用一个符号进行反复复制后得到需要的图形；

② 与任务3的不同之处在于，该任务中的笑脸和中间变异的脸需在符号库提供的笑脸基础上加以修改；

③ 脸的修改需要尝试使用下一章将要用到的一个工具：形状工具。基本使用方法是：在对象被选中的状态下，选择工具箱中的形状工具，然后单击对象，之后按住对象相应部位的空心小方块（节点）进行拖动，就可以令对象的形状发生变化。

④ 制作过程提示如下。

第一步，找到符号库，在其中拖出笑脸符号；

第二步，选择形状工具，用形状工具改变笑脸的形状（在头顶拖出一个帽子形状，嘴形稍作变化）；

第三步，用挑选工具选中修改后的笑脸，将笑脸稍做旋转；

第四步，利用拖动复制的方法复制一个笑脸，再用Ctrl+R的方法复制出多个笑脸；

第五步，用挑选工具选中第三行第4个笑脸，将其变成一个反向拖动，变成镜像的笑脸，并修改第三行第3个和第4个笑脸的颜色；

第六步，再选择形状工具，修改中部两个笑脸的形状；

第七步，用工具箱中的矩形工具，绘制一个方框框住所有对象，之后，组合所有对象并保存文件，结束任务。

微课助手

视频3 “对象管理器”的功能及运用

视频4 “合并”的使用方法及特点

第3章
图形绘制篇

要领导航

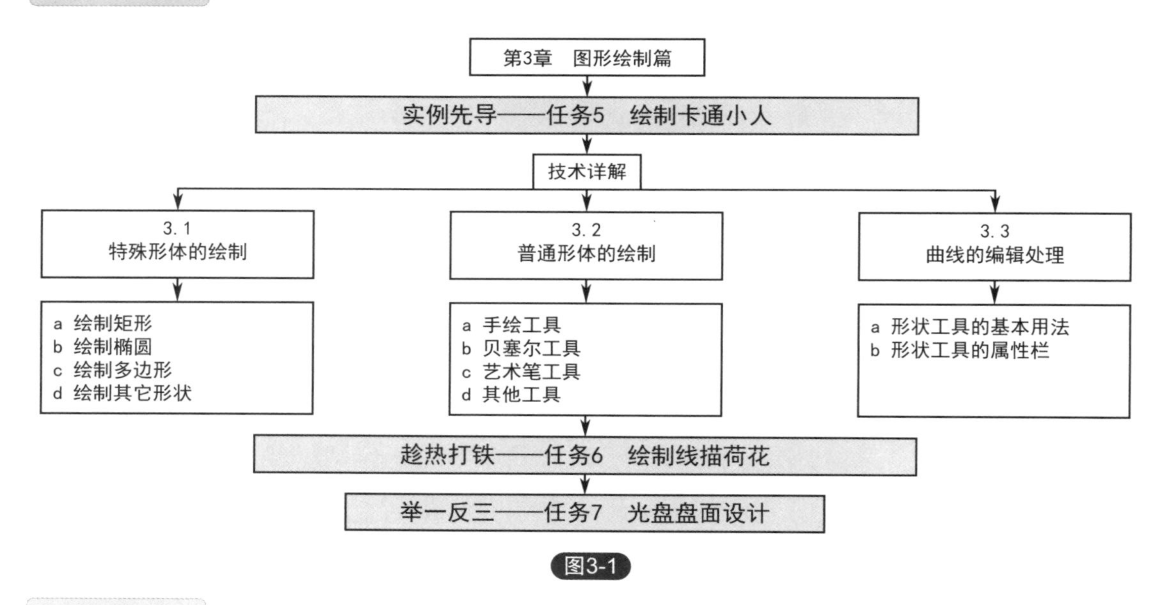

图3-1

学习导入

提问：第2章操作入门知道了如何创建文件和最基本的管理对象的方法，这一章我们应该要开始绘制作品了吧？

回答：是的，绘制图形是CorelDRAW的一个主要功能，它的每一个图形作品，通常总是会包含众多独立的对象，如一条线、一个规则的几何形、一个不规则的任意形、一个字或是一组字都可能是一个独立的对象。要想绘制一个对象的形体其实不难，基本就是两步走，先画草稿再精细修改，这其中尤其重要的就是要使用好“形状”这个工具。这一章就让我们一起来学学如何绘制规则的和不规则的对象，以及如何在绘制了基本形后再修改、调整它们。

实例先导——任务5　绘制卡通小人

任务要求：利用各种绘图工具（如矩形工具、椭圆形工具、多边形工具、贝塞尔工具、手绘工具等）和形状工具绘制如图3-2所示的卡通小人。

图3-2

任务目标：认识并掌握椭圆、矩形、多边形、形状工具的使用方法和不同属性。

主要工具：椭圆工具、矩形工具、多边形工具、贝塞尔曲线工具、形状工具、挑选工具等。

主要命令：对象|组合（快捷键：Ctrl+G）、对象|对齐与分布|垂直居中对齐（快捷键：C）、对象|转换为曲线（快捷键：Ctrl+Q）等。

操作步骤：

① 在工具箱中单击选择椭圆形工具，在页面中按住左键并拖动鼠标，绘制一个较扁的椭圆，在右侧调色板中单击蓝色，为椭圆填色，再在调色板顶端用右键单击，将轮廓线删除（图3-3）。

图3-3

② 在工具箱中单击选择矩形工具，在页面中相应的位置按住左键并拖动鼠标，在椭圆下面绘制一个较扁的矩形。然后在右侧调色板中左键单击青色，为矩形填色，再在调色板顶端用右键单击，将轮廓线删除。接着，用同样的方法，在椭圆的顶部再绘制一个小点的矩形（图3-4）。用挑选工具框住上面绘制的三个对象，使它们全部被选中，然后选择“对象|对齐与分布|垂直居中对齐”（快捷键：C），使这三个对象对齐。

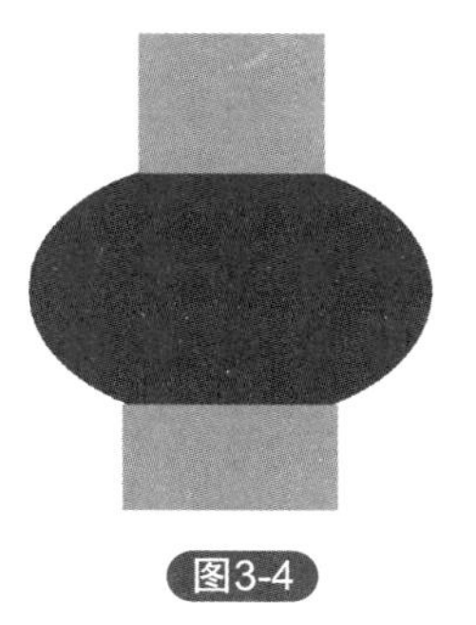

图3-4

③ 在工具箱中单击选择形状工具，然后单击上面的矩形（图3-5），再单击一下左上角的小黑方块，然后按住Shift，再单击一下右上角的小黑方块，之后，向内稍稍拖动小黑方块，使矩形上部的两个直角变成圆弧角（图3-6）。

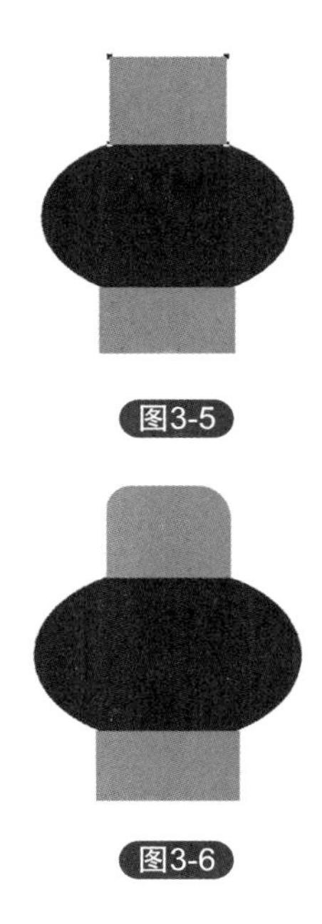

图3-5

图3-6

④ 在工具箱中选择椭圆工具，在圆角矩形顶部再绘制一个椭圆形，用以上同样的方法，为椭圆填上青色（图3–7）。

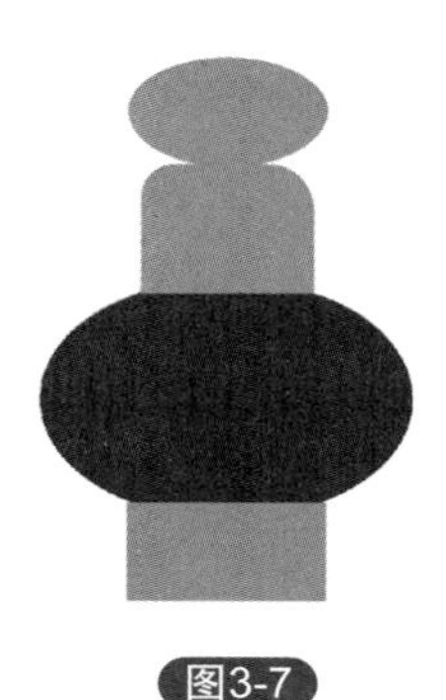

图3-7

⑤ 在工具箱中选择多边形工具，在属性栏上设置多边形的边数为3，在椭圆形右边画一个三角形，并填上与椭圆一样的青色，并去除轮廓线。然后，选择“对象|转换为曲线”，此时，三角形外表虽然没有改变，但它的属性其实已经发生变化了（图3–8）。

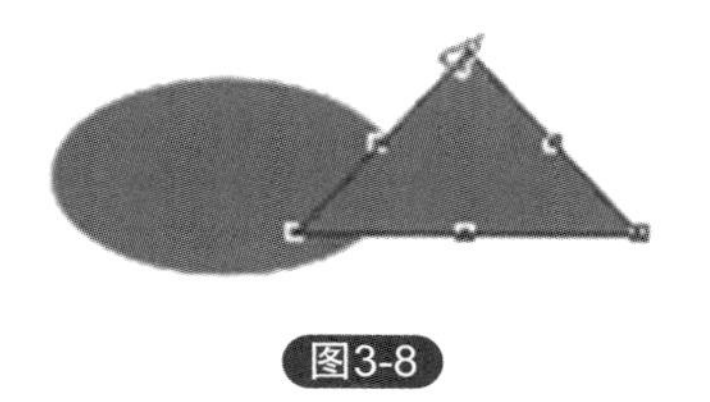

图3-8

⑥ 在工具箱中选择形状工具，单击三角形，显示出三角形上的六个节点（图3–8）。先分别双击三角形中间的三个节点，使节点删除。再按住左键，围着三角形拖出一个虚线框，以选中剩下的三个节点。再在属性栏上单击“转换直线为曲线按钮”。之后，用左键分别按住三角形的节点或是线段进行拖动修改，使图形最后变成如图3–9所示的图形。

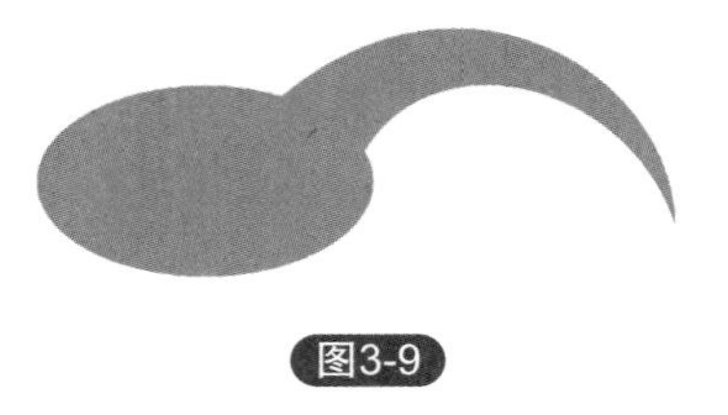

图3-9

⑦ 选择工具箱中的椭圆工具，按住Ctrl，在页面中拖动，绘制出一个小的正圆，填充青色，去除轮廓线。使用选择工具，将其放置在如图3–10所示的位置。

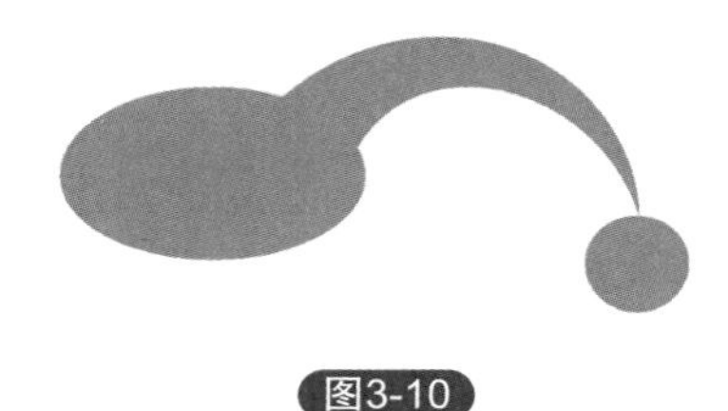

图3-10

⑧ 在工具箱中选择多边形工具，在属性栏上设置多边形的边数为5。按住Ctrl，在圆角矩形中部画一个正五边形，填上白色，并去除轮廓线（图3–11）。再在工具箱中选择形状工具，单击五边形，显示出五边形上的各个节点。单击任一一条边上中间的那个节点并按住向内拖动，得到五角星形（图3–12）。

图3-11

图3-12

⑨ 如果各图形之间的相对位置有偏差，除了使用上面的“对齐”菜单命令将它们对齐外，还可利用选择工具将以上画的图形位置移动、缩放，调整成如图3–13所示的效果。

图3-13

⑩ 接下来画眼睛和嘴巴。眼睛为两个小圆，选择工具箱中的椭圆工具，在前面画的蓝色的椭圆中绘制，然后在调色板上左键单击白色，为眼睛填白色，右键单击顶部的“⊠”去掉轮廓线即可（图3–15）。

⑪ 画嘴可使用贝塞尔曲线。在工具箱中选择贝塞尔曲线工具（贝塞尔曲线在工具组中，点按该工具组右下角小三角，即可看到隐藏的贝塞尔曲线工具）。在页面中按三角形角点的位置依次在各点单击，得到一个三角形。然后选择形状工具，在三角形周围画一个虚线框，以选中三角形的全部节点，接着，在属性栏上单击“转换直线为曲线按钮”。然后，在空白处单击一下，取消对全部节点的选择，再单击三角形下端的节点，在属性栏上单击“对称节点”按钮。之后，按住三角形上部的线段，稍向下拖动，嘴就画好了（图3–14）。然后，给嘴填上白色，并去除轮廓线（图3–15）。在工具箱中选择选择工具，用此工具分别选择眼睛和嘴，并放置在蓝色椭圆中合适的位置上。

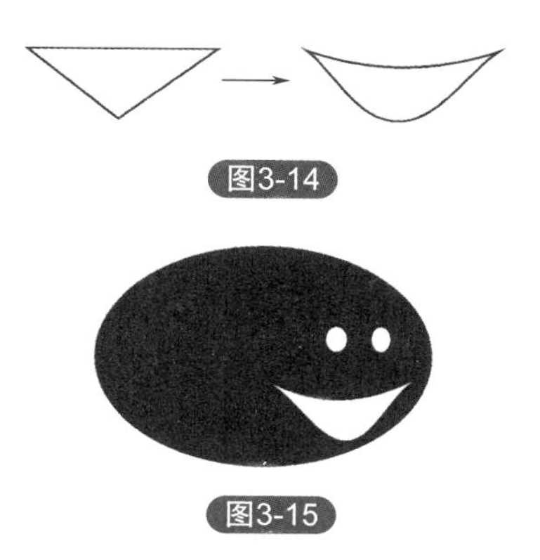

图3-14

图3-15

⑫ 接着开始画手。先选择矩形工具，画一个小矩形，再选择椭圆工具，画一个小椭圆，用选择工具将二者摆好位置，然后框选两个图形，并按下Ctrl+G将对象组合（图3–16）。

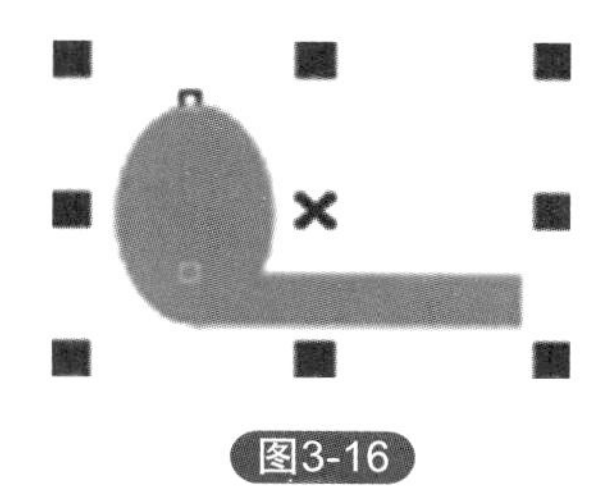

图3-16

⑬ 将鼠标指针放在上图左边中间的黑色小方块上，按住Ctrl，并按下鼠标向右拖动，待右边出现一个镜像的图形时，先按下右键，再松开左键，便可得到一个复制好的右手（图3–17）。将两只手分别摆在身体的两侧，效果如图3–18所示。

图3-17

图3-18

⑭ 接着画脚。用矩形工具先画一个长矩形，并填充青色，去掉轮廓线。然后按Ctrl+Q将矩形属性转为普通曲线。选择形状工具，在矩形左右两侧的中部线段上分别双击，添加两个节点，再框选住这两个节点，向右适当拖动，得到折线。然后再在底部画一个小椭圆，脚便完成了。用选择工具将二者摆好位置，然后框选两个图形，并按下Ctrl+G将折线和椭圆组合。用第13步的方法，将脚镜像复制一份，并摆好位置。保存文件，小人就画完了（图3-19）。

⑮ 尝试用以上各种方法，给小人做一些不同的姿态，以达到举一反三，巩固本例知识点的作用（图3-20）。

图3-19　图3-20

技术详解

CorelDRAW中的每一个作品都是由若干对象组合而成。这些对象包括矩形、椭圆、多边形等规则图形及各种由直线段和曲线段组成的不规则图形。事实上，不管哪一类图形，其核心都是由线组成。无论哪种线，只要其属性是普通的线型，在软件中都通称为曲线。矩形和椭圆其实也只是一种曲线，只是在未转化为曲线之前，它们具有一些特殊的“优惠”待遇及约束，一旦通过命令将其属性转化为曲线后，它们将失去原有的特殊性，变成一般曲线。

创建的每一个对象都包括的三个基本元素——路径、节点、线段。

其中，路径是指起点到终点的曲线。线段则是路径的一个独立部分。可以是直线，也可以是曲线。例如，一个矩形只有一条路径，但它的每一条边都是一条线段。一个椭圆则由一条线段构成。节点，是指线段的起点或终点。如图3-21所示，这是一条路径，在这条路径中包含了三条线段、四个节点。

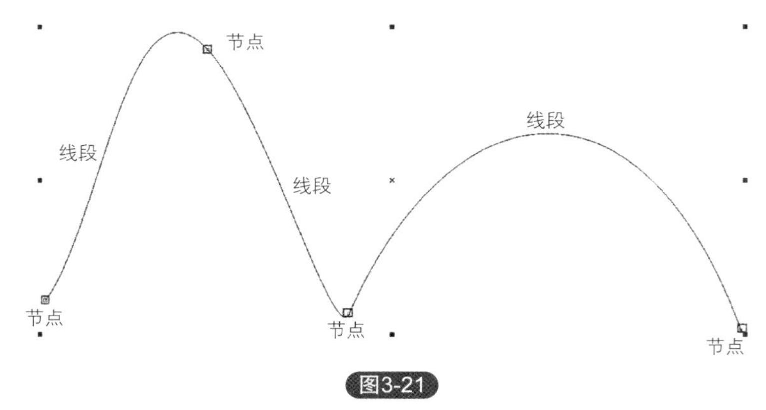

图3-21

当要编辑一个对象的形状时，通常都是利用形状工具对节点和线段进行编辑，直到调整出所需要的形状。

3.1 特殊形体的绘制

特殊形体包括使用工具箱中的矩形、椭圆、多边形、图纸等工具绘制的规则几何图形及基本形状、箭头形状等完美形状（在多边形工具组中），它们的共同点是在未进行属性转换前，都有着与普通曲线不同的属性与约束。

（1）绘制矩形（快捷键：F6）

关于矩形工具的基本用法在第1章中已提及。此处只针对矩形工具的一些特殊属性的运用进行学习。

① 用形状工具单击矩形，可使矩形处于节点可被编辑状态。拖动其任意一个边角上的节点，可同时使四个边角变成弧形（图3-22）；

② 在被形状工具选中的前提下，再次单击一个边角上的节点，然后拖动这个节点，则只会使一个角变成弧形（图3-23）；

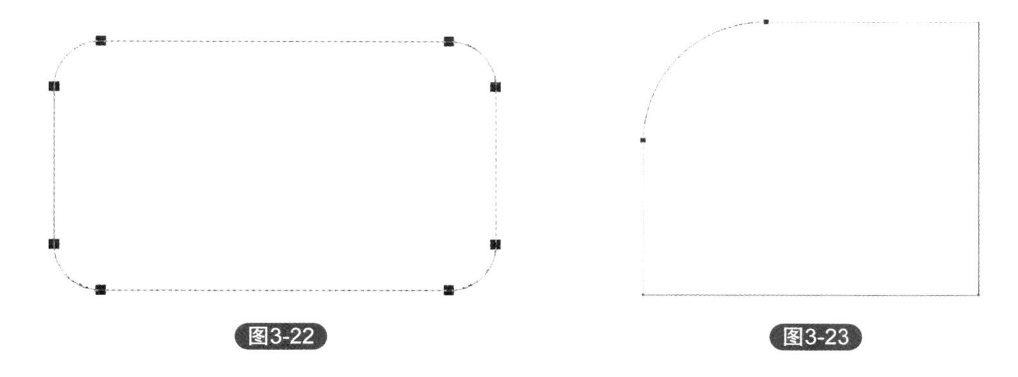

图3-22　　图3-23

③ 若需要使用形状工具的其它编辑功能对矩形进行更为多样的处理，则需先将其转化为普通曲线。转换命令为：对象|转换为曲线（快捷键：Ctrl+Q）。

> **小窍门：**
>
> ◆双击矩形工具可绘制一个与页面大小相同，位置重叠的矩形。
>
> ◆在多边形工具组中有一个图纸工具，可以通过属性条上的设置，绘出一组群组的矩形。通过解散命令打散这些群组的矩形后，每一个独立的矩形都具有矩形的特殊属性。

（2）绘制椭圆（快捷键：F7）

绘制椭圆与绘制矩形的基本方法一样，在使用中它也有一些属于自己的特殊属性。

① 未转换为普通曲线之前，椭圆只有一个节点（也可理解为是两个重叠的节点）。转换为普通

曲线后，将变为四个节点。

② 椭圆一共有三种不同的形态。用形状工具可以将椭圆的形态变为饼形或弧线，但不管是哪种形态，其属性却仍然是椭圆。具体方法是：用形状工具按住并拖动椭圆上的节点，松开时，指针移到椭圆内部，则椭圆变为一个饼形；如果指针移向椭圆外部，则变成一段开放的弧形（图3-24）。

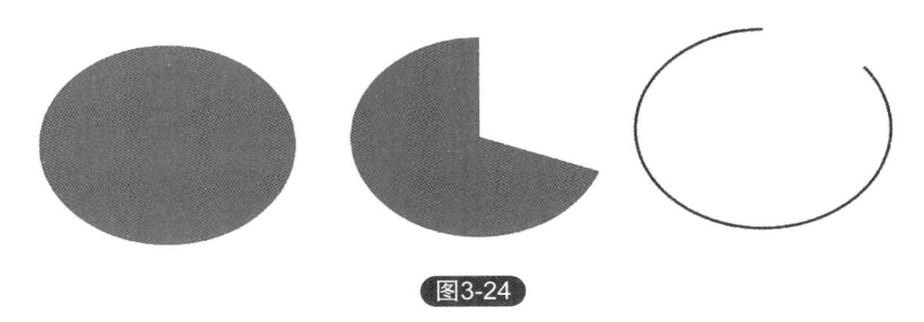

图3-24

③ 弧线和饼形的切换也可通过属性栏上的设置；还可以双击椭圆工具，通过选项对话框进行设置。

④ 若要更多的编辑，同样需要先将椭圆用“排列—转换为曲线”命令转化为普通曲线，然后再用形状工具进行编辑。

（3）绘制多边形（快捷键：Y）

多边形包括三类：多边形、星形、复杂星形（图3-25）。三个工具都在多边形工具组中。其使用方法都一样。先在工具箱中选中相应的工具，然后在属性栏上设置边的数量（最少边数为3），再在页面中按住左键并拖动，即可绘出所需要的多边形。如果需要正多边形，可使用与绘制矩形相同的快捷键辅助完成。

多边形与矩形属性一样，受到一定的保护，用形状工具拖动图形上任意一个节点时，其它节点也会做出相应的移动变化，从而使图形的改变保持对称状态。

图3-25

（4）绘制其它形状

在多边形工具组中，还包括了基本形状、箭头形状、流程图形状、标题形状、标注形状五个工具（图3-26）。每种工具都在属性栏中列出了一些预置的图形。使用时，只需直接选取，在页面上单击并拖动即可。

这些形状同样属于有特殊属性的曲线，被称之为完美形状。当这些形状绘出之后，一部分图形中会有红色或红色和黄色的菱形，拖动这些菱形，可对图形的形状进行适度地改变。但要想让它们像普通曲线一样进行自由编辑，也必须先将其转化为普通曲线。

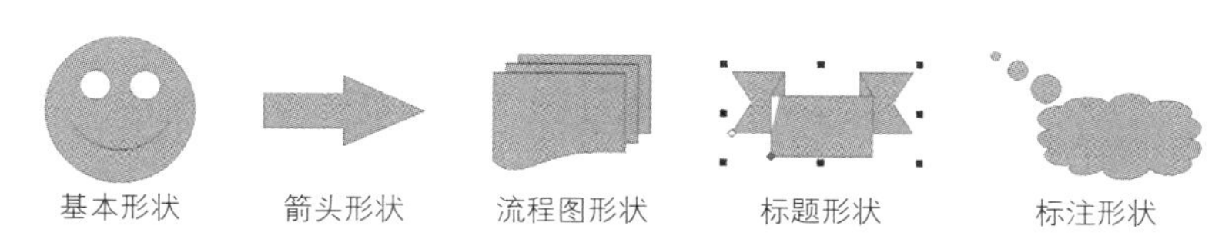

图3-26

3.2 普通形体的绘制

在更多的时候，我们需要绘制的形体是不规则的，在以上的特殊形体中无法找到合适的图形，此时，便需要使用手绘工具、贝塞尔工具等其他一些工具来绘制更多的形体，这些形体无论以何种形态出现，其属性都是普通曲线。

要注意的是，在默认状态下，只有封闭的路径才能被填充进颜色或图样。如果需要对未闭合的对象也能填充颜色，就需要在“工具|选项”中进行设置。具体方法是，打开“工具|选项”对话框，在其中选择“文档|常规”，然后勾选“填充开放式曲线”，即可以给未完全封闭的图形进行填充。

（1）手绘工具（快捷键：F5）

手绘工具可以很方便地绘制出任意的曲线、直线、折线等线型。同时，还可以通过属性栏上的设置，为它绘制出的线条的起点和终点添加箭头。绘制不同线型时的使用方法如下。

① 绘制任意曲线：在路线起始点按下左健，然后按所需要的路线拖动鼠标，待画完一条完整的路径后，松开左键即可。

② 绘制单直线：先在起点单击，再到终点单击。

③ 绘制折线：先在起点处单击，再在转折处双击。

④ 与前一条线连接：将鼠标指针移动到前一条线的起点或终点的节点处，待指针形状变为小箭头形状时，在节点上单击，再开始绘制的新线即与前一条线连接起来了。

⑤ 添加箭头：在绘制完线条后，如需要在线条的起点或终点添加箭头，可在保持线条被选中的状态下，在属性栏中选择起点或终点的箭头式样。

⑥ 选择线型：在绘制线条后，如需要改变线的粗细或样式（如变连线为虚线），可在保持线条被选中的状态下，在属性栏中选择线的样式和宽度。除了预设的样式宽度外，还可以按需要自己设定。

小窍门：

◆按下Ctrl，可在水平、垂直方向或设置的角度方向画出受限制直线。

◆在绘制任意曲线过程中，在松开左键之前，按住Shift，并朝线条起始的方向倒拖鼠标，可以删除已绘好的线段。

◆添加箭头、选择线型之所以都要在对象被选中状态下进行，是为了不改变软件预设的参数。这在该软件中的许多地方都存在这种情况。这种方法修改的参数只改变当前这一个对象。如果想要改变以后所有的对象的该项参数，可以在未选择对象状态下去修改相应参数。

（2）贝塞尔工具

贝塞尔工具与手绘工具的不同之处在于，它采用的是定位起点和定位终点的方法绘制线条。具体使用方法如下。

① 绘制连续的折线：先在起点单击，在转折处再单击。

② 绘制曲线：先在起点单击并稍稍拖动一下，再在下一处单击并拖动一下，两点之间的连线便成为曲线。

（3）艺术笔工具

艺术笔工具可通过属性栏上不同的选项，绘制出一些艺术图形和有变化的线。它在属性栏上一共有五种形式，即预设、笔刷、喷涂、书法、压力，每种形式掌握着一种表现形态。绘制出来的对象，表面上看不是单纯的线条，而实质上其核心仍是曲线，是一组被隐身的曲线控制着的对象。如果需要改变这些对象的大小、位置等，可通过使用形状工具来改变所绘的曲线。基本使用方法是：

首先在属性栏上选择一种绘制形式，如笔刷，再在笔触列表中选择一种笔触。然后在页面中按左键并拖动绘制出一条路线，此时即可得到相应的笔触（图3-27 a）。如果想要修改所绘的线，可选择形状工具，然后在对象上合适的位置单击，此时会出现一条包含节点的虚线，调整这条曲线即可（图3-27b）。

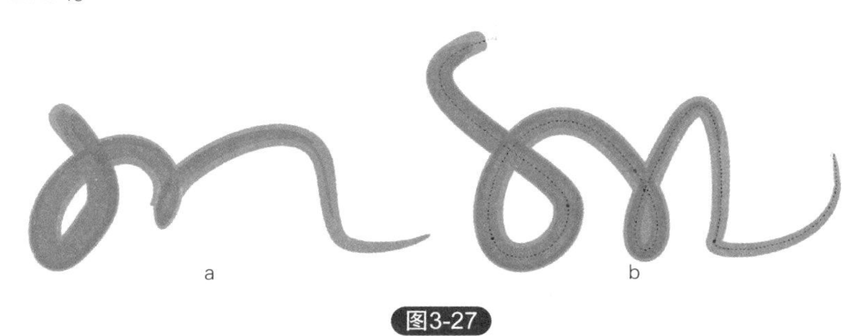

图3-27

（4）其他工具

除了上述三种主要绘图工具外，工具箱中还有其他一些绘图工具，每种工具各有自己的特点，使用时可根据需要和个人绘图习惯灵活选择。

① 钢笔工具和B样条工具。钢笔工具与贝塞尔工具工作方法相同，而且它还可以在线段的两点间先预览到连接的效果。B样条工具和贝塞尔工具画折线的方法也相同，不同之处在于，当完成绘制后，需要双击左键，否则它会一直画下去。

② 三点曲线工具。其绘制原理是先确定线段的起点和终点，再通过确定弧度的方法来画出平滑的抛物线。使用方法是：首先，按住左键并拖动，至终点松开鼠标，然后继续拖动，调整弧线的形状和弧度，至合适时单击即可。

③ 连接器工具和度量工具。这两个工具绘制出的是特殊的对象。其中连接器工具包括直线连接器、直角连接器和直角圆形连接器三个，它们可以在对象之间绘制连接线，并且在移动连接线两边的对象时，这些线条也会跟随着对象移动。使用方法就是在第一个对象上找到需要的连接点，按住左键并拖动至另一个对象相应的连接点松开。

度量工具则可以进行长度、角度标注。标注时，应先在属性条上选择标注形式，然后再进行标注。长度的标注方法是：先在度量起点处单击并拖动，再到度量终点松开左键，然后拖动鼠标至合适的标注尺寸位置单击，尺寸被自动标注。角度的标注方法是：首先在角的顶点单击并沿一条边拖动，然后至一条边上单击，最后拖动鼠标到合适的标注位置单击，角度被自动标注。

④ 智能绘图工具。在手绘工具组中，它的使用方法与手绘工具绘制任意曲线的方法相同。不同之处在于，当绘制结束后，该工具可以根据所绘制的草图形自动做出判断，将其调整为规则的或轮廓线更平滑的图形对象。

⑤ 螺纹工具。在多边形工具组中，它可以通过在属性栏上的选择绘制出对称式和对数式两种螺纹。

3.3 曲线的编辑处理

在绘制图形时，往往需要多次修改才能得到自己想要的形状。对于曲线修改而言，最好的编辑工具就是形状工具（快捷键：F10）。这个工具对于CorelDRAW 而言，是一个至关重要的工具。

（1）形状工具的基本用法

形状工具的基本用法就是先用工具单击要修改的对象，以选中对象，当对象的节点显示出来后，可以拖动节点、节点的控制柄或节点之间的线段来进行修改。具体来说：

① 拖动节点，可使节点左右的线段做相应的移动。

② 拖动线段可改变该线段的形状。如果该线段左右两侧的节点是平滑或对称节点，那么拖动该线段时，还可以同时改变其左右两边线段。

③ 单击平滑节点或对称节点，然后拖动节点控制柄可改变该节点两边线段的形状。

④ 多个节点可以同时被选中并移动，方法有多种，如：按住Shift，再依次单击多个节点；拖出矩形框围住需要选择的节点；按住Alt，再框选节点，可建立任意形状的选择框来同时选择多个节点。

（2）形状工具的属性栏

要想利用形状工具进行更加复杂和精确的控制，则要靠属性栏上的各个按钮的配合使用来完成。这其中，最重要最常用的就是两组按钮，即转换为直线和曲线按钮、改变节点属性按钮。

① 添加节点和删除节点按钮。在需要添加或删除节点的位置上单击，然后再单击“添加节点”或“删除节点”按钮，即可在相应的位置上增加或删减一个节点。当然，也有更快捷的办法，即可以直接在路径的某一位置上双击，可添加一个节点；而在路径上已有的节点上双击，可删除该节点。

② 连接和断开曲线按钮。断开曲线：在一条路径上，单击一个节点，再单击“断开曲线”按钮，可将一条线段断开；也可同时选中多个节点后再按该按钮，则同时断开多条曲线。有一点要注意的是，曲线被断开后，可以用形状工具移动断开的曲线到其他位置，但是它与断开前的曲线仍是“一家人”，如果要彻底断开它们的关系，则需要用挑选工具选中该组曲线，然后选择“对象|打散曲线”，才能将其完全分成多个独立的对象。

连接曲线：在一条或多条未连接但却同属一个对象的曲线上，同时选中首尾两个节点，单击“连接曲线”按钮，即可将该曲线闭合。

③ 转换为直线和曲线按钮。这两个按钮可将直线变成曲线或将曲线变成直线。使用方

法很简单：当前线段是直线时，按下“转换直线为曲线”按钮，可将线的属性转为曲线；反之，当前线段是曲线时，按下“转换曲线为直线”按钮，可将线的属性转为直线。

④ 改变节点属性按钮。改变节点属性按钮有三个，分别是“尖突节点”按钮、“平滑节点”按钮、“对称节点”按钮。当节点转换成以上三种节点中的一种时，其性质和特征将发生相应的变化。基本使用方法是：选中一个节点，然后单击需要的节点属性按钮即可。不同属性的节点，在路径修改中发挥着不同的作用。

每个节点，都有左右两个控制柄，属性不同，控制柄行动的特点也不一样（图3-28）。其中尖突节点两侧的控制柄可以分别使用，一边控制柄活动，不用影响另一边的控制柄；平滑节点两边侧的控制柄始终保持在一条直线上，但一边可以调节长短而不影响另一边的长度；对称节点两侧的控制柄除了始终在一条直线上以外，还完全对称行动，一边活动另一边会反方向同步行动。

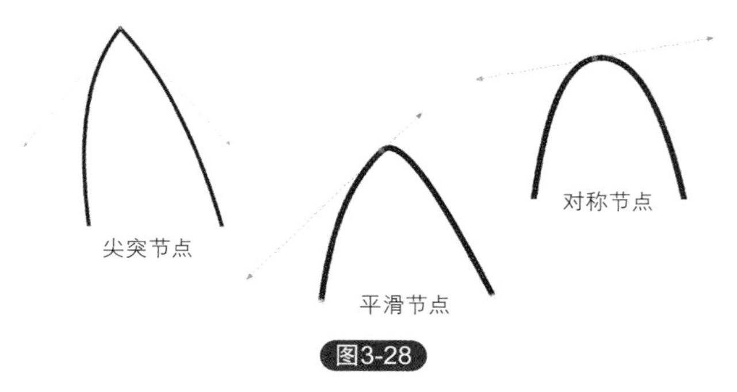

图3-28

在使用时，应根据每个相邻线段的情况来选择节点的属性。如图3-29所示，图中1、3号节点两侧的线段处于不对称的平滑状态，因此这两个节点选择的是平滑节点；图中2、4号节点两侧的线段转折处较为尖锐，因此这两个节点选择的是尖突节点；图中5号节点两侧的线段平滑且较为对称，因此这个节点选择的是对称节点。选好节点的属性能令路径调整时便捷有效，否则则有可能顾此失彼，事倍功半。

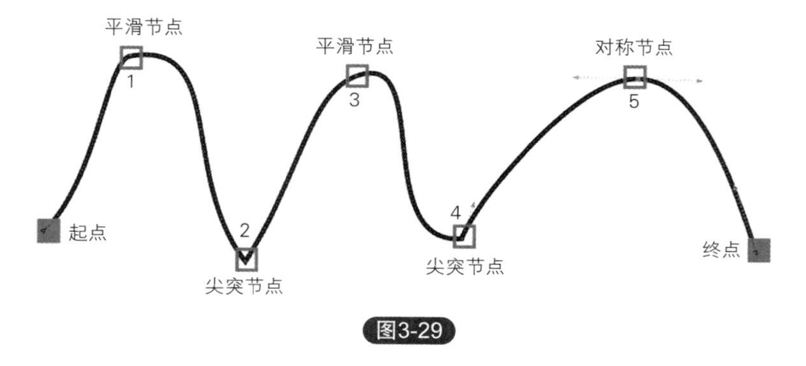

图3-29

⑤ 其他按钮。除以上常用按钮外，属性栏上还有其他一些按钮。简要介绍一下其中几个。

反转曲线方向按钮：可将曲线绘制的方向反转，即开始节点变为结束节点，结束节点变为开始节点。

延长曲线使闭合按钮与自动闭合按钮——两个功能基本一样，都可以使一条开放式的曲线自动闭合。

提取子路径按钮——可将同一路径中相对独立的部分提取出来成为单一的路径（例如：将一同心圆中的内圆从同心圆中分离出来）。

趁热打铁——任务6　绘制线描荷花

任务要求：利用各种绘图工具（如手绘工具、贝塞尔工具等）和形状工具依照提供的照片勾绘出荷花及部分荷茎、荷叶（图3-30）。

任务目标：掌握形状工具的具体使用方法。

主要工具：椭圆工具、矩形工具、多边形工具、手绘或贝塞尔曲线工具、形状工具、挑选工具等。

主要命令：文件|导入、对象|锁定、对象|组合、对象|顺序|向后一层等。

图3-30

操作步骤：

① 新建一个默认文件大小的文件，使用“文件|另存为”的方式，将文件命名为“荷花线描图”。选择“文件|导入”，导入图片“荷花.jpg”，在页面中单击并拖动画出一个虚线框，使荷花图片按指定的大小导入。再选择“对象|锁定|锁定对象”，将荷花图片锁定在页面中。

② 在工具箱中选择椭圆工具，在荷花莲蓬处单击并拖动，绘制一个圆。单击右键，在弹出的菜单中选择“转换为曲线”，使椭圆的属性转换为普通曲线。再在工具箱中选择多边形工具，在属性栏中设置多边形的边数为3，在圆形左下方单击并拖动，绘制一个三角形。点右键，在弹出的菜单中选择“转换为曲线”，使三角形的属性也转换为普通曲线（图3-31）。

③ 在工具箱中选择形状工具，利用形状工具调整圆形、三角形的形状，使之与荷花莲蓬形状相符，并在右侧调色盘中单击黄色，给两个图形填上黄色（图3-32）。

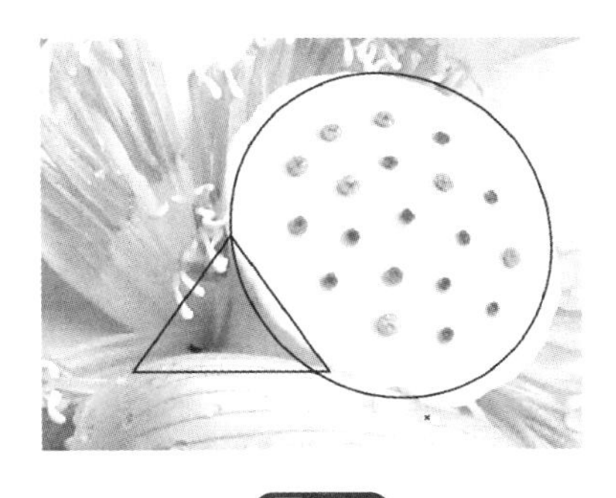

图3-31

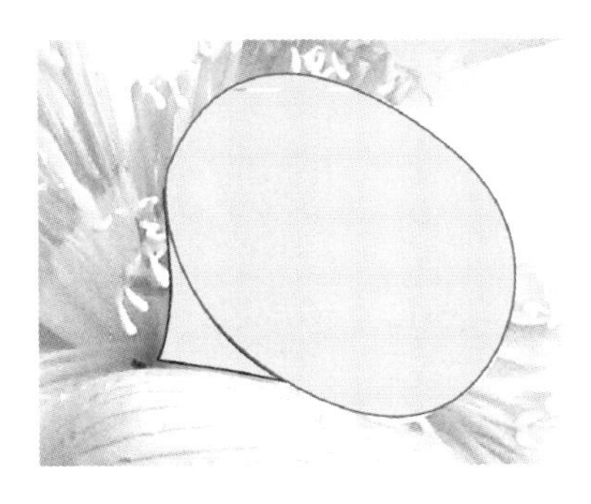

图3-32

④ 在工具箱中选择手绘工具，在莲蓬上绘出一个个小圆（注：绘制时，必须保证每一个小圆都是封闭的图形。对如绘制出的小圆形状不满意，可通过使用形状工具调整形状）。画完后用挑选工具框选绘制的所有对象，按下Ctrl+G进行组合。然后选择“对象|锁定|锁定对象”，将所绘莲蓬锁定在页面中（图3-33）。

图3-33

⑤ 选择手绘工具（或贝塞尔工具），画出图3-34所示的1号花瓣，画完后，用形状工具进行形状修整，修整到满意后，可填充白色。再使用同样的方法，依图3-34所示的顺序提示，一瓣瓣画出荷花的花瓣。对于花瓣的背面，可填充30%黑色，以区别于正面的花瓣。绘制完成后，选中所有花瓣，按下Ctrl+G对其进行组合，得到如图3-35所示的荷花。（提示1：每一个花瓣都必须绘制成完整的封闭图形，如果绘制出的图形没有封闭，则无法填充颜色。提示2：由于后画的形状会处于先画的形状之上，为保持线条不混乱，绘制时应考虑好先后顺序，尽量先画后层的形状，再画前面的形状）

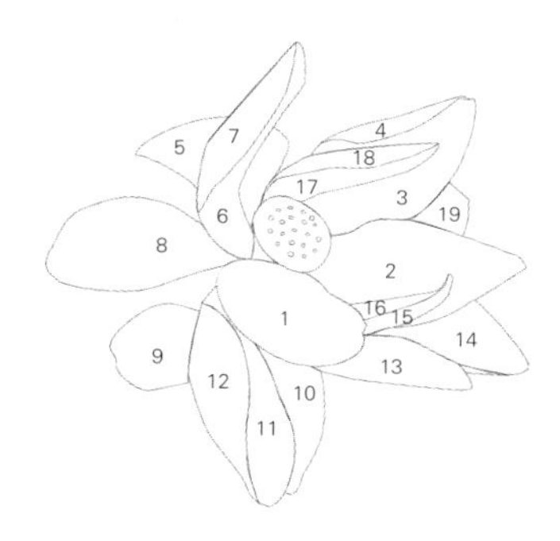

图3-34

图3-35

⑥ 再以同样的方法绘制周围的荷叶和茎干，为荷叶填充80%黑，为茎干填充30%黑。（图3-36）（注：在绘制叶和茎干时，可根据需要进行适当取舍和形状加工，不一定完全和底图一样）。

图3-36

⑦ 在工具箱中选择挑选工具，框选所有图形，然后按下Ctrl+G对其进行群组。

⑧ 在工具箱中选择矩形工具，从荷花原始素材图的左上角向右下角拖动绘制，绘制出一个矩形，按下Shift+F11，打开标准填充对话框，设置矩形颜色值为C40M0Y20K60。

⑨ 选择“对象|顺序|向后一层”，将矩形放在绘制的荷花之后，即可得到如图3-37a所示的效果。

⑩ 用挑选工具框选所有的图形，然后全部填充白色，可以看到如图3-37b所示的线描效果。

a

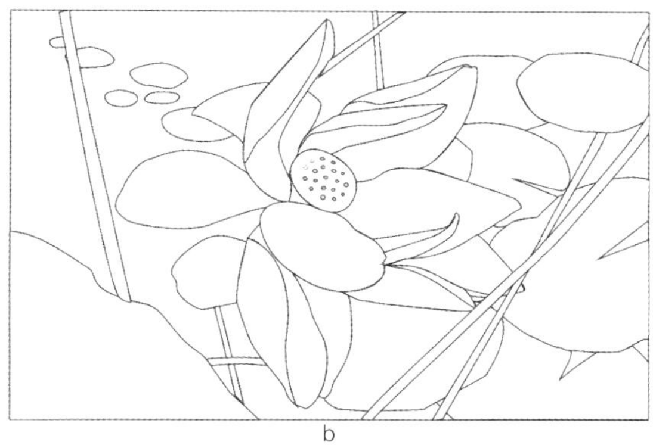
b

图3-37

举一反三——任务7　光盘盘面设计

任务要求：利用椭圆、多边形等规则形绘图工具和贝赛尔、手绘工具、形状工具绘制出图3-38所示的光盘盘面。

任务提示：

① 本任务的基本制作思路是先利用椭圆工具和多边形（四边）绘制出盘面基本框架，再利用贝塞尔工具绘制平滑对称曲线，利用智能填充将菱形分成两块；然后再用手绘工具绘制盘面上的不规则图形。

图3-38

② 制作过程提示如下。

第一步，用工具箱中的椭圆工具绘制出最外圈的两个同心圆；再用工具箱中的多边形工具（在属性栏上设置边数为4），以圆心为中心点，画出一个菱形。

第二步，如图3-39所示，用工具箱中的贝塞尔工具绘制出通过圆心点和菱形左右角点的一条对称平滑线（注意，这条平滑线必须要完全地将菱形分割开，只有完全分开，后面的智能填充工具才能够顺利地进行填充）。

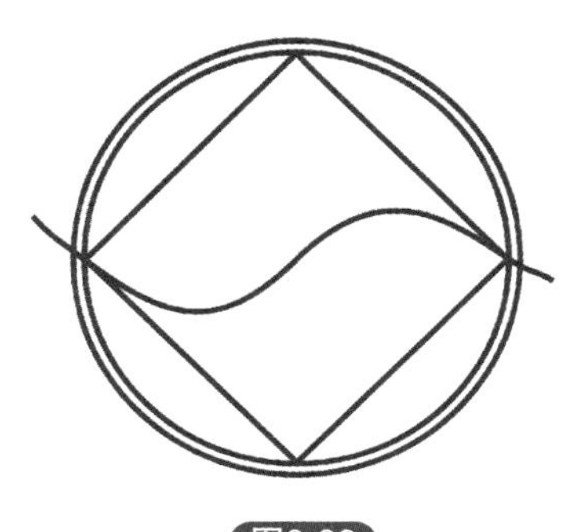

图3-39

第三步，如图3-40所示，用工具箱中的智能工具先在菱形与曲线分割出两个对象中的区域分别单击，以填充新的颜色（填充颜色的同时，自动也生成了一个新的对象），然后再在菱形与圆形分割出的四个半圆区域中单击，同样可得到新的填充对象。接下来再分别为这几个新对象填充新的颜色（蓝紫、深黄、黑），并删除用贝塞尔工具绘制的对称曲线。

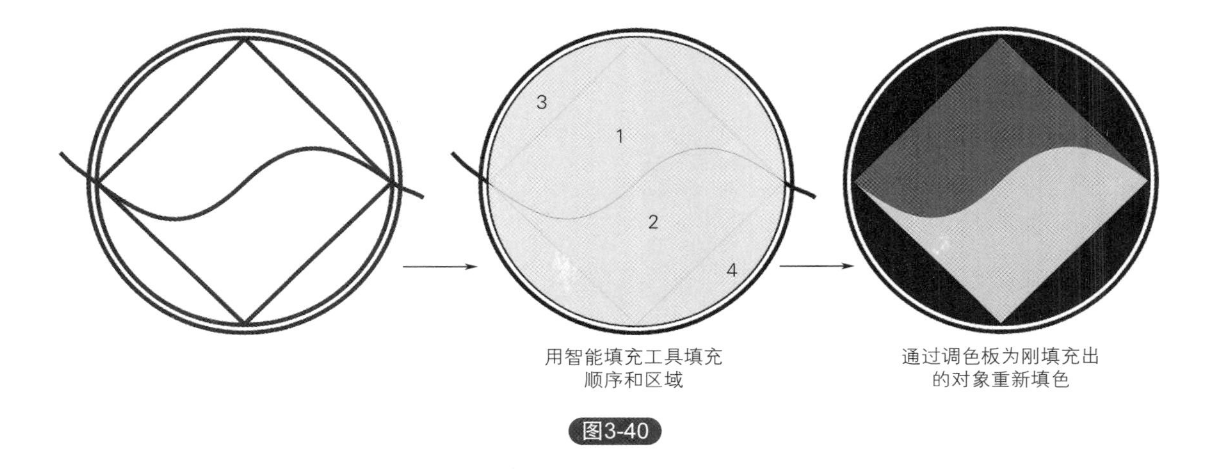

图3-40

第四步，如图3-41所示，用挑选工具对蓝紫色图形和深黄色图形进行少量的移动，使之稍稍错开。

第五步，如图3-42所示，用工具箱中的手绘工具绘制一个边缘参差不齐的不规则图形。然后将其反复复制多个，并给予不同的颜色和方向、大小。然后，选择工具箱中的透明度工具，通过属性栏设置，为这些对象设置一定的透明度。然后，再选择文本工具，输入文字“审美与素养”，并在属性栏上将其转为竖向排列，再在字体栏中选中一草书类的字体，将字体的颜色设为黄色。

第六步，如图3-43所示，选择工具箱中的椭圆工具，在圆盘中心如图所示绘制相应的同心圆，在属性栏上设置适度的圆的轮廓线宽度，为里面的小圆填上白色填充，黑色轮廓线，为外面的小圆设置白色轮廓线。

图3-41　图3-42　图3-43

第七步，最后选择工具箱中的文字工具，在相应的地方单击，输入标题文字“审美与素养”，将其字体设置为苏新诗卵石体，字号的大小则要根据盘面的大小来进行相应的设定，色彩为黄色。再输入文字“佚名主讲”，字体设置为经典特宋简体，字号同样视具体情况定，字的颜色为黑色。如图3-44所示，作品就制作完成了。

图3-44

微课助手

视频5　形状工具“节点属性”按钮的使用技巧

视频6　形状工具“线段属性”按钮的使用技巧

第4章 图形填充篇

要领导航

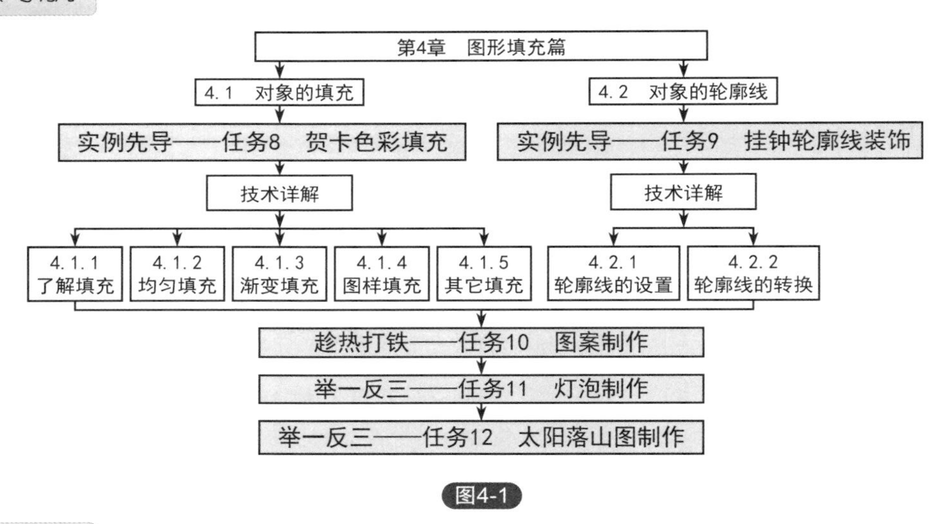

图4-1

学习导入

提问：一个优秀的图形，我认为应该是除了有好的外形，还有要好的色彩或图案。第3章图形绘制让我学会了如何绘制各种规则或不规则的形状或曲线，那么怎样才能为绘制的这些形状填充令人满意的颜色或图案呢？轮廓线只能是那么一条细细的线吗？还可不可以有其它的一些变化呢？

回答：

① 图形里可以填充的内容还真不少，除了单一的色彩外，还可以填充渐变颜色、矢量图形、位图图案等，这正是我们接下来要解决的问题。

② 每个对象都包括轮廓线和填充。填充的内容是很丰富的，但轮廓线可做的处理也很多，除了设定宽度、单色外，它还有一个法宝，就是把它转换为一个可填充的对象。这样一来，细细的轮廓线里也可以填许多东西了呢。下面就让我们一起来学习吧。

4.1 对象的填充

实例先导——任务8 贺卡色彩填充

任务要求：如图4-2所示，根据提供的贺卡素材图，为未填充颜色的对象完成相应的色彩填充。

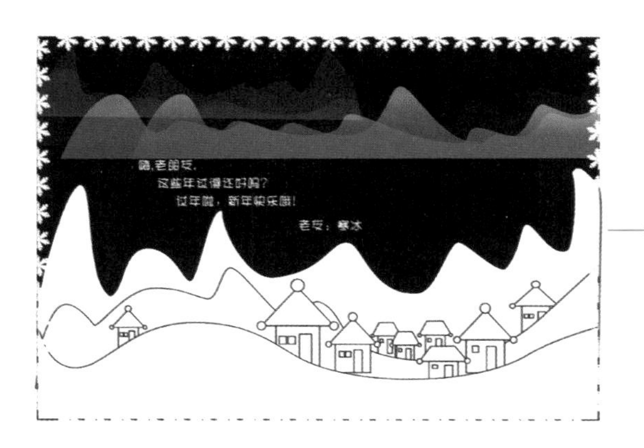

图4-2

任务目标：认识并掌握填充工具、交互式填充工具中各种渐变填充的使用方法以及二者的异同。

主要工具：编辑填充工具、交互式填充工具、挑选工具。

主要命令：对象|组合（快捷键：Ctrl+G）、对象|锁定

操作步骤：

① 打开图4-3的文件素材。我们的任务是对素材中的对象进行色彩的填充。填充内容分为五大部分，即背景底色、近处山峦、房子屋顶、屋角圆球装饰、门和窗。

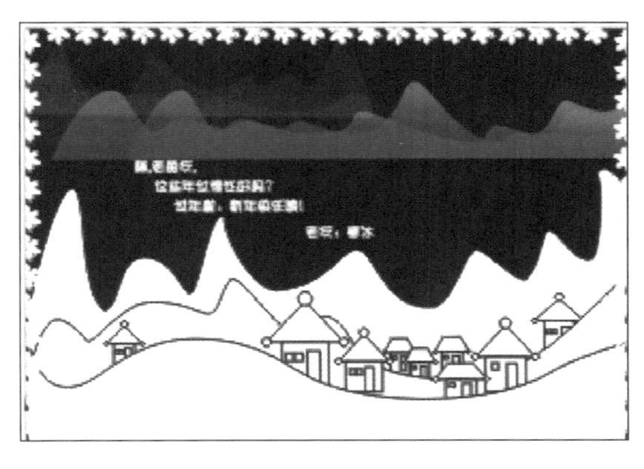

图4-3

② 背景色彩填充。用挑选工具选中黑色背景，选择工具箱中编辑填充工具，在弹出的对话框中选择渐变填充工具（快捷键：F11）。打开渐变填充对话框后，依图4-4所示进行设置。首先设置类型为线性；角度为90° 。然后设置颜色。单击左侧颜色条左上角的小方块，再单击其下的颜色块，在弹出的“选择颜色”对话框中，设置CMYK值分别为C95M75Y19K1，设定好第一个渐变颜色（图4-5）；接着再选择右上角的小方块，依同样的方法，设置颜色值为C40M0Y0K0。接下来设置中间的颜色，在颜色条之上的中间部分双击，得到一个新的色标，在“位置”后设置值为50 50 %，然后依同样的方法，设置颜色值为C94M64Y14K0（图4-4）。三种颜色全部设好后，单击“确定”，背景色便设置好了（图4-6）。

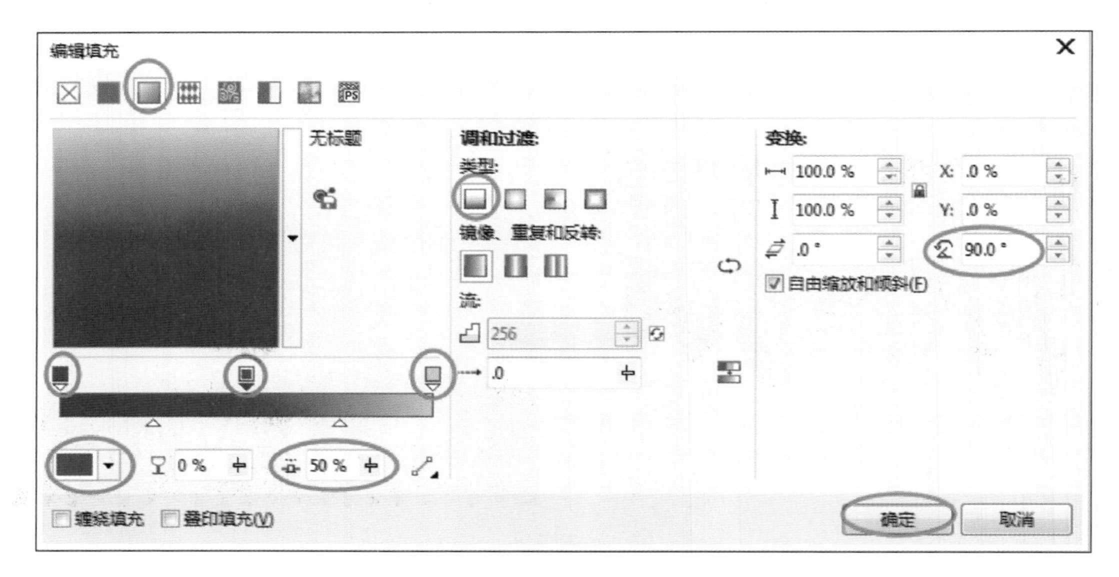

图4-4

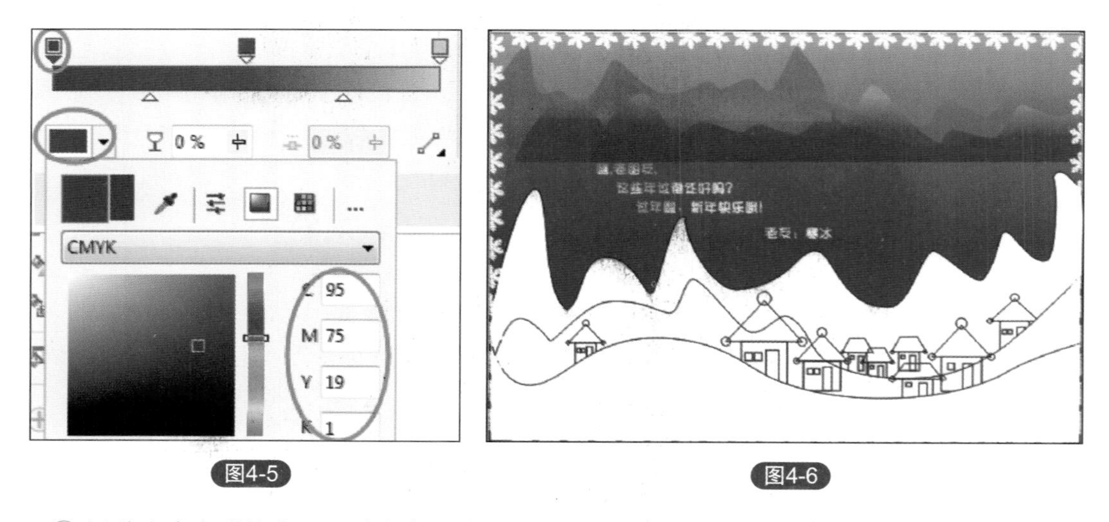

图4-5

图4-6

③ 近处山峦色彩填充。近处山峦共有三层，我们将从近至远依次填充。这次我们将使用交互式填充工具来进行填充。交互式填充工具的特点是所有设置直接在对象上完成，不需要打开对话框。

使用选择工具单击近处第一层山峦。在工具箱中选择交互式填充工具，在山的上部按住左键向下部拖动（图4–7），然后单击上部的小方块，便可接下来为它设置颜色。在属性栏如图4–8所示，单击色块，在出现的调色板中设置颜色值为C100M100Y100K100，这样上部的颜色块就设置好了。接着，单击图4–7中下部的小方块，然后再用上面相同的方法，为下部的方块设置颜色值为C95M80Y35K5。这样第一层山的颜色就设置好了（图4–9）。接着，用同样的方法再设置第二层山的颜色，颜色1：C100M100Y100K100；颜色2：C93M76Y55K25（图4–10）。

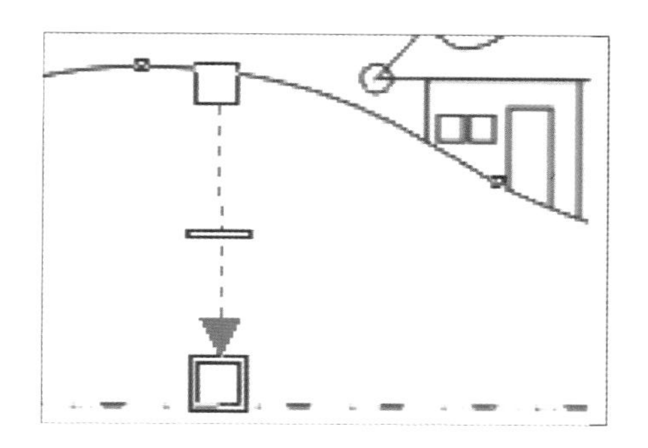

图4-7

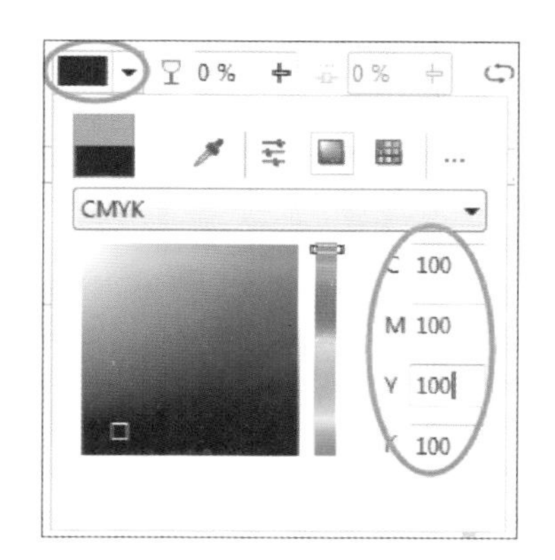

图4-8

图4-9

图4-10

第三层山峦设置颜色时，将进行三种颜色的渐变。用交互式填充工具单击第三层山，选中山峦，然后按住左键从上向下拖动。之后，从右侧调色板中用左键按住并拖动一种颜色放到调节渐变色的控制条上的虚线上（图4–11）（注：必须是鼠标指针接触到虚线上才可以）。这时，可以看到控制条上有三个颜色色块了。

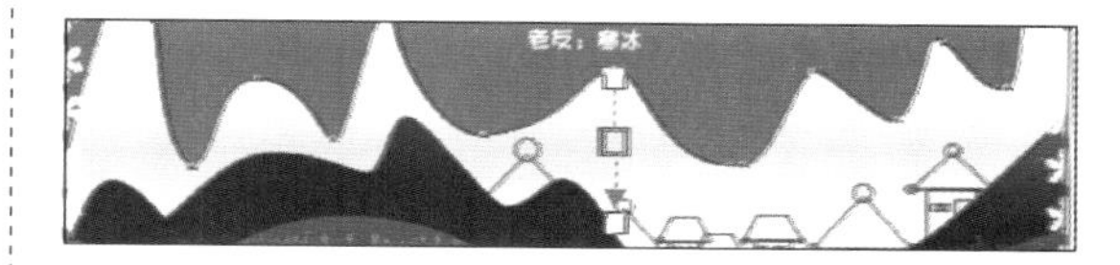

图4-11

接下来从上至下先单击第一个色块，在属性栏中设置颜色值为C35M3Y11K0；再单击第二个色块，颜色值为C80M68Y32K2；最后设置第三个色块的颜色值为C100M100Y100K100。这样，近处山峦的颜色就全部设置好了（图4–12）。

图4-12

④ 房子屋顶色彩填充。屋顶共有两种，三角形和梯形屋顶，我们将使用圆锥渐变填充来完成。先填充三角形屋顶。在工具箱中选择“挑选”工具，单击图中一个三角形屋顶。

选择工具箱中编辑填充工具，在弹出的对话框中选择渐变填充工具（快捷键：F11）。然后依图4-13中所示进行设置。即类型：圆锥；角度：0；中心位移—水平：0，垂直：50(图4-13)。

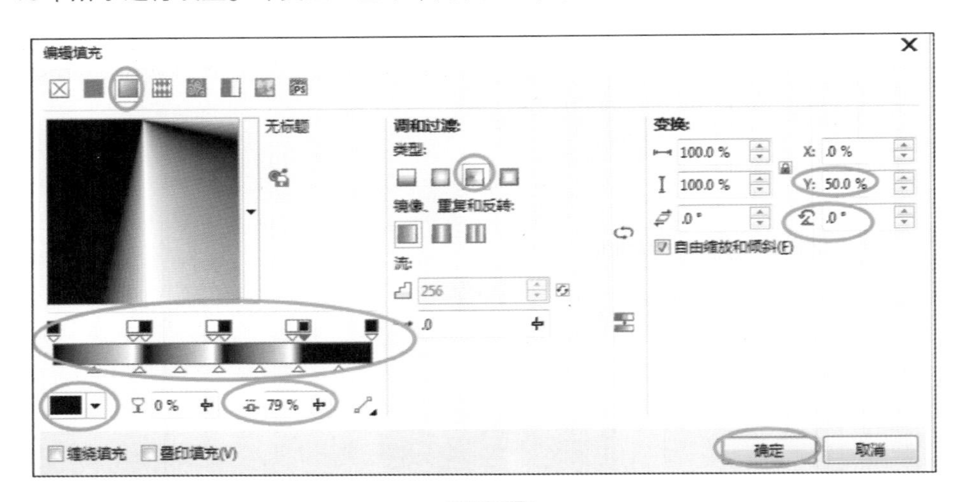

图4-13

接着设置颜色。先分别单击颜色条左上角和右上角的方块，按上面设置颜色的方法将它们都设置为黑色，使颜色条成为黑色条。接下来设置中间的颜色，在颜色条之上的中间部分双击，得到一个新的色标，在“位置”后设置值为25，然后将颜色设置为白色。接下来以同样的方法，在位置为50、75的地方分别设置一个白色的色标。接着，在紧挨着前两个白色的色标的后面再分别加一个新的色标，并将颜色设置为黑色（C100M100Y100K100）（图4-13），颜色设置完毕后，效果如图4-14。

图4-14

接着将这个颜色复制到其它三角形屋顶上。方法是：用右键按住屋顶并拖动到另一个屋顶上，松开按键后，会弹出一个菜单，在其中选择“复制所有属性”，便可将屋顶的色彩复制到另一个屋顶上（图4-15）。

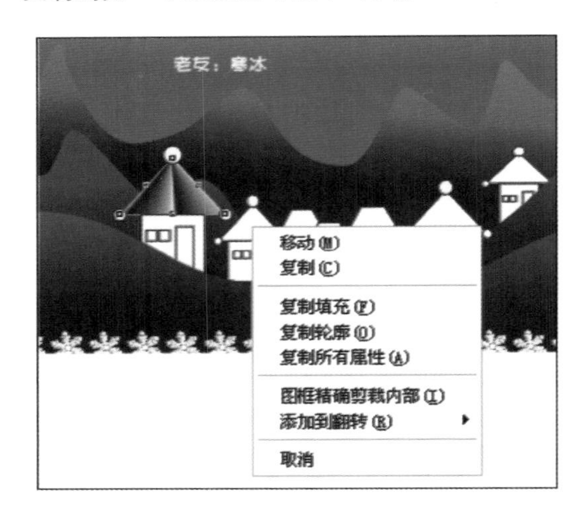

图4-15

再填充梯形屋顶。选择一个梯形屋顶，按下快捷键F11，打开渐变填充对话框，依图4-16所示进行设置。即类型：线性；角度：90；中点：30。然后将颜色设为从白色到黑色。完成一个屋顶之后，再用上面同样的复制方法将填充的渐变色复制到其他几个屋顶上，屋顶填色完毕（图4-17）。

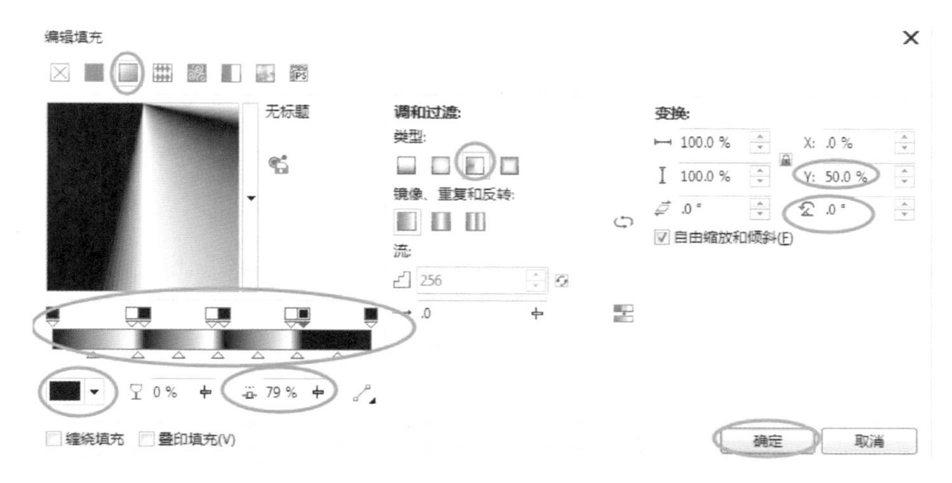

图4-16

图4-17

⑤ 屋顶边角圆球装饰。圆球需要使用射线渐变。我们通过交互式填充工具来完成。在工具箱中选择交互式填充工具，单击一个圆球。在属性栏中进行如图4-18所示的参数设置。其中，类型为射线，两个渐变色值分别是——红色：C0M100Y100K0；黄色：C0M0Y100K0。

图4-18

之后，如图4-19所示，调整图中两色块的位置，使球体的立体感加强。然后，在右侧调色板顶端用右键单击⊠，去掉轮廓线，完成填充。接着用上面所说的复制填充的方法，将小球的颜色一一复制到其他小球上（图4-20）。

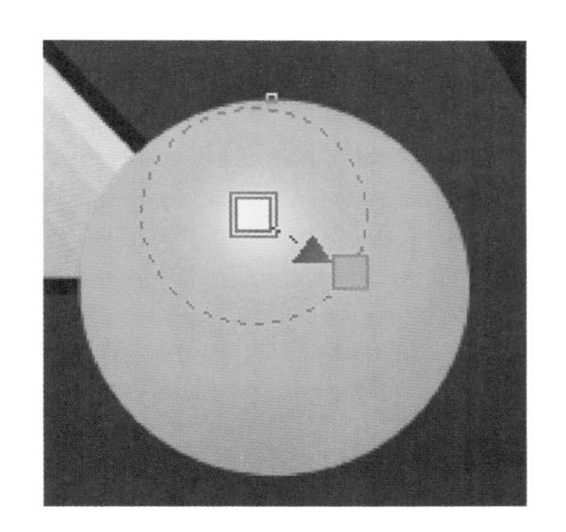

图4-19

图4-20

⑥ 门窗的绘制。窗的填充用的是方角渐变填充，门的填充用的是线性渐变填充，方法与前面的相同。填充结果如图4–21所示。

图4-21

至此，贺卡的色彩填充完成，效果如图4–22所示。

图4-22

技术详解

4.1.1 了解填充

填充是指在对象中填入的颜色等内容，它不仅仅包括单色、渐变色等单纯的颜色，还可以包括矢量图案、位图图案、纹样等各种图案。

在默认设置下，只有轮廓线闭合的对象才能进行填充，当需要为非闭合曲线填充时，必须要先用“工具|选项”菜单进行设置，方法是：打开“选项”对话框，然后选择“文档|常规”，勾选“填充开放式曲线”即可。

(1) 填充类型

① 均匀填充：即单色填充。

② 渐变填充：包括线形、椭圆形（射线）、圆锥形、矩形（方角）四种（图4–23）。

线形渐变

椭圆形渐变

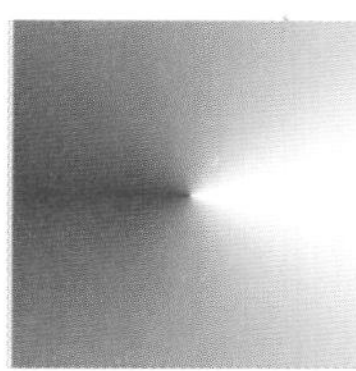

圆锥形渐变

矩形渐变

图4-23

③ 图样填充：用矢量图或位图图案重复覆盖整个对象，如图4–24所示，它一共包括五种类型，即向量（全色）、位图、双色、底纹、PostScript纹理。这其中，“位图”“底纹”填充的内容是点阵图，其它填充的则是矢量图形。

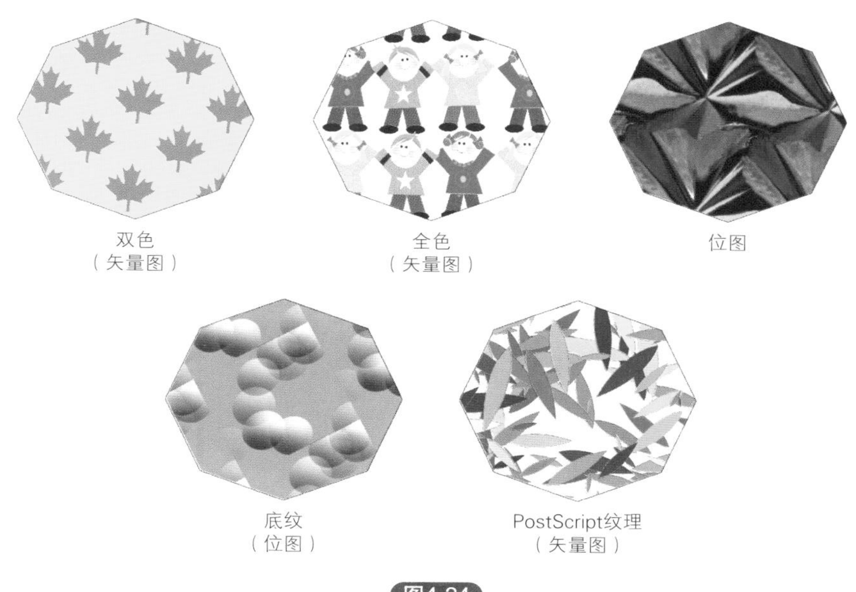

图4-24

（2）填充的工具及基本方法

① 最简单的填充方法：选中待填充的对象后，直接在窗口右侧调色板中左键单击需要的颜色进行填充。如果要去掉已填充的内容，则在调色板顶部的☒上单击左键。

② 最常用的填充工具：编辑填充工具和交互式填充工具。它们可以完成色彩和类型更为复杂的各种单色或渐变填充。两种工具的功能相同，只是工作的过程和方式有所区别。其中，编辑填充工具要通过打开相应的对话框来进行设置（图4-25），而交互式填充工具则可以直接在属性栏和对象上直接设置填充的色彩、位置等。

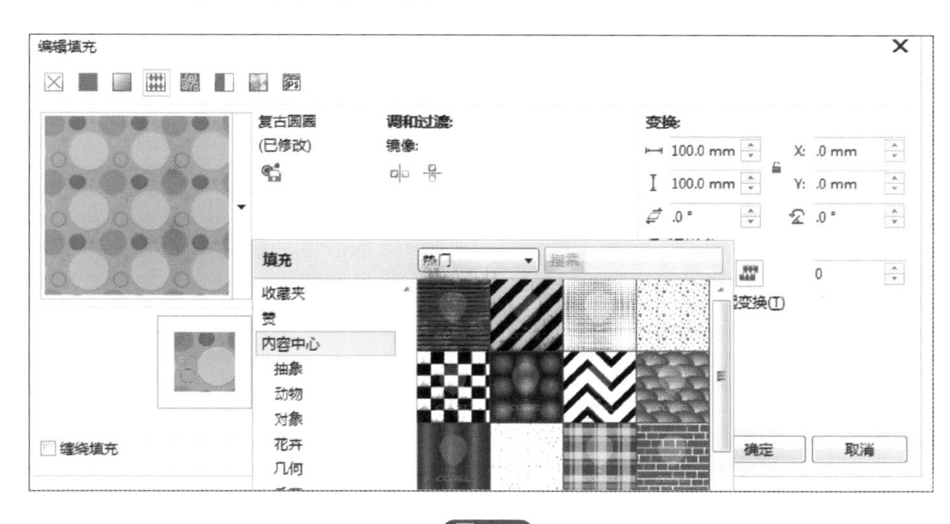

图4-25

③ 其他辅助填充工具：除了常用工具以外，还可以通过使用智能填充工具、网状填充工具、颜色滴管工具、属性滴管工具进行其它形式的填充。

4.1.2 均匀填充

均匀填充，即单色填充，使用窗口右侧的调色板、工具箱中的交互式填充工具或是编辑填充工具都可以完成单色填充。

① 用窗口调色板简单填充。用窗口调色板填充，除了单击相应的颜色块进行填充以外，还可以进行简单的调色。第一种方法是：用左键按住某个颜色块一小会儿，就会弹出一个级联颜色框（图4–26），里面会有当前颜色的明度变化和与色轮中前后两种色混和所产生的颜色。第二种方法是：按住Ctrl，然后单击某一种欲混合的颜色，则每单击一次可向已选中的对象的颜色中加入10%左右的该种颜色。

② 用交互式填充工具填充。如图4–27所示，选择这种填充方式后，主要是通过在属性栏中进行颜色模式和颜色的设定来进行填充。颜色设定的方式包括直接输入颜色值、用吸管在颜色模型或页面中的某个对象的颜色进行吸取、在颜色模型中直接点选等方式。

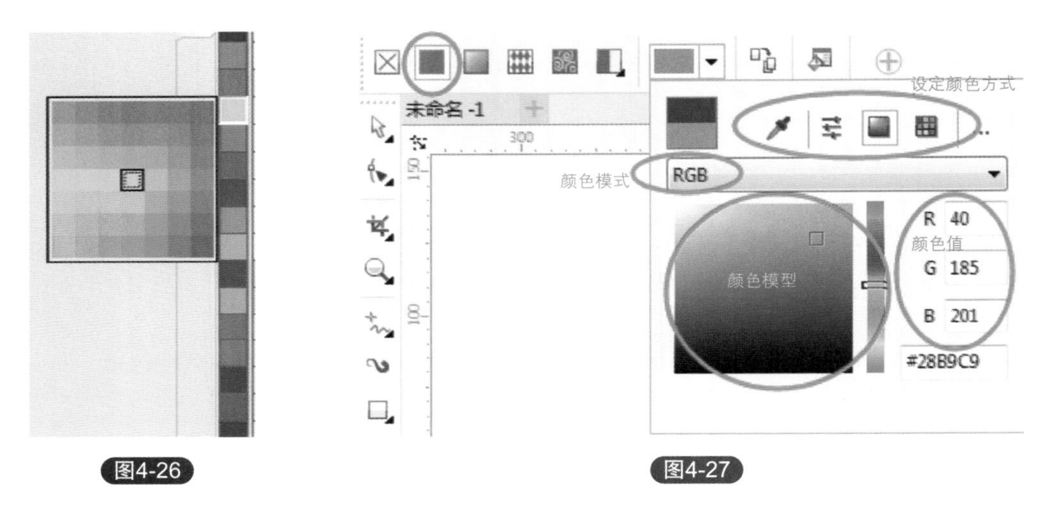

图4-26　图4-27

③ 用编辑填充工具填充。选择编辑填充工具后，如图4–28所示就会打开一个对话框，所以填充类型都在这个对话框不同的选项卡中。用它可以很方便进行调色。在均匀填充选项里有三

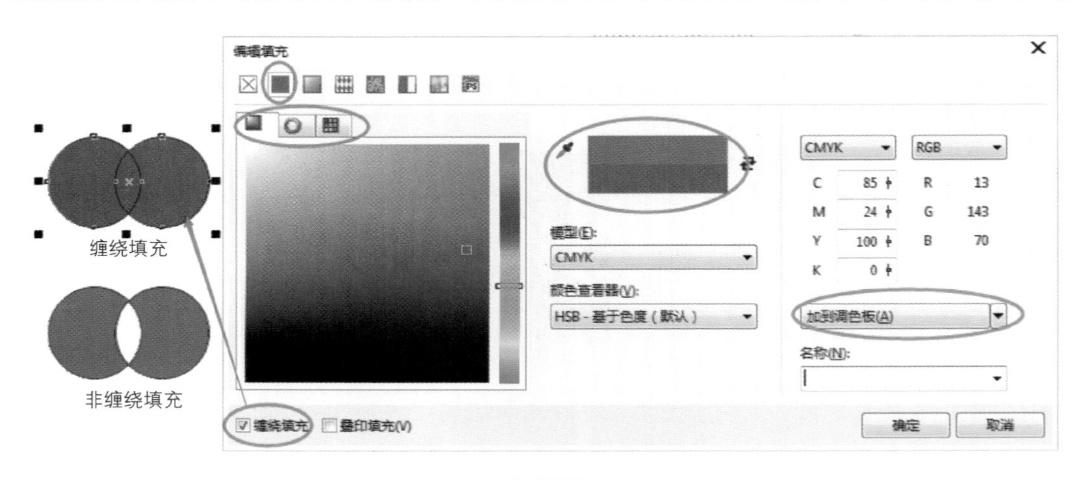

图4-28

个选项卡，分别是三种调色方式，最常用的是第一种“模型”。在这个选项卡中，首先可以先通过单击颜色条上的某一个颜色来确定大的颜色范围，然后再在左侧的大方块里选好需要的色彩并在其中单击，单击点会有一个小方块，这个方块里的颜色会显示在右侧的“新建”色块里，同时，会显示出相应的色彩值。如果觉得颜色选好了，按下“确定”即可将所选颜色应用到所选对象中去。

此外，如果对调出的颜色需要反复使用，可以在选好色后，单击右下方的“加到调色板”，这样就能把这个颜色添加到相应的调色板或者是文档调色板中，以方便将来反复使用。

在这个对话框的底部，还有一个“缠绕填充”的复选框，如果不勾选它，则当对象有重叠空洞区域时，颜色就不会填进去。反之，勾选它后，当对象有重叠空洞区域时，也能够被填充进颜色。

小窍门：

◆ 打开均匀填充对话框快捷键：Shift+F11

◆ 快速填充：当需要填色的页面对象很多，并且所需要的颜色就在屏幕调色板上时，可以直接在屏幕调色板上按住并拖动一种颜色到对象上，这样可以实现快速填充。

◆ 在默认情况下，新绘制的图像的默认填充为无色，轮廓线为黑色，线宽为0.2mm。这种默认设置是可以被修改的。修改方法是：在未选择对象的情况下，进行填充（例如填黄色）或设置轮廓线（例如设轮廓线颜色为蓝色，宽度为1mm），这样以后所有新绘制的对象都会按新的色彩和线宽来绘制。那么，同样的道理，如果要再改变回默认设置，就只需要在未选择对象的情况下，左健单击调色板上顶端的☒，右键单击调色板上的黑色色块，并在属性栏上设置线宽为发丝 发丝 即可。

4.1.3　渐变填充

渐变填充是一种色向另一种颜色或另几种颜色渐次过渡的填充形式。它同样可以使用交互式填充工具或编辑填充工具来完成。

（1）用交互式填充工具填充

当使用这个工具进行渐变填充时，填充对象上会出现相关的控制条，先在属性栏上选择渐变类型，然后可通过对象上的控制条再加上属性栏上的相关设置的配合来实现填充。如图4-29所示，这是为一个矩形添加椭圆形渐变（即射线渐变）后所出现的相关控制项。在这个图中，渐变颜色1和2用来决定渐变的起止颜色，它既可以通过单击对象上的“颜色设置框”来设置颜色，也可以在属性栏上相应的栏框中进行颜色设置，如果调色板上有需要的颜色的话，还可以在调色板上直接拖动一种颜色到渐变颜色框里。颜

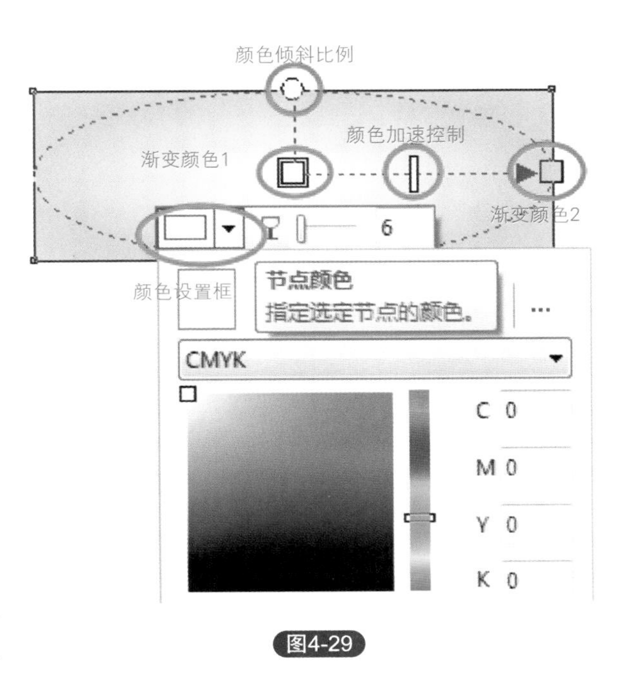

图4-29

色加速器则是用来控制两个渐变色之间的变化是匀速变化还是急速变化。此外，在“节点颜色”条上，还可以设置当前颜色的透明度。如图4-30所示，左图为未设置颜色透明度的效果，右图为设置透明度之后的效果。

图4-30

此外，渐变不仅可以在两种颜色之间进行，还可以在再多的颜色之间进行。方法有两种：第一种，在调色板上拖出一种紫红色，并将其放置于两个渐变颜色块之间的虚线上（注意：鼠标指针一定要对准虚线，新的颜色才能被放上去）；第二种，在两个渐变颜色块之间的虚线上双击左键，就可以添加一个颜色块，单击右键则可以去掉添加的颜色块。

（2）用编辑填充工具填充（快捷键：F11）

如图4-31所示，渐变填充在编辑填充工具对话框中的第三个选项卡中。默认的渐变类型为线性渐变，颜色调和为双色，渐变方式是从开始色到结束色的直线渐变。在这个对话框中，可以选择四种类型的渐变，同时还有许多选项可用来设定各种渐变参数，在这些参数的控制下，渐变可以产生许多完全不同的渐变效果。下面以对一个矩形进行线性渐变填充为例演示说明渐变填充对话框的使用及效果。

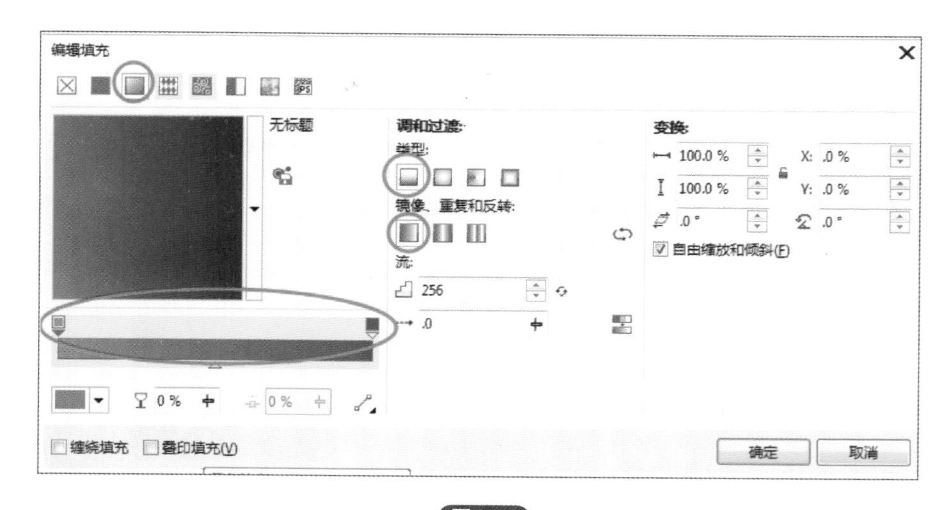

图4-31

图4–32中，仅仅是设置了两个渐变颜色，其它参数未改变，得到的是如图所示的由绿至蓝的均匀渐变效果。

图4–33仍然是从绿到蓝的双色渐变，在颜色编辑条上双击，添加了一个洋红色块，然后在下面的"透明度"框里输入值50，"节点位置"框里输入值80，此时可以看到在矩形里新添加的洋红色块呈现半透明状态，同时色块的位置偏向于右侧的蓝色。

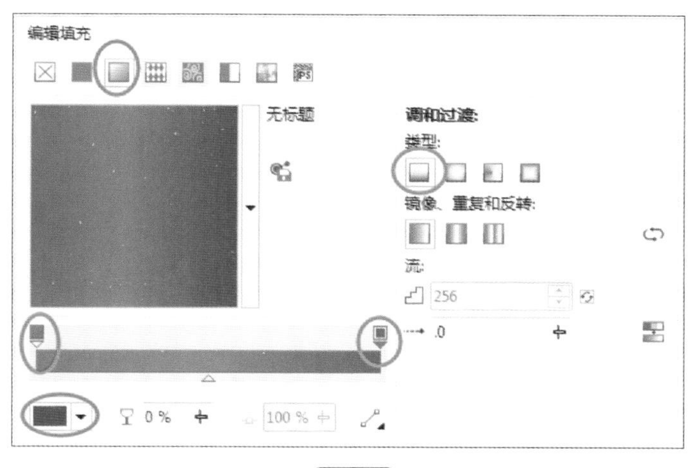

图4-32

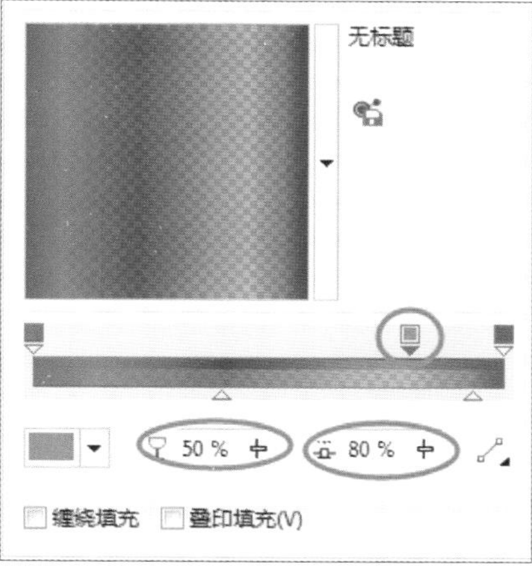

图4-33

图4–34，在颜色条上双击洋红色块，删除掉它，然后设置"加速"–100，此时渐变变成了两种颜色的突变；设置"旋转"45°，此时原来垂直的渐变变成了45°角；设置水平偏移20，这时，原来呈现出的对角线向右偏移了20%。这些清晰地反映出这三个选项的功能。

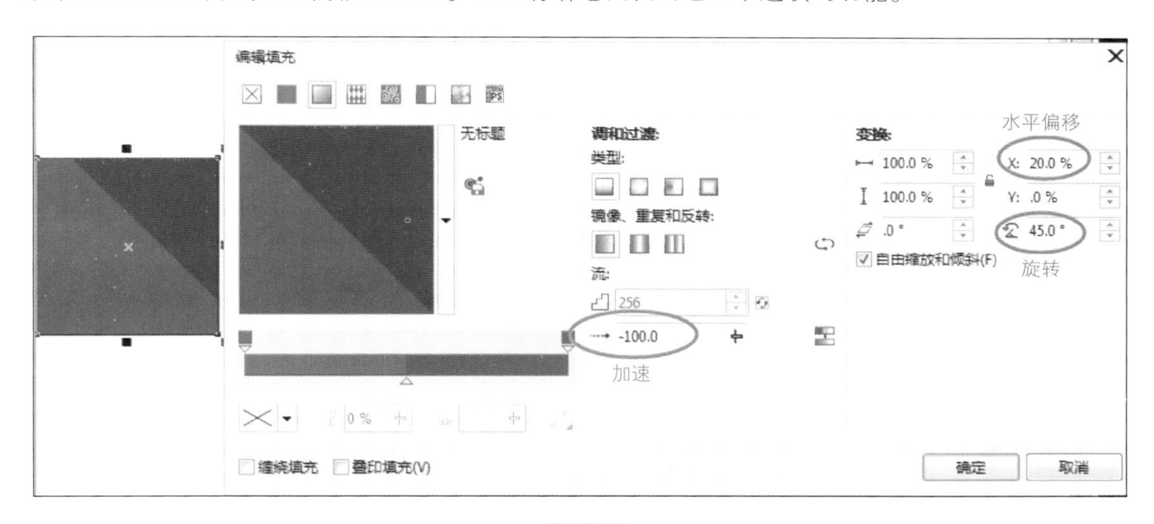

图4-34

将图4–34改变过的值都恢复为零，如图4–35所示，先单击绿色的色块，然后在"调和方向"里选择"顺时针旋转"，此时可看到双色渐变变成了多色渐变。这是因为颜色此时会顺着色轮上的颜色排列顺序过渡；接着再在"填充宽度"里设定10%，此时，颜色渐变宽度变窄，过渡变化较剧烈。

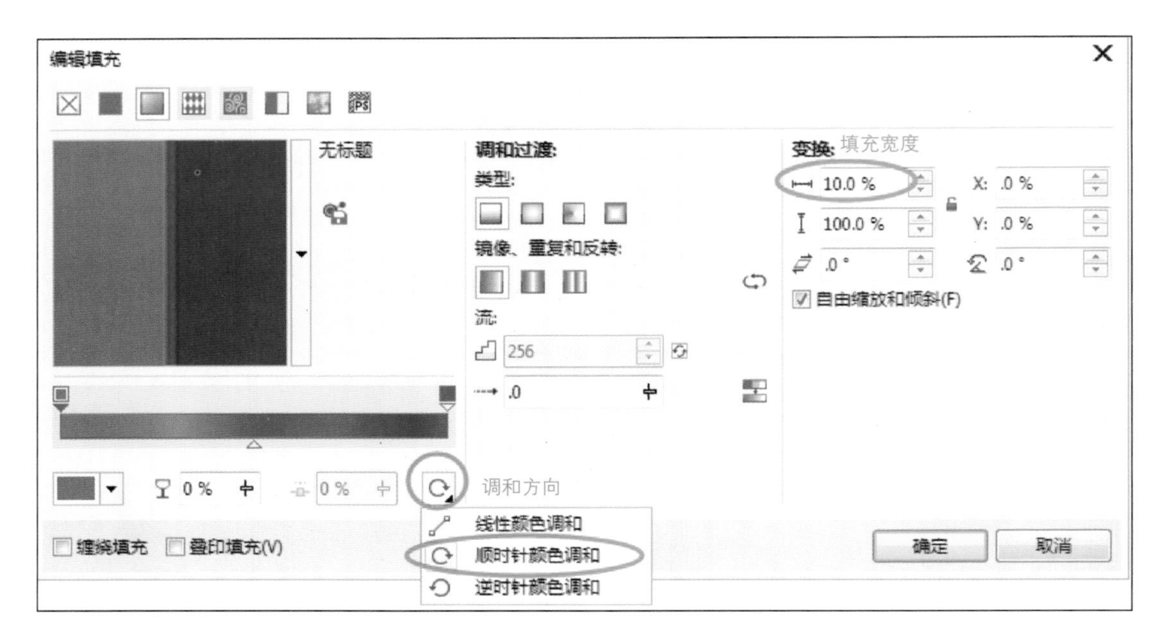

图4-35

将图4-35改变过的值都恢复为原始默认值，如图4-36所示，先单击绿色的色块，将其改变为黄色，然后在“流”选项中单击右侧的双向小箭头，再在“渐变步长”框中添入数字4，此时可以看到之前的渐变效果变成只有4个层次的突变效果了。渐变步长是用来控制渐变时颜色的过渡层次的，默认值为256。

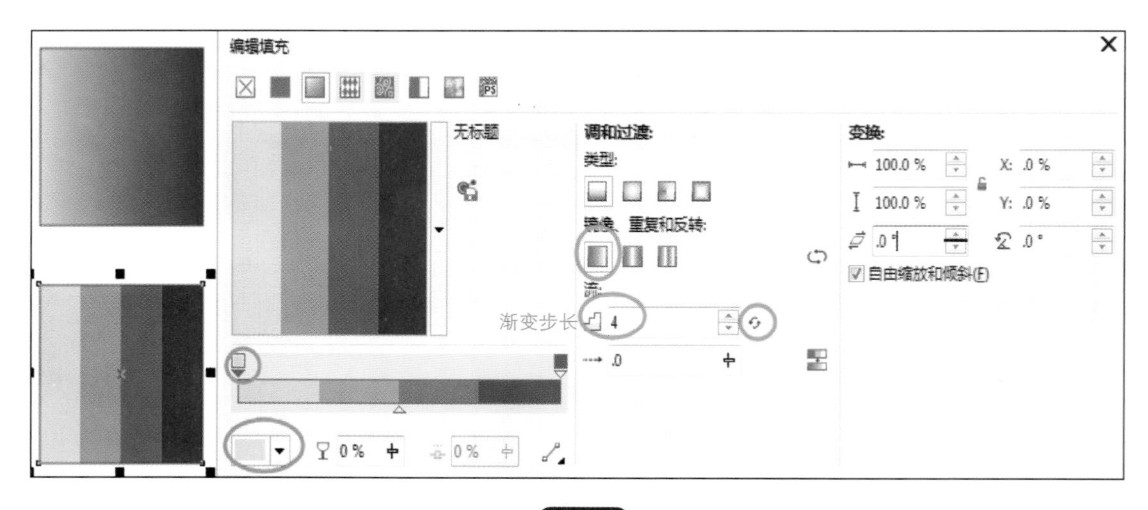

图4-36

接着，再将“变换”中的水平值设为30%，可以看到图4-37中的图1的渐变效果变为在中部渐变，渐变宽度为对象宽度的30% 。在此基础选择“镜像、重复和反转”中的第二个选项“重复和镜像”，可以看到如第2个图所示，30%渐变铺满以重复并且镜像的方式渐变全图；单击第三个选项“重复”，这时如第3个图所示，渐变铺满全图，但不再有镜像的效果。

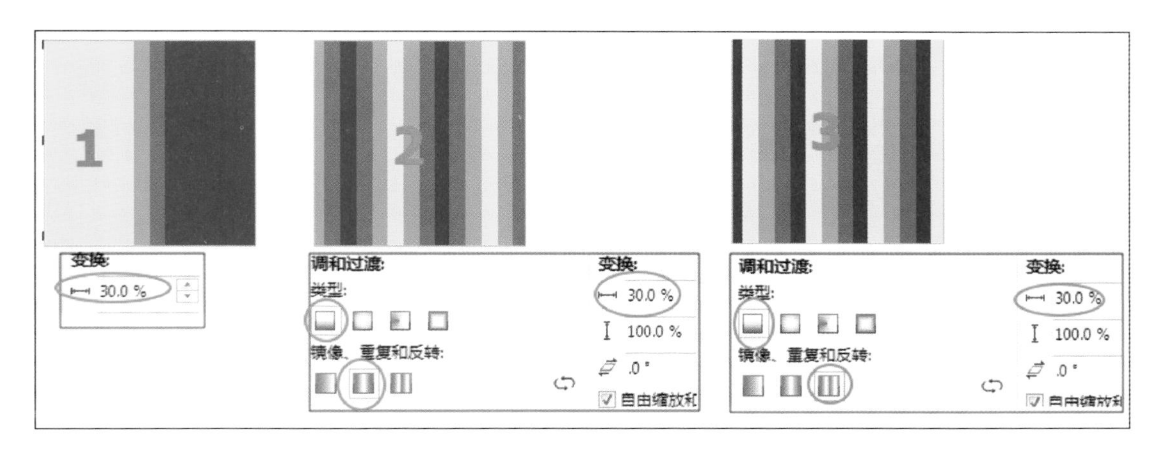

图4-37

4.1.4 图样填充

图样填充是用软件预制的各种图样进行填充，其填充内容既有矢量图也有位图，包括向量图样填充、位图图样填充、双色图样填充、底纹填充、PostScript填充。这些图样在预制的基础上，通过一些参数的修改，可以使图样产生色彩、纹样等的变化。图样填充同样可以用交互式填充工具和编辑填充工具来完成。

（1）用编辑填充工具填充图样

下面以图解的方式来演示说明这几种填充。

① 向量图样填充。如图4-38所示，这里填充的图样都是矢量图形，向量图的预设栏中有许多已经预设好的对象，使用时可以先选择一种对象源，然后再通过其它参数进行大小、中心、偏移等的调整。图中上图是使用默认参数的结果，下图则是按图中所示修改各项参数后的结果。这其中特别要注意的是“与对象一起变换”，该选项勾选后，如果缩放对象，则里面填充图样的大小会一起随着缩放。如果不选此项，那么当填充后再缩放对象时，缩放就是只是对象本身的大小，而里面填充的图样大小则不会改变，只会随着对象的缩放而减少或增加图样的量。

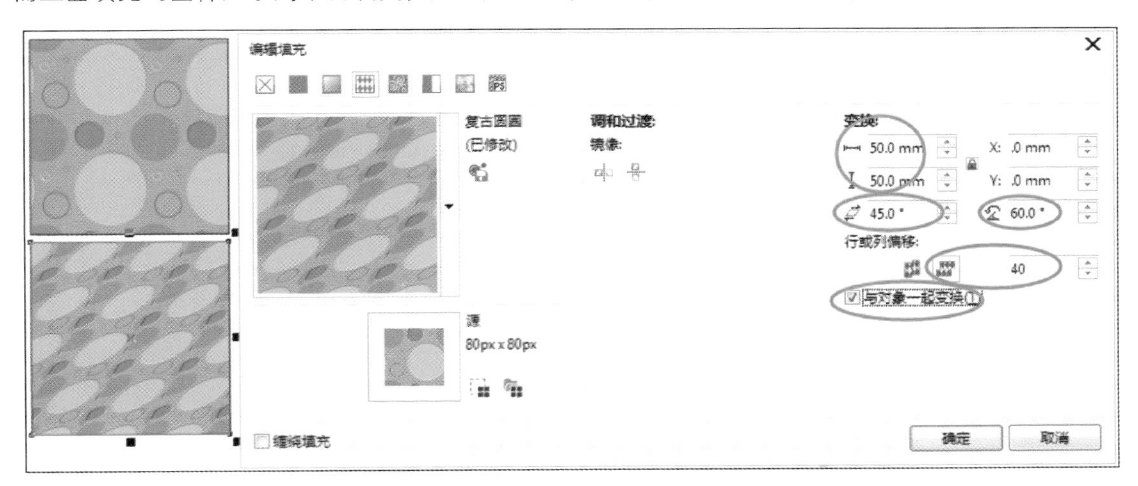

图4-38

② 位图图样填充。如图4–39所示，这里填充的图样都是点阵图，在位图填充的预设栏中有许多已经预设好的对象，使用时与向量图填充一样，先选好源，然后再进行参数设定。

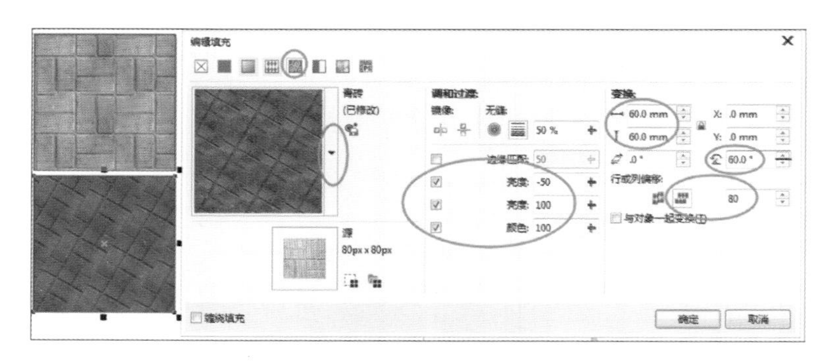

图4-39

③ 双色图样填充。如图4–40所示，双色图样填充的一个特点就是可以分别设置图样背景的颜色和图样的颜色。

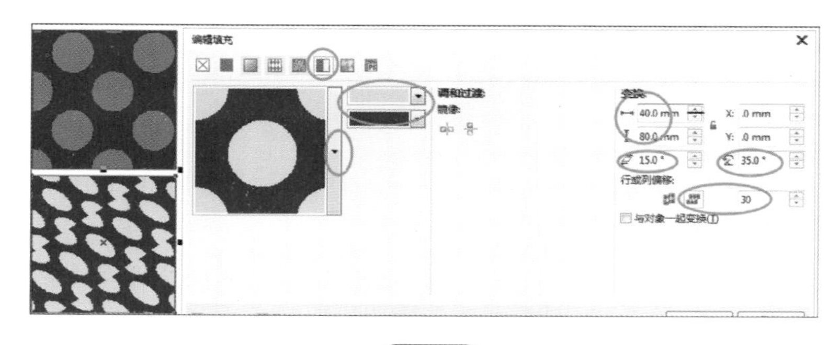

图4-40

④ 底纹填充。如图4–41所示，底纹填充所填充的图样是点阵图，它可以通过更改图样的密度、亮度、颜色来产生不同效果。此外，单击其中的“变换”选项，还可以打开对话框，在其中进行与上面的图样填充一样的参数设定。

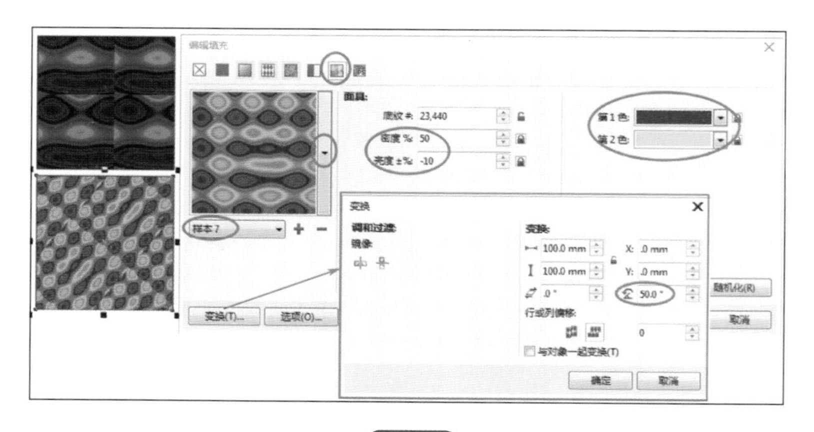

图4-41

⑤ PostScript填充。如图4-42所示，这种填充生成的图样是矢量图样。因此无论如何缩放，始终都会很清晰。此外，这种图样在没有填充的空白地方都是无填充的，和其它对象重叠时，没有填充的地方可以显示出下面的对象内容。

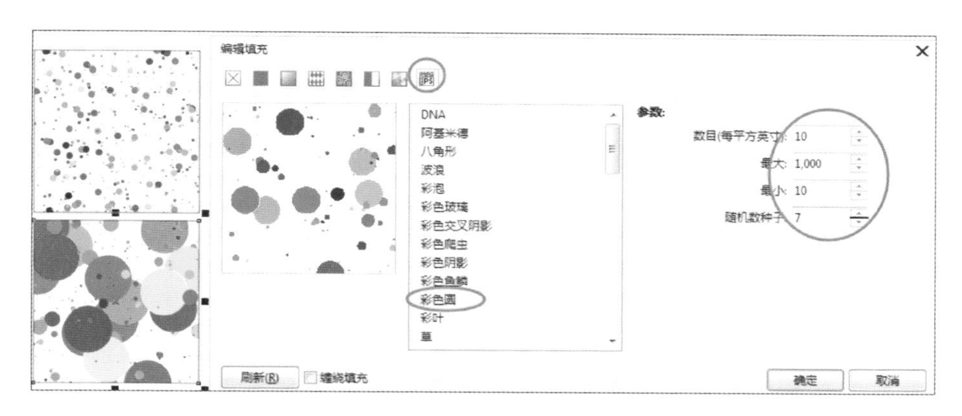

图4-42

（2）用交互式填充工具填充纹样

我们从上面的渐变填充学习已经知道，交互式填充工具是用填充对象上的控制条再加上属性栏上的相关设置的配合来实现填充的。填充纹样也不例外，先选中要填充的对象，然后选择交互式填充工具，接着在属性栏中选择要填充的纹样类型，再设置相应的参数。这里就不再多述。下面只讲述一个内容，即创建新纹样。

如图4-43所示，在属性栏上单击双色图样后，单击预设图样旁的小三角，在打开的下拉菜单的底部，可以看到“更多”。选择它，就可以打开“双色图案编辑器”。在这个编辑器中，先选择需要位图尺寸和画笔尺寸，然后在网格中单击左键或按住并拖动，就可以绘制出网格对象，如果画错了，可以在绘制的地方点右键擦除。左图就是自己创建的新图样。创建后的新图样会添加在预设图样的后面。

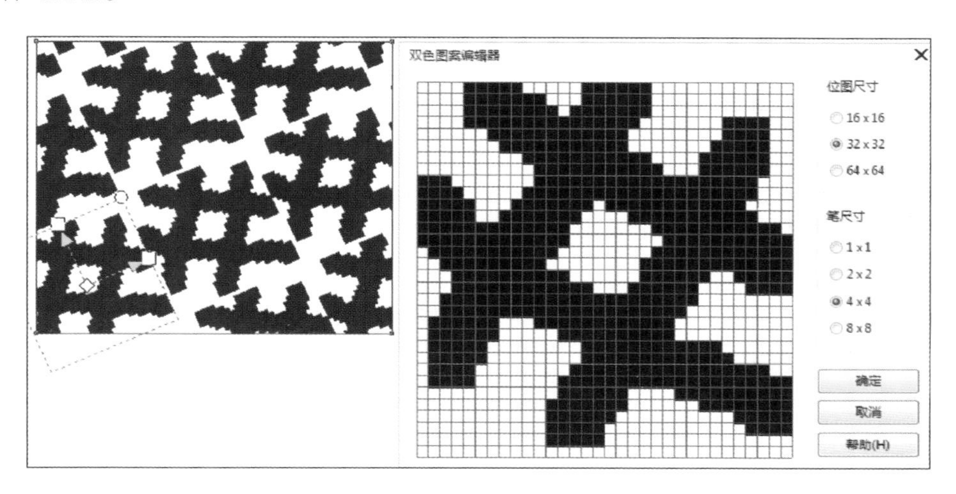

图4-43

4.1.5 其他填充

除了上述几种填充方式外，还有智能填充工具、网状填充工具、颜色滴管工具和属性滴管工具可以用来辅助填充。

（1）网状填充工具

网状填充工具在交互式填充工具组中，它是一种通过先设置网格，然后再在网格内填充不同颜色的填充方式。下面以图4-44所示为例进行说明。

如图4-44所示，首先绘制一个矩形，然后选择网状填充工具，此时矩形上会出现一个3行3列的网格（图a）。接着调整网格的行列，既可以通过在属性栏上的网格大小中去增加或减少网格数，也可以直接在图像上的某需要添加网格的地方双击来增加网格行列。行列设定好后，可以直接点按网格线或网格节点进行拖动或处理（处理方式如同形状工具处理曲线），以得到需要的网格形状。接下来，依次拖动屏幕调色板中的颜色至网格中或是网格节点上，便可以得到各种填充效果（图b）；待全部满意后，选择挑选工具或其他工具，网格被隐藏，就可以看到绘制的效果了。如果对这个效果仍不满意，可以再次选择网状工具，然后在属性栏中单击清除效果按钮，去掉颜色，可以再次重新设置。

要注意一点的是，在使用网状填充后，其他填充形式将不可再用在该对象上，除非先清除网状填充。

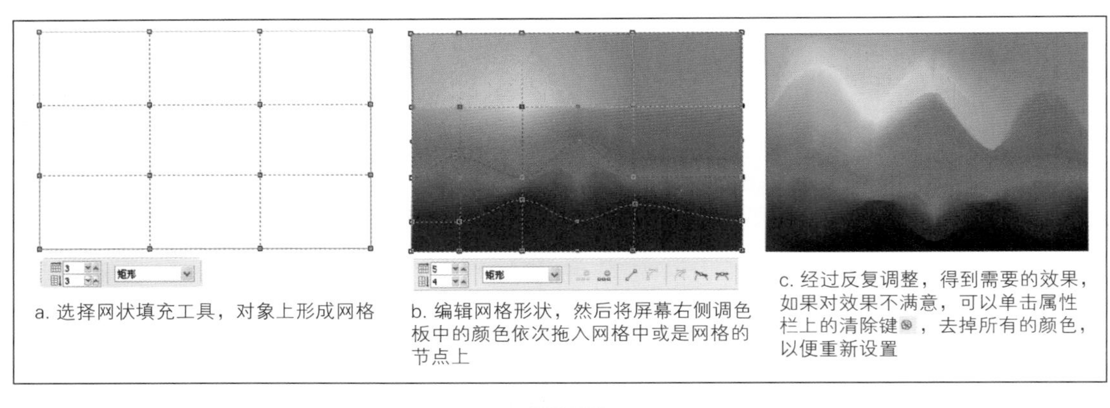

a. 选择网状填充工具，对象上形成网格

b. 编辑网格形状，然后将屏幕右侧调色板中的颜色依次拖入网格中或是网格的节点上

c. 经过反复调整，得到需要的效果，如果对效果不满意，可以单击属性栏上的清除键，去掉所有的颜色，以便重新设置

图4-44

（2）智能填充工具

智能填充工具可以通过在闭合的空间中单击进行填充，从而生成与之相同的新的填充对象。下面以图4-45所示为例进行说明。

如图4-45所示，首先用手绘工具绘制几条任意曲线（图a）。几条线交叉，分割出几个空间，其中1、2号空间完全封闭，3号空间表面看起来封闭了，实际上在画圈的地方还有一个小缺口；4、5号空间属于开放空间。据此，可做出判断，可以在1、2号空间中使用智能填充工具，其他3、4、5号空间中则无法使用该工具。

接着，选择智能填充工具开始进行填充（图b）。在1号空间里单击，可以看到1号空间被填上了一种颜色，然后，在属性栏上改变填充和轮廓线的颜色、轮廓线的宽度后，再次在2号空间里单击，此时2号空间里也被填充上了相应的颜色。

再接下来，如图c所示，用挑选工具选中两个新生成的色块，将其移至一旁，可以发现，智能工具所填充的内容并不是填充在原有的对象中，而是单独新生成了一个新的对象。这就是智能工具的功能与特点。

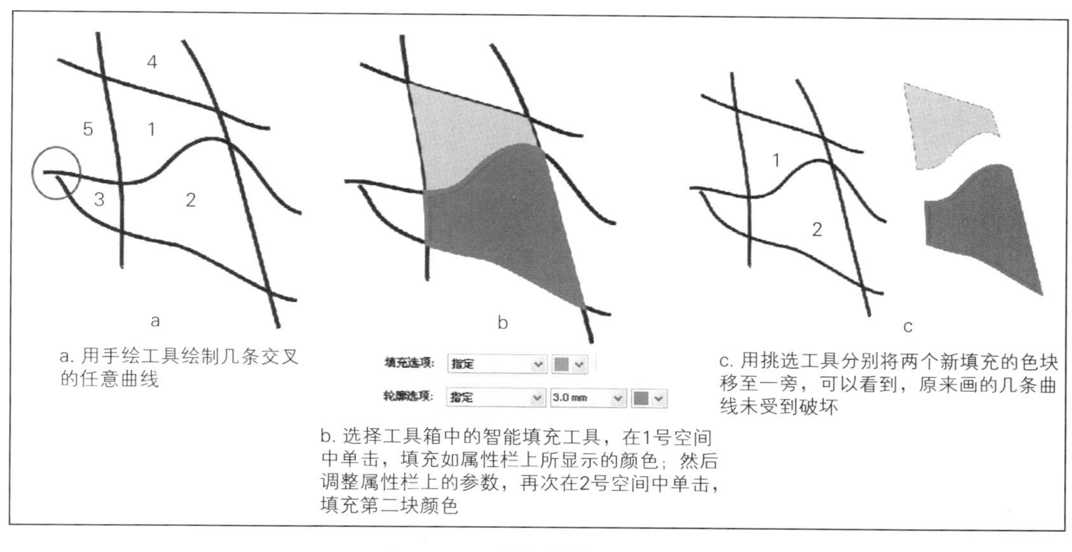

图4-45

（3）颜色滴管工具和属性滴管工具

这两个工具分别可以在一个对象上吸取其颜色、属性等信息，然后将其运用至其它对象上。如图4–46所示，左图为一个七边形，填充为黄色，轮廓线为4mm宽的黑色虚线，后台填充。右图则为一个紫色填充、黑色1mm宽轮廓线的矩形。下面分别用两种工具进行填充。

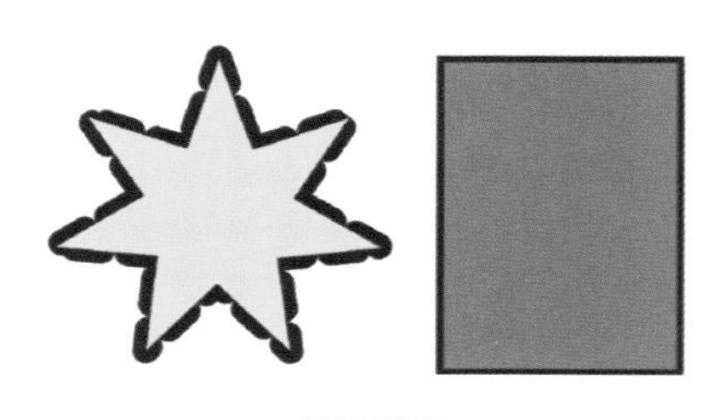

图4-46

先选择颜色滴管工具，然后在黄色上单击，吸取黄色，再到矩形里单击，则矩形的填充就变成黄色了。如果到矩形的轮廓线上单击（到轮廓线位置时，指针会变成空心小方块），则矩形的轮廓线就会变成黄色（图4–47）。

图4-47

再选择属性滴管工具，然后在七边形对象上单击，吸取其属性，再到矩形里单击，此时可以看到，矩形的颜色、轮廓线的形式、宽度都变得和七边形一样了（图4–48）。

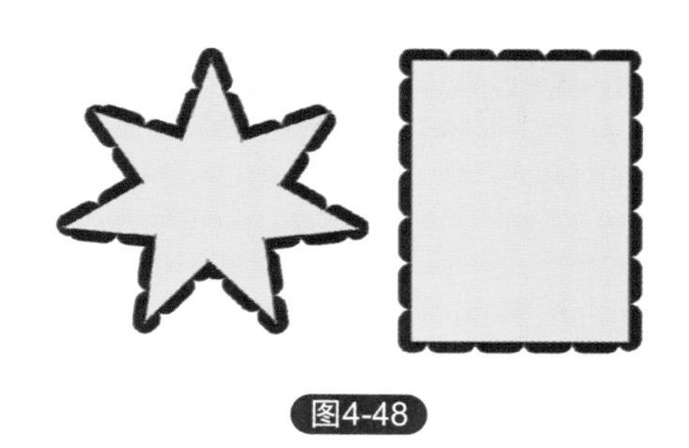

图4-48

4.2 对象的轮廓线

实例先导—— 任务9 挂钟轮廓线装饰

任务要求：根据提供的挂钟素材，按要求完成如图4-49所示的细节装饰。

图4-49

任务目标：认识并掌握轮廓线粗细、线型、颜色等的设置方法及轮廓线转换为填充对象的方法。
主要工具：轮廓工具（快捷键：F12）、挑选工具。
主要命令：对象|将轮廓转换为对象（快捷键：Ctrl+Shift+Q）
操作步骤：

① 打开如图4-50所示的文件“挂钟素材”。我们的任务是通过对素材中的对象的轮廓线进行设置，完成挂钟的制作。

图4-50

② 用工具箱中的挑选工具单击图中有着白色轮廓线的大圆。按下F12，打开轮廓笔对话框。在打开的对话框中做如图4-51所示的设置，单击“确定”，得到如图4-52所示的结果。然后在菜单栏中选择“对象|将轮廓转换为对象”（快捷键：Ctrl+Shift+Q），这样就将轮廓线转换为可以填充图样的对象了。

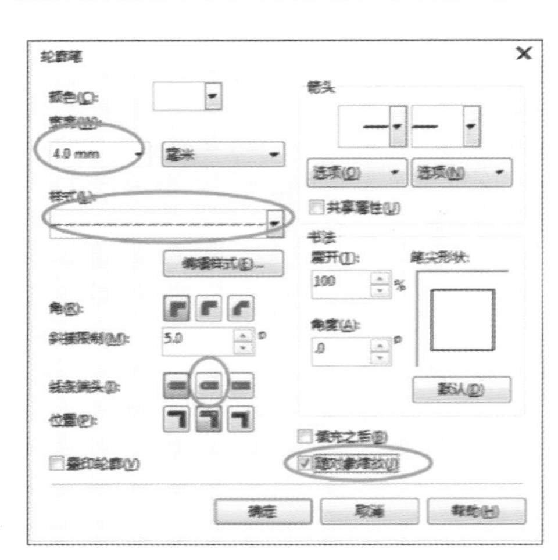

图4-51

图4-52

③ 选择“文件|导入”（快捷键Ctrl+I），在第4章素材中找到名为“鹅卵石”的PNG文件，然后在页面中单击，将图片导入进来。

④ 用挑选工具选择第2步得到的圆环形对象，然后选择“窗口|泊坞窗|对象属性”，如图4-53所示，打开泊坞窗。然后在其中单击“位图图样填充”选项，再单击“从文档新建”按钮，然后在导入进来的鹅卵石图片上按图片的大小拖出一个框围住它，并在框下方出现的“接受”按钮上单击，然后再在弹出的“转换为位图”对话框上单击“确定”，这样鹅卵石纹样就被填进对象中了。

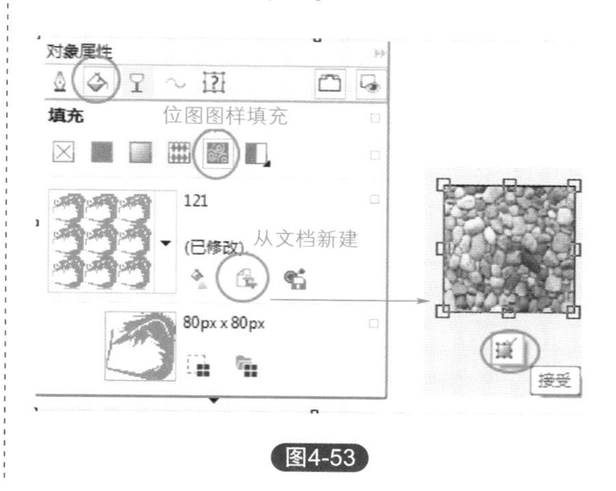

图4-53

⑤ 按下F12，在对话框中设置颜色为黑色（C100M100Y100K100），宽度设为1mm，得到图4-54所示的效果。

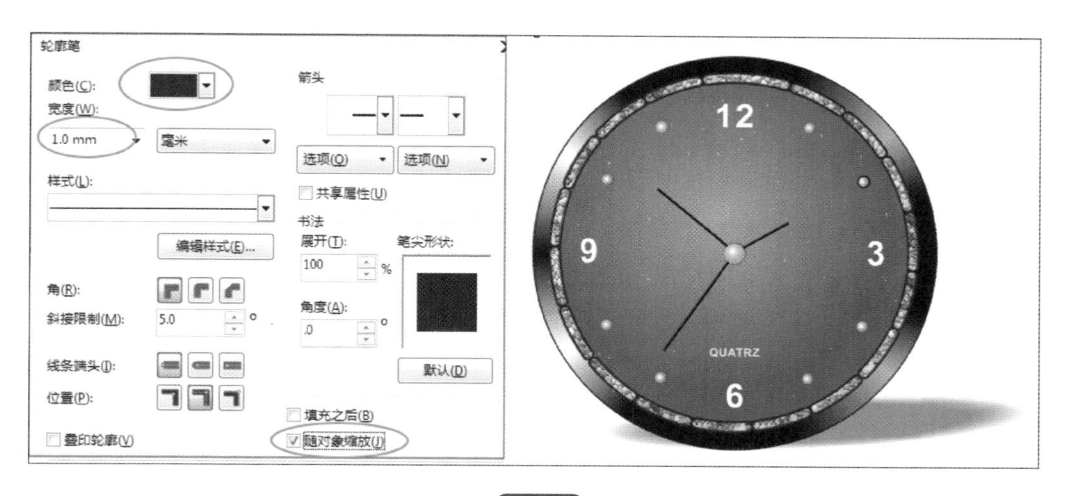

图4-54

⑥ 指针绘制。用挑选工具单击时针，如图4-55所示，在属性栏上设置线宽度和端头箭头样式。然后再依次选择分针和秒针，用同样的方法进行设置。结果如图4-56所示。

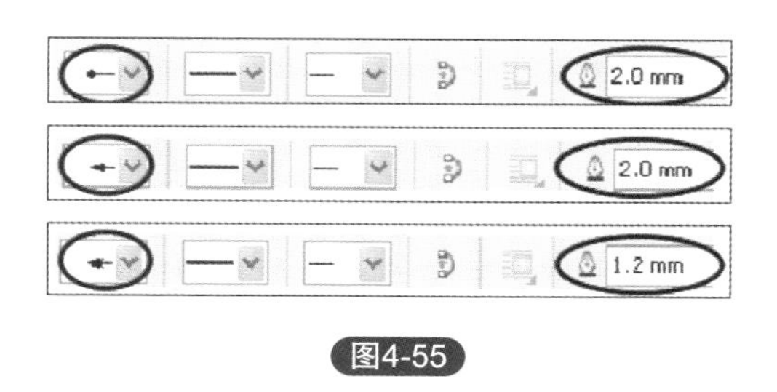

图4-55

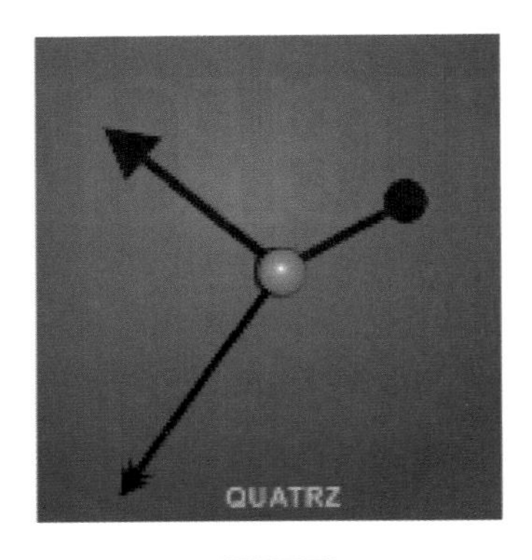

图4-56

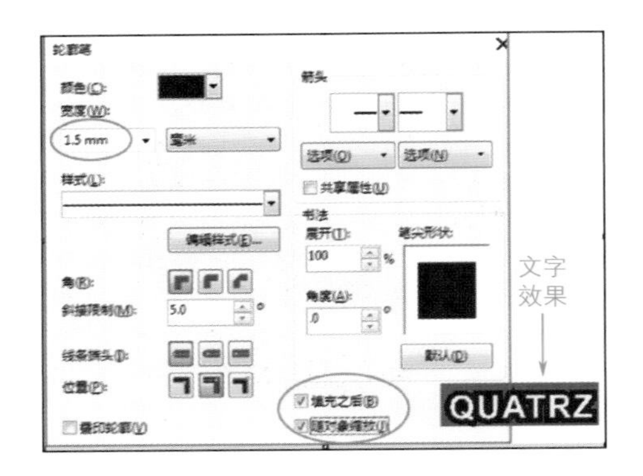

图4-57

⑦ 文字加轮廓线。用挑选工具单击文字QUATRZ，按下F12，打开轮廓笔对话框，如图4-57所示，在其中设置线宽1.5mm，勾选“填充之后”、“随对象缩放”。

⑧ 数字加轮廓线。用挑选工具单击选择数字12，再按住Shift，依次单击3、6、9，这样就将四个数字同时选中了。然后按下F12，在对话框中设置颜色为黑色（C100M100Y100K100），宽度设为1.5mm。全部制作完成，效果如图4-58。

图4-58

每一个矢量对象都有轮廓线，不管它是否显示出来，还是隐藏不可见。轮廓线要解决的重点问题包括如何进行轮廓线的属性设置、如何将轮廓线转换成一般对象。

4.2.1　轮廓线的设置

轮廓线的设置的最主要的内容是轮廓线的颜色、线宽和线型。设置轮廓线，一般有三种方法：第一种是在属性栏上设置 .2 mm ，它可以直接输入轮廓线的宽度；第二种是在工具箱中，通过轮廓工具组 中的不同工具来为轮廓设置宽度和颜色（如果工具箱找不到轮廓工具，可以单击工具箱下部的“快速自定义”键，可以在弹出的对话框中勾选“轮廓展开工具栏”即可）；第三种是通过快捷方式，打开“轮廓笔”对话框进行轮廓线和轮廓色的设置。相较而言，第一种方法最简单，但无法进行复杂设置；第二种通过工具箱选工具，再打开对话框，比较繁琐；推荐使

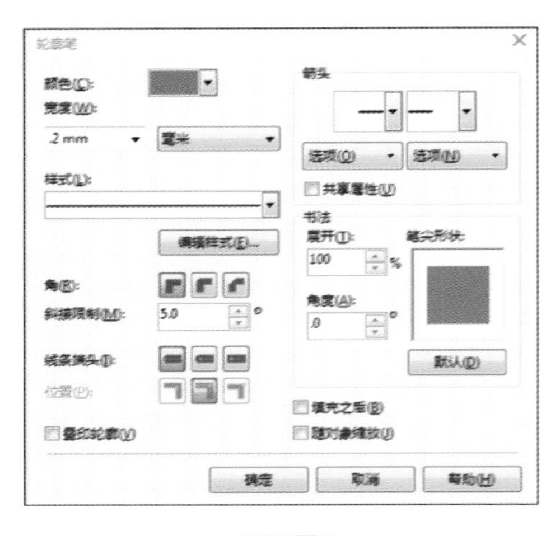

图4-59

用第三种方法，直接用快捷键F12打开如图4-59所示的“轮廓笔”对话框进行设置即可。如果只需要设置轮廓色，也可按Shift+F12打开“轮廓颜色”对话框来设置轮廓色。

图4-60显示了“轮廓笔”对话框通过两种不同设置产生的不同效果。从两种效果可以看出轮廓线对话框左侧相应选项的功能。

在左边的图中，只对轮廓线颜色、宽度进行了设置，而样式、角、线条端头都是默认设置。此时，可以看到“Z”字形对象的每个转折处都是直线转折，没有出现圆角。而在右图中，共有四张图片，每张对应不同的参数设置，此时可以看到“角”用以改变轮廓线拐弯处的拐角形状，有圆角和斜角两种；“线条端头”决定线段两端的形状；“样式”可以改变轮廓线的线型，如由直线型变为虚线型。

再来看轮廓线对话框右侧的设置。如图4-61所示，左图“箭头”可以为轮廓线的两端设置不同的箭头，右图“书法”可以通过设置“展开”和“角度”来模拟书法笔绘制线条的效果，使轮廓线产生逼真的笔迹变化效果。

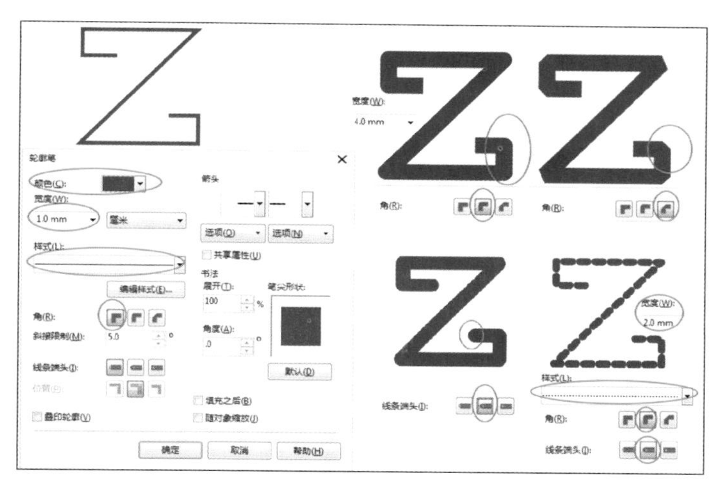

图4-60

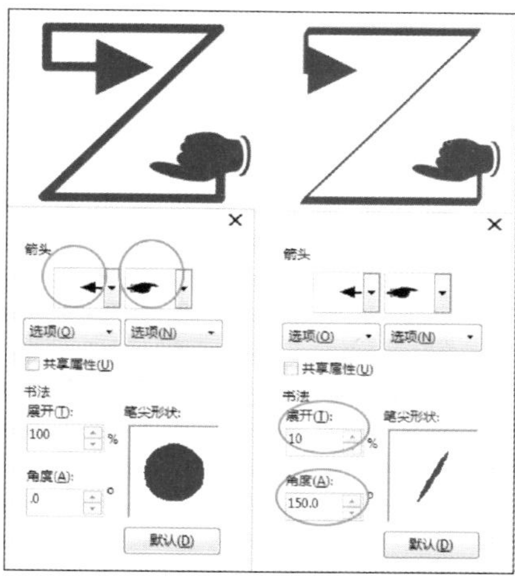

图4-61

除了以上选项外，在轮廓笔对话框的底部还有两个复选框“填充之后”、“随对象缩放”。这两个选项使用得当的话，也能发挥较重要的作用。

首先来看“填充之后”的使用。如图4-62所示，当我们绘制出一个对象后，在默认状态下，轮廓线的一半宽度会在对象边缘的外面，一半会在里面。当轮廓线设置过宽时，里面的那一部分就可能挡住对象内部的填充。而当选中“填充之后”后，轮廓线会全部处于内部填充的后面，因此，无论轮廓线设置多宽都不再会影响到内部填充的效果了。

再来看看“随对象缩放”的使用。如图4-63所示，左图为一个轮廓线为4mm的矩形，中间的图是在未选中“按图像比例显示”

TIANCHONG

轮廓线设为细线

TIANCHONG

轮廓线设为5mm，未勾选“填充之后”

轮廓线设为5mm，勾选“填充之后”

图4-62

时放大后的图像，此时，无论对象缩放多少，轮廓线宽度将始终保持宽度不变。右图是在选中“随对象缩放”后再次放大左图，此时，随着对象的加大，轮廓线也随之变宽了。

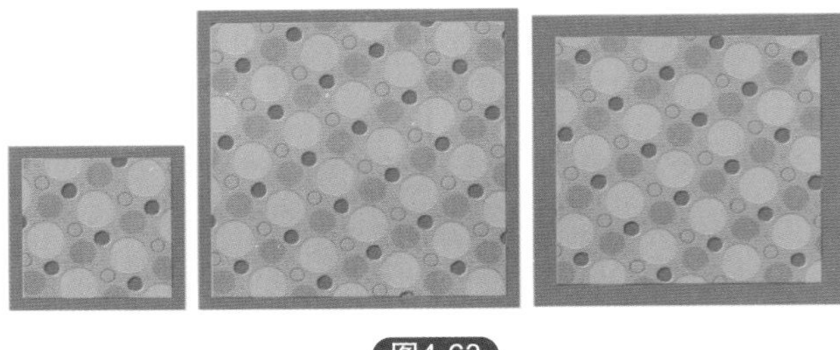

图4-63

4.2.2 轮廓线的转换

轮廓线作为一条线，即使将线宽设得较粗，其属性仍是轮廓线的属性，因此，只能给其填上单一的一种颜色。但如果将其转换为普通的对象，那么转化后的新对象将可以重新设置轮廓线和填充。转换的命令是：对象|转换轮廓为曲线（快捷键：Ctrl+Shift+Q）。如图4-64所示，图a中，轮廓线未转换成对象，此时，轮廓线的色彩只能为一种单色，而无法有其它的效果。而图b中，轮廓线已转换成对象，此时，原有轮廓线也不复存在，其属性已变为了一个新的对象，就可以在其中任意填充单色以外的内容了。这项功能可以使原本只能填充单色的轮廓线也能填入更丰富的内容。

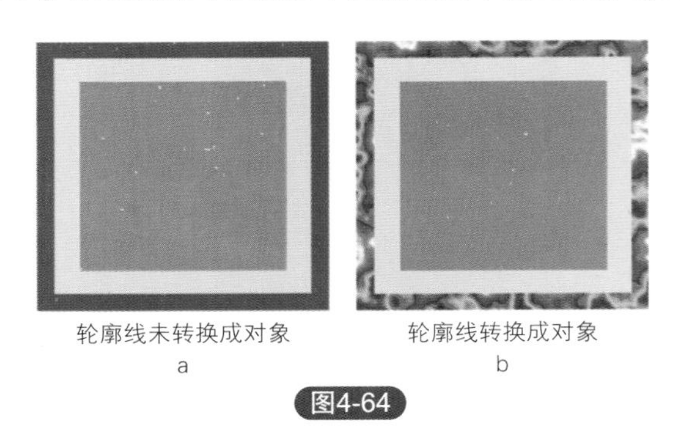

轮廓线未转换成对象　　轮廓线转换成对象

a　　b

图4-64

趁热打铁——任务10　图案制作

任务要求：利用多边形、椭圆形工具和轮廓笔对话框中的各种功能，依照图4-65所示绘制出相应的图案来。

任务目标：掌握轮廓笔的各种功能。

主要工具：椭圆工具、多边形工具、挑选工具等。

主要命令：布局|页面背景、编辑|重复再制、对象|变换、对象|对齐和分布等。

操作步骤：

① 新建一个文件，打开“布局|页面背景”，在打开的“选项”对话框中，可以看到“文档|背景”对话框被打开（图4-66），单击“纯色”选项，然后点其右侧颜色框，单击其中的“更多”，便可打开“选择颜色”对话框，在对话框中设置色值为R97G27B116，然后按“确定”，便可将页面的背景色设置为紫色。

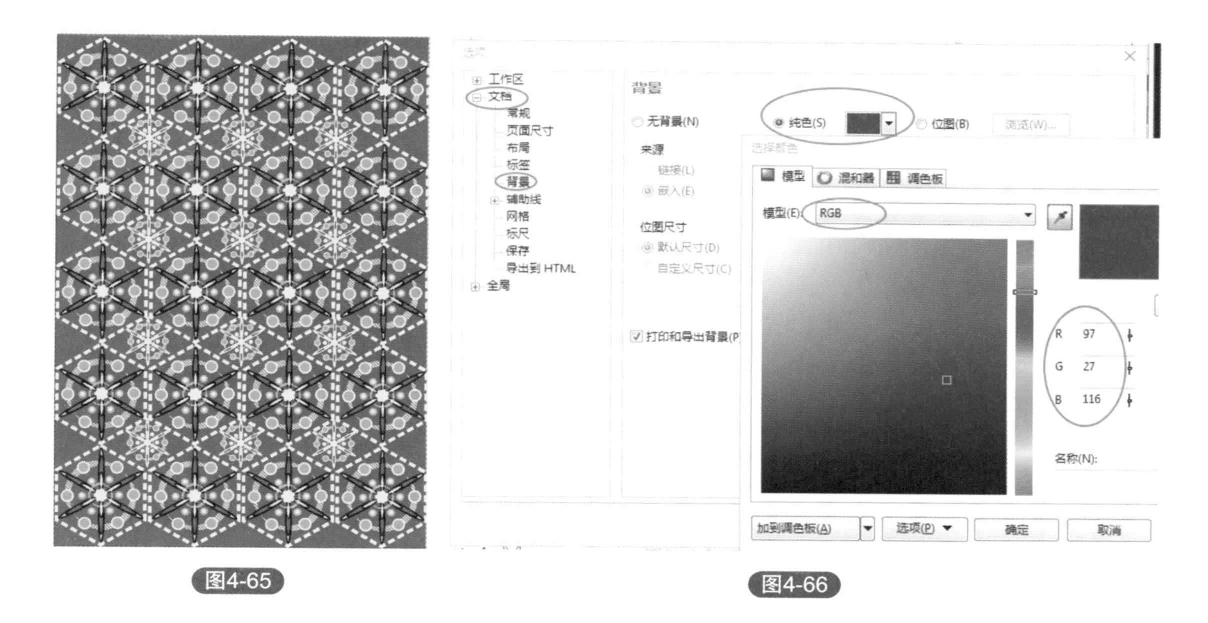

图4-65　　　　图4-66

② 选择“文件|保存”，在打开的对话框中，将文件命名为“图案制作”，保存在电脑中合适的位置，然后按“确定”（注意：保存文件是很重要的细节，有些人习惯于全部完成任务后再保存，这种做法是十分危险的，万一发生死机、电脑重启等现象，没有保存文件，就意味着要重新开始。在保存好文件后，每制作一段时间，都要按一下保存文件的快捷键Ctrl+S，以便不断地将做好的东西保存起来）。

③ 选择工具箱中的多边形工具，在属性栏中设置多边形的边数为6，然后按住Ctrl，在页面中按住左键并拖动，可以画出一个正六边形。然后，在属性栏上设置六边形的宽度为50mm（注意，默认情况下，属性栏上的对象宽度和高度比率是被锁定的，因此，改变宽度值后，高度值也会随之自动改变），接着，在调色板中的黄色色块上单击右键，为这个六边形的轮廓线填上黄色。

④ 按下F12，打开“轮廓笔”对话框，如图4-67所示，在其中设置轮廓笔的宽度为2mm，样式为虚线，并勾选“随对象缩放”，然后点“确定”。此时，六边形的边框就变为2mm宽的虚线形式了。

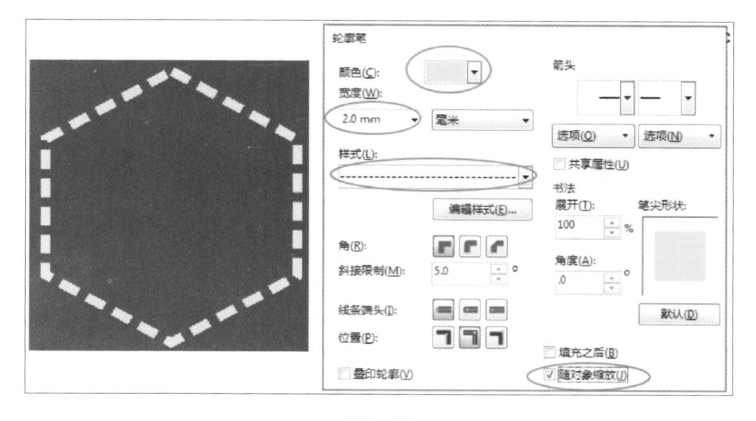

图4-67

⑤ 选择工具箱中的椭圆工具，以正六边形的中心点为圆心（选择“视图|贴齐|对象”，选中此项后，当鼠标指针移到对象的中心点时，会出现提示，方便捕捉中心点），然后按住Shift+Ctrl，在页面中按住左键并拖动，可以画出一个正圆。然后，在调色板中的黄色色块上单击右键，为这个正圆的轮廓线填上黄色。

⑥ 再次按下F12，打开“轮廓笔”对话框，如图4-68所示，在其中设置轮廓笔的宽度为4mm，样式为虚线，展开为10%，角度为45°，并勾选“随对象缩放”，然后点“确定”。此时，圆形的边框就变为如图所示的有宽度变化的虚线形式了。

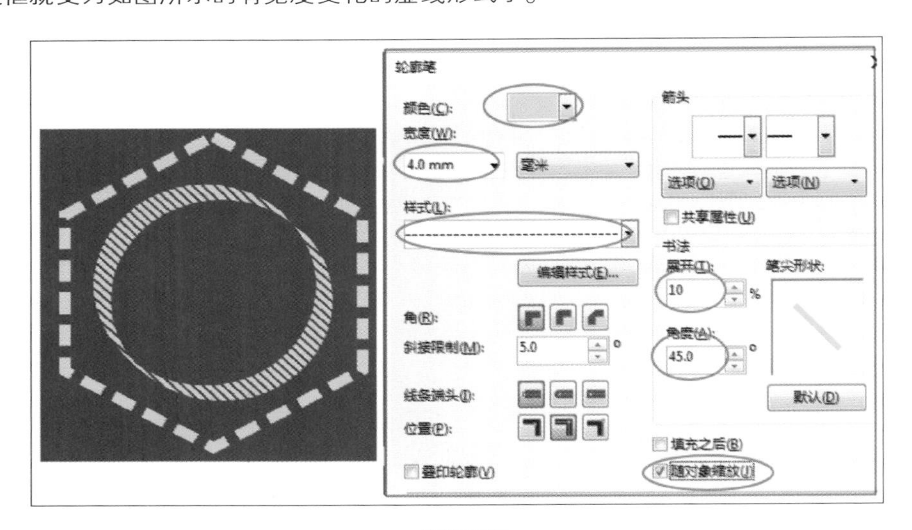

图4-68

⑦ 再次用椭圆工具，以正六边形的中心点偏上一点的位置为起点，以其边缘的尖角点为终点，绘制出如图4-69所示的一个椭圆。然后，按下F12，打开“轮廓笔”对话框，在其中设置轮廓笔的宽度为1mm，样式为直线，颜色为黑色，并勾选“随对象缩放”，然后点“确定”。然后，在调色板的黄色色块上单击左键，为椭圆填充黄色。

⑧ 选择挑选工具，按住椭圆右上角的控制点，向左下方稍稍拖动，待看到形成一个小一点的椭圆时，先按下右键，然后再松开左键，复制一个小一点的椭圆。在调色板上为这个小一点的椭圆填上蓝色。用同样的方法，再复制一个更小的椭圆，并为其填上黄色。效果如图4-70所示。

图4-69

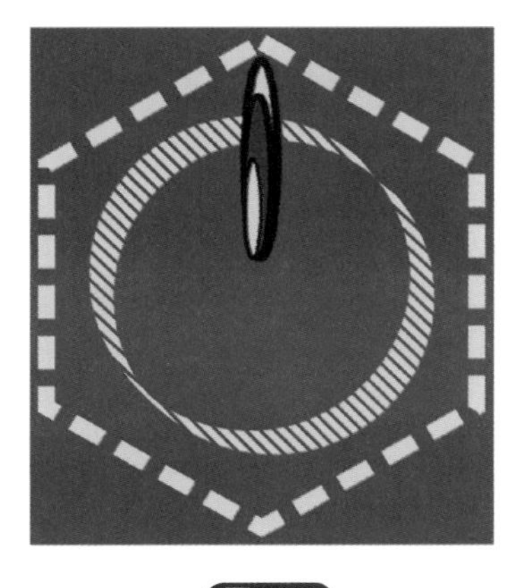

图4-70

⑨ 选择挑选工具，同时按住Shift，从小向大，依次单击椭圆，将三个椭圆全部选中。然后，选择“对象|对齐和分布|对齐与分布…”，可以打开如图4-71所示的对话框，如图所示勾选水平位置的“中”，垂直位置的“下”，对齐对象到“活动对象”，这样就可以将三个椭圆的底部和垂直位置对齐了。然后再选择“对象|群组”（快捷键：Ctrl+G），三个椭圆便群组成为一个整体。

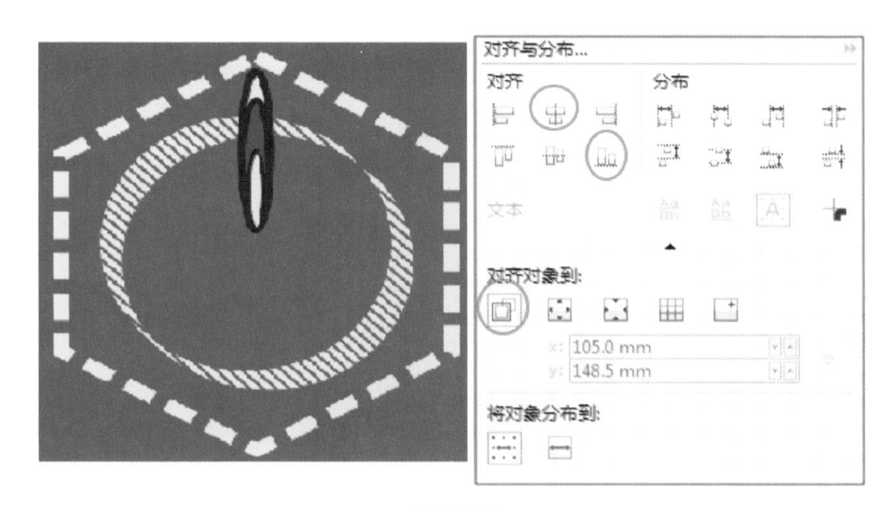

图4-71

⑩ 如图4-72所示，在保持这组对象在选中的状态下，再次单击一下这组对象，使其处于可旋转状态，然后按住其中心点拖至正六边形的中心。

⑪ 按住Ctrl，然后用鼠标按住右上角的双向箭头，向右下方拖动，同时注意观察属性栏上的旋转角度 300.0 °，当角度值显示为300时，先按下右键，然后再松开左键，这样，就复制了一组椭圆。接着，选择“编辑|重复再制”（快捷键：Ctrl+R），可重复前一次动作，再次旋转复制一组椭圆。重复这个动作至如图4-73所示的效果。

⑫ 选择椭圆工具，按住Ctrl，在如图4-74所示的位置处绘制一个小圆，在属性栏上将该小圆的轮廓线宽度设为1mm，在调色板中左键单击橘红色，右键单击黄色，为其填好颜色。

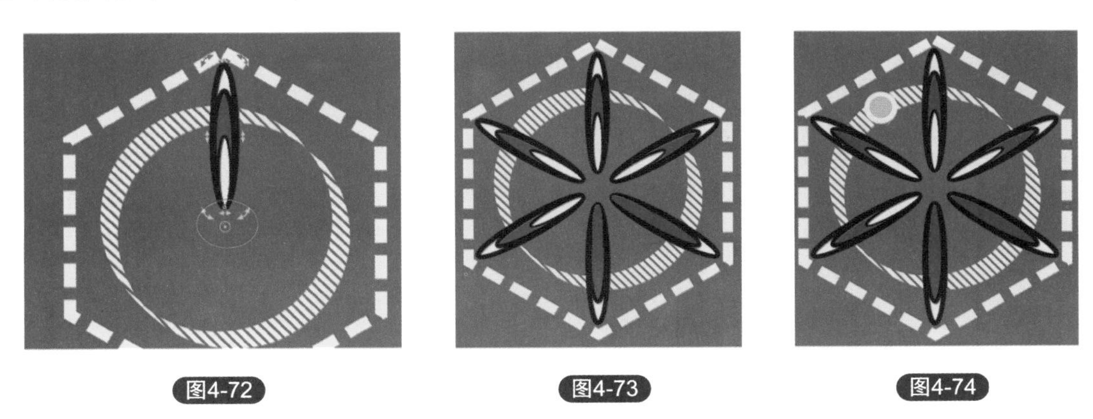

图4-72　图4-73　图4-74

⑬ 用第⑩、⑪步的方法，复制小圆，使其环绕于对象的中心。待完成外圆的小圆复制后，将这些小圆全部用挑选工具选中，然后按Ctrl+G群组，然后再向内缩小复制一份（向内缩小复制

时，要按住Shift，以保证等比例缩小），然后将轮廓线的颜色和内填充的颜色对换一下，得到如图4–75所示的效果。

⑭ 用挑选工具选择轮廓线为虚线的大圆，然后按住Shift，用鼠标拖动控制点的一个角点向内拖动，复制一个圆，在属性栏上，将这个圆的轮廓线宽度设为1.5mm。如图4–76所示。

⑮ 选择椭圆工具，按住Ctrl+Shift，以对象的中心点作为中心点，绘制一个小圆，然后在调色板上将小圆的轮廓线和内填充都填成黄色。然后，按下F12，打开“轮廓笔”对话框，在其中设置轮廓线的宽度为1mm，线的样式为虚线，然后按“确定”，就可以得到如图4–77所示的效果了。这样，一个单独纹样就做好了。

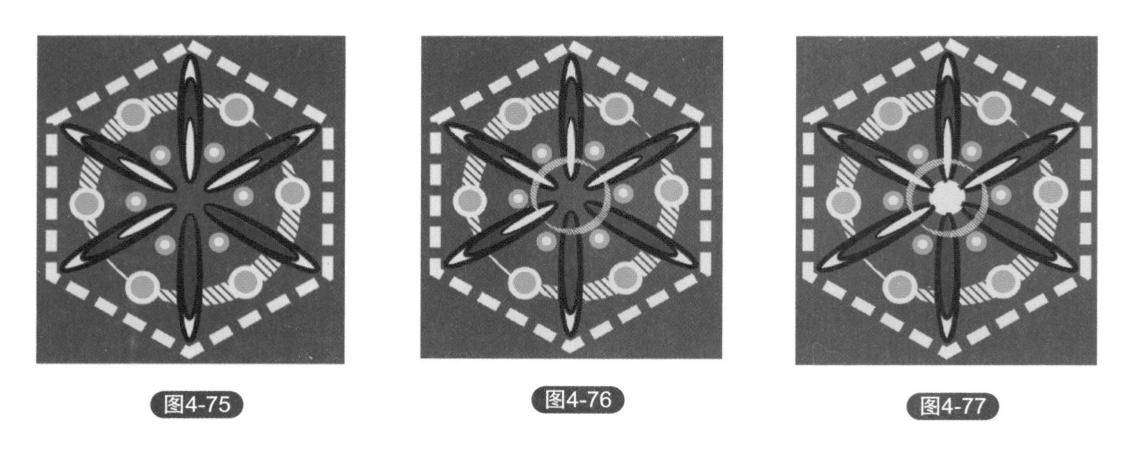

图4-75　图4-76　图4-77

⑯ 用挑选工具框选页面上所有对象，按下Ctrl+G将其群组。然后，将其移动至页面的左上角。用左键按住对象向左平移至前一个对象右侧（平移时按住Ctrl），然后按下右键，再松开左键，得到复制的对象，按两个Ctrl+R，再得到两个复制的对象（图4–78）。

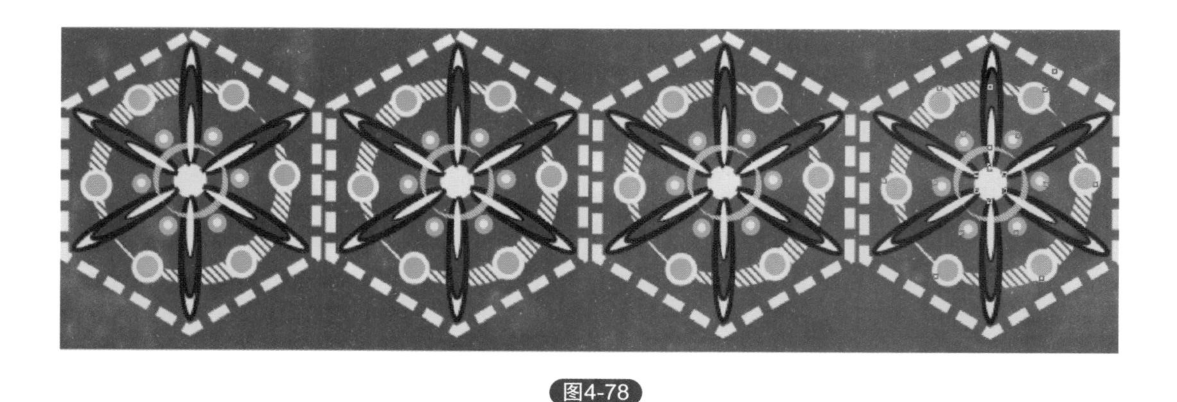

图4-78

⑰ 用同样的办法向下复制对象，得到铺满页面的四方连续图案（图4–79）。

⑱ 选择左上角的图案，拖动至页面外复制一份，然后按住Ctrl，单击外围的正六边形（注：这种方法可以在对象群组时选中组内的对象而不需要解散群组），然后按键盘上的Del键，删除正六边形。接着将该图案移至页面中各六边形间的空间处，并用前述的方法复制，直至完成整个作品（图4–80）。

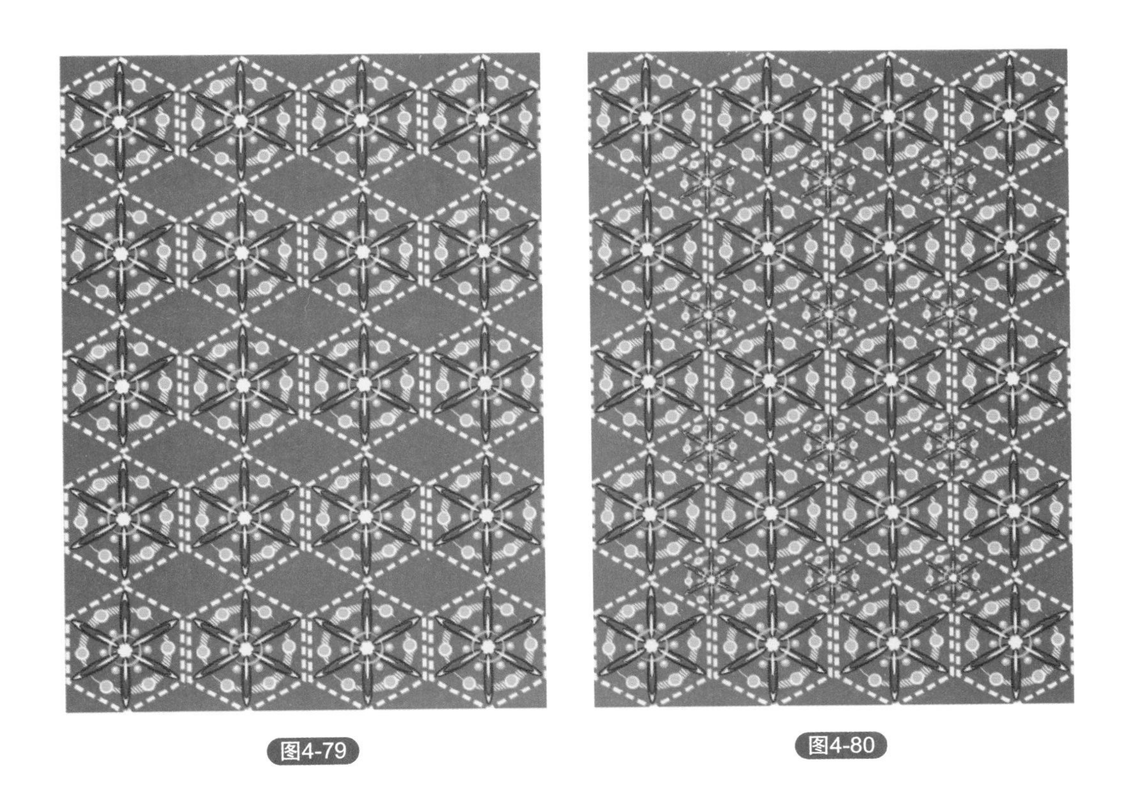

图4-79　　图4-80

举一反三——任务11　灯泡制作

任务要求：利用椭圆、矩形、手绘等绘图工具和填充、网状填充等工具，如图4-81所示，绘制出与之相同或相似的钨丝灯泡通电后的发光效果。

图4-81

任务提示：

① 本任务的重点在于为对象设置合适的填充。可以尝试渐变填充、网状填充等不同的填充方式去实现想要的效果。

② 制作过程提示：

第一步，先用椭圆、矩形等工具绘制出灯泡的基本形，再用手绘或贝塞尔工具为其添加灯丝、灯头上的螺旋等其它内容，并用形状工具对对象进行造型修改。

第二步，尝试使用渐变填充工具、网状填充工具等塑造灯泡通电后的效果，用渐变工具或网状填充工具填充灯头。

举一反三——任务 12　太阳落山图制作

图4-82

任务要求：利用贝塞尔工具和手绘工具、形状工具、填充工具等绘制出与图4-82所示的相同或者相似的海上落日图。

任务提示：

① 由于海水和天空呈现出复杂多样的变化，用规则的渐变填充难以达到效果，因此，本任务的重点在于为对象设置合适的网状填充。

② 制作过程提示：

第一步，先用矩形工具绘制天空和海面两个矩形，然后分别为其添加网状填充。网状填充效果调整变换较复杂，要反复多尝试几次，努力调出最好的效果（不一定和示范图完全一样）。

第二步，用手绘工具绘制山石的造型（注意：绘制的图形一定要是封闭图形，否则无法填充颜色），然后同样用网状填充工具为其设置合适的填充。

第三步、绘制山石的倒影。将山石向下镜像复制，然后使用工具箱中的透明工具，在属性栏上选择标准透明，为山石做适度的透明。

第四步、用手绘工具分步绘制两棵椰子树并填充相应的单色。

第五步、用手绘或者贝塞尔工具绘制海上的水波线。

微课助手

视频7　“渐变填充”对话框里的各种参数运用

视频8　为什么文字缩小后，文字不见了？（轮廓线的运用）

第5章 图形修整篇

要领导航

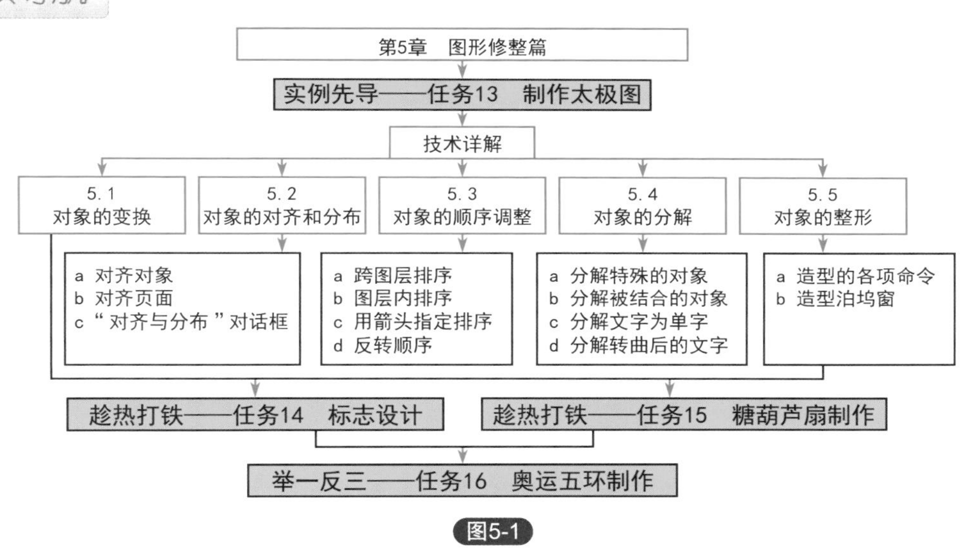

图5-1

学习导入

提问：通过前面两章的学习，我已经学会了绘制图形并给图形的内部和轮廓线进行颜色、图样等的填充。看起来，我好像可以独立地开始设计图形了？

回答：虽然你已学会了绘制图形，可是在实际工作中，有些图形是非常复杂的，在页面上可能同时会存在很多的图形对象，这些对象同时在一个作品中，它们的前后顺序、相互对齐或分布关系如果不理清，工作中将会遇到许多麻烦的。此外，怎么样才能用精确的尺寸来控制对象也是在实际工作中必须要掌握的。前面在第2章我们虽然学了一点简单的管理办法，可那是远远不够的。所以，这一章，我们要学习怎么绘制规定尺寸的对象、怎么调整对象的前后顺序、怎么将众多的对象按要求对齐或分布、怎么将两个对象进行互相相加、修剪或是交叉。这些对于制作设计的作品都是十分重要的，可不能掉以轻心呢。

实例先导——任务13　制作太极图

任务要求：如图5-2所示，制作一个太极图。

任务目标：认识并感受如何通过“变换”泊坞窗给对象以精确的尺寸和位置。

主要工具：椭圆工具、矩形工具。

主要命令：对象|变换

图5-2

操作步骤：

① 按住Ctrl，选择工具箱中椭圆工具，绘制一个正圆。选择“对象|变换|大小”，打开变换泊坞窗，确定“按比例”复选框是被选中状态，然后在“大小”一栏中输入水平值200，点按“应用”按钮（图5-3）。

图5-3

② 保持正圆选取状态，再次在“大小”一栏中输入水平值100，然后在下面的锚点处选择上部居中锚点（图5-4），在“副本”中输入数值为1，然后单击“应用”，得到图5-4所示的图形。

③ 再选择第一次画的大圆，在“大小”一栏中输入水平值100，并在下面的锚点处选择下部居中锚点（图5-5），在“副本”中输入数值为1，然后单击“应用”，得到5-5的效果。

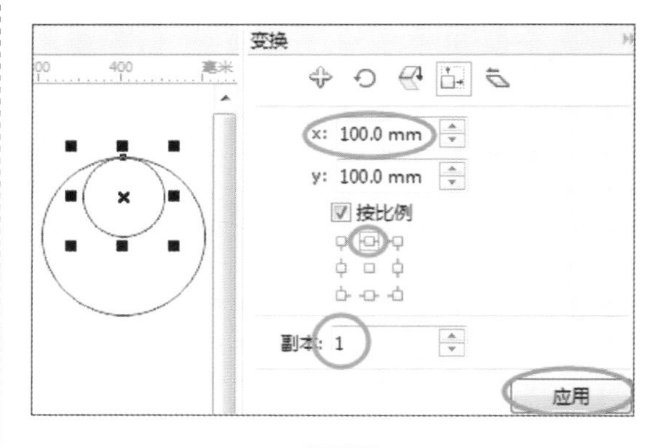

图5-4

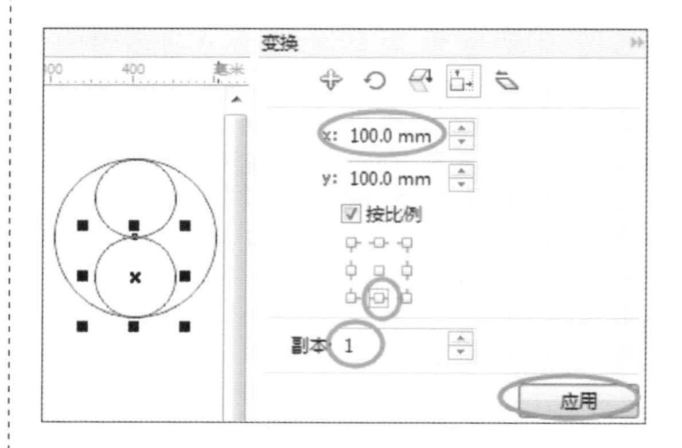

图5-5

④ 然后在“大小”一栏中输入水平值20，并在下面的锚点处选择中间锚点，在“副本”中输入数值为1，然后单击“应用”。接着再对上面的正圆做同样的操作，结果如图5-6。

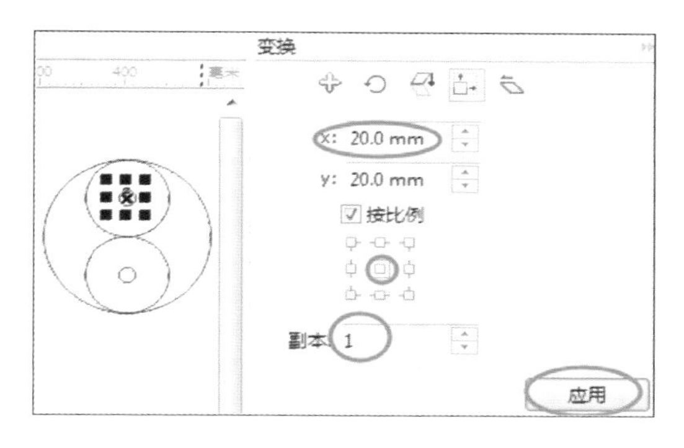

图5-6

⑤ 选择矩形工具，绘制一个矩形，置于与最大的圆的右边一半相交的位置，再用挑选工具同时选中矩形与大圆，按属性栏上“相交” 按钮，得到一个半圆。然后按Delete键，删除矩形（图5-7）。

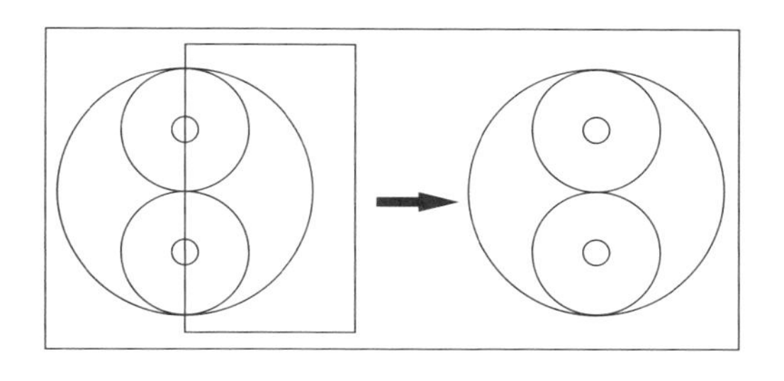

图5-7

⑥ 按住Shift，用挑选工具依次选择右边的半圆、上部最小的圆、下部的大圆、填充白色（为显示方便，图中填为灰色），并去掉轮廓线（图5-8）。

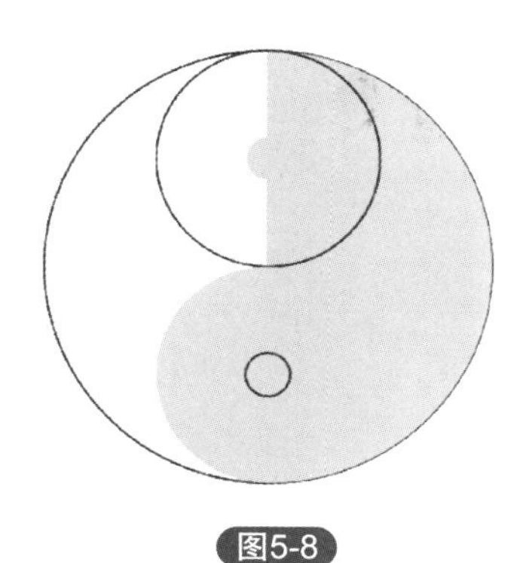

图5-8

⑦ 再次按住Shift，用挑选工具依次选择最大的圆、上部的圆、下部最小的圆，填充黑色。如图5-9所示，制作完成。

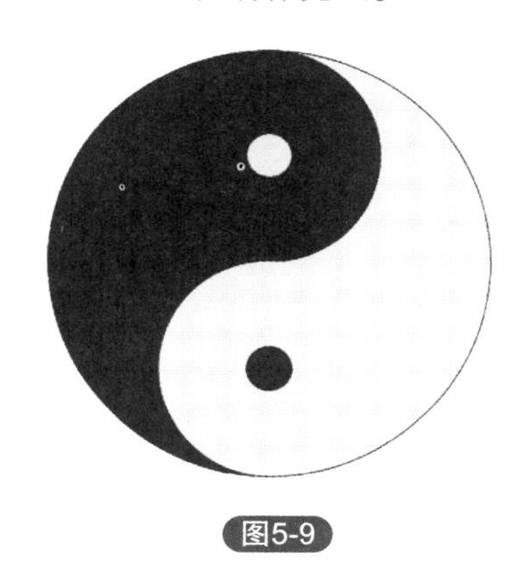

图5-9

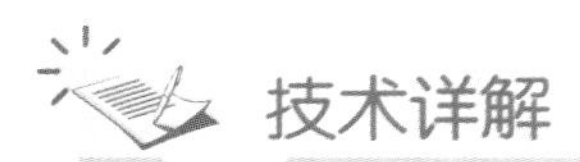

技术详解

在CorelDRAW中，创作的每件作品常常都是由多个独立的对象“组装”而成，在这个制作的过程中，经常需要用到调整每个对象的前后关系、将一些对象进行对齐、给对象以具体的尺寸、将几个对象进行整合等功能。这些功能主要都汇聚于“排列”菜单中。

5.1 对象的变换

“对象|变换”命令由位置、旋转、缩放和镜像、大小、倾斜、清除变换六个子命令组成，选择前五个中的任何一个命令，都会打开“变换”泊坞窗口（图5-10）。这些命令主要用于精确设

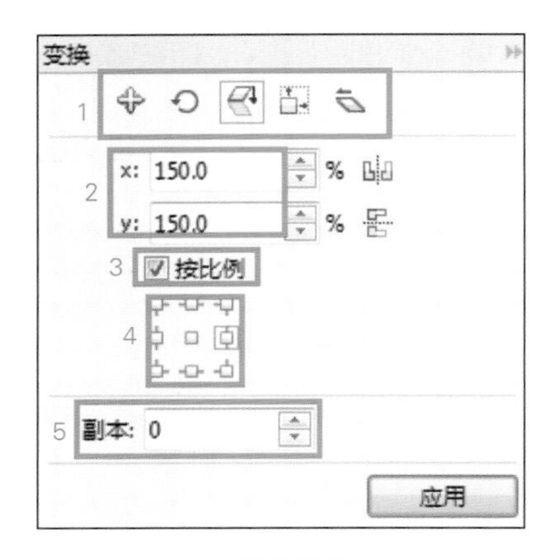

图5-10

定对象的位置、尺寸、旋转或倾斜的角度等。

使用时，必须先在页面选择待处理的对象，然后再打开“变换”泊坞窗，才能激活各选项卡中的选项。

在图5–10中，1号方框里的五个选项卡按钮依次为位置、旋转、缩放与镜像、大小、倾斜。当单击其中一个按钮后，即可切换到相应的选项卡，同时，下面其它选项栏的内容也会产生相应的变化。

2 ~ 4号框在不同的选项卡中显示的内容会有一些不同。其中2号框的功能主要是用来设定对象改变时的大小或位置的参数，3号框包括相对位置、相对中心、按比例、使用锚点四种不同的内容。4号框在每个选项卡中都有，主要用来确定新产生的变换是以原始对象的哪个位置作为参考点的。5号框是用来确定新产生的变换效果是在原来对象上发生，还是新生成一个或数个副本对象。

当对变换效果不满意时，可通过“对象|清除变换”将清除除了位置以外的其他几种变换的效果，重新回到原始对象的状态，即使对象已经过旋转、缩放、镜像等几次变换，都可一次回到最初的状态。

5.2 对象的对齐和分布

“对象|对齐和分布”命令由对齐对象、对齐页面、“对齐和分布”对话框构成（图5–11）。其功能都是通过命令使多个对象之间或是对象与页面之间以某个点为基准对齐或是均匀分布。

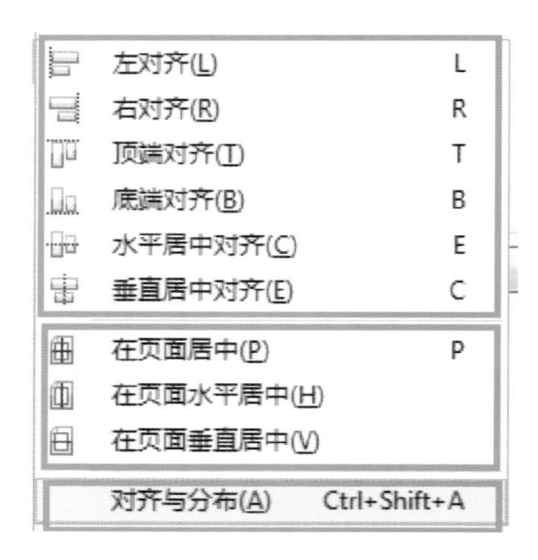

图5-11

（1）对齐对象

第一组有6个命令，是将先选中的对象与最后选择的对象进行对齐。方法是用挑选工具选中需要对齐的对象，然后再选择相应的命令，则对象间会以最后选中的对象作为对齐的标准，自动向其对齐。6个命令又分左、右对齐；上、下对齐；水平、垂直居中对齐三类。实际运用中，以快捷键方式最为便捷。

对齐快捷键——左对齐：L，右对齐：R，顶对齐：T，底对齐：B，水平居中对齐：E，垂直居中对齐：C。

（2）对齐页面

第二组有3个命令，是将所选中的对象与页面水平或垂直的中点对齐。其中“在页面居中”指对象与页面在水平与垂直方向同时居中对齐（快捷键：P）；另两个命令则是指对象与页面的水平或垂直的某一个方向居中对齐。

（3）“对齐与分布”对话框

执行此命令，可通过弹出的对话框（图5-12）来设置对象的对齐或是分布的方式。这种对话框的方式通过对话框中相关选项的选取，不仅涵盖了上面两组命令，而且可以有更多的选择。使用方法是选择好要对齐或分布的对象，再打开该对话框，先设定好“对齐对象到”、“对将象分布到”，再按下相应的对齐或分布按钮即可。

分布的快捷键：顶部分散排列Shift+T，水平分散排列中心Shift+E，底部分散排列Shift+B，左分散排列Shift+L，垂直分散排列中心Shift+C，右分散排列Shift+R。

如图5-12所示，整个对话框包括四个部分：第一部分为对齐或分布的位置；第二部分为文本对齐的位置；第三部分为对象对齐时以什么作为对齐的参照对象；第四部分为对象分布时以什么区域作为分布的范围。

对齐与分布...
对齐
分布
1
文本
2
对齐对象到:
3
105.0 mm
148.5 mm
将对象分布到:
4

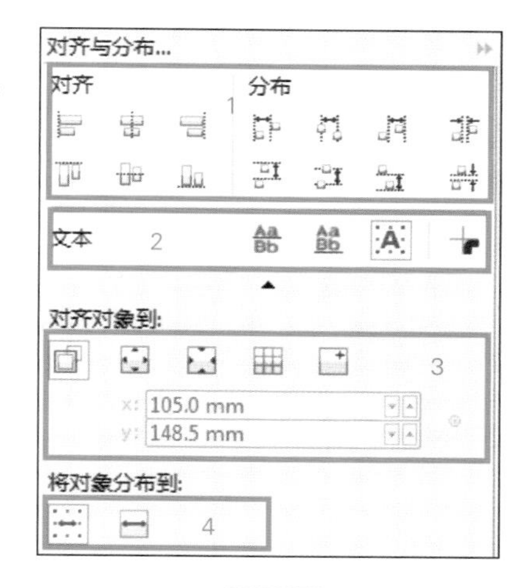

图5-12

5.3 对象的顺序调整

由于每次绘制的对象都是独立的，因此，对象间便会产生前后顺序。绘图时，如图5-13所示，当对象分散排列时，看不出有先后关系，然后当对象间有重叠交叉时，便可看到后绘制的对象会在先画对象的上面。因此，对于复杂的图形，常需要用到“对象|顺序”命令。

“对象|顺序”命令包括四组子命令，如图5-14所示，第一组命令是当对象处于不同图层时，可用于跨图层排序；第二组命令是在同一图层中对对象进行排列时使用；第三组命令是通过直接指定，使对象直接插入到指定的对象前后；第四组是所有选中对象的前后顺序完成调换。

第2个画
第3个画
第1个画
第2个画
第3个画
第1个画

对象间无交叉摆放时，各对象看起来都在同一个层面上

对象重叠放置时，可以看出先画的对象在下面，后面的在上面

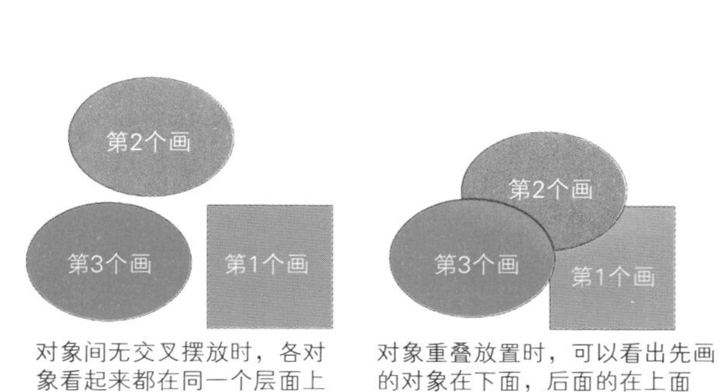

图5-13

到页面前面(F) Ctrl+Home
到页面后面(B) Ctrl+End
到图层前面(L) Shift+PgUp
到图层后面(A) Shift+PgDn
向前一层(O) Ctrl+PgUp
向后一层(N) Ctrl+PgDn
置于此对象前(I)...
置于此对象后(E)...
反转顺序(R)
使对象可跨图层排序
使对象在当前图层中排序
使对象能直接插入到指定的对象的前后
将所有选中对象的前后顺序完全调换

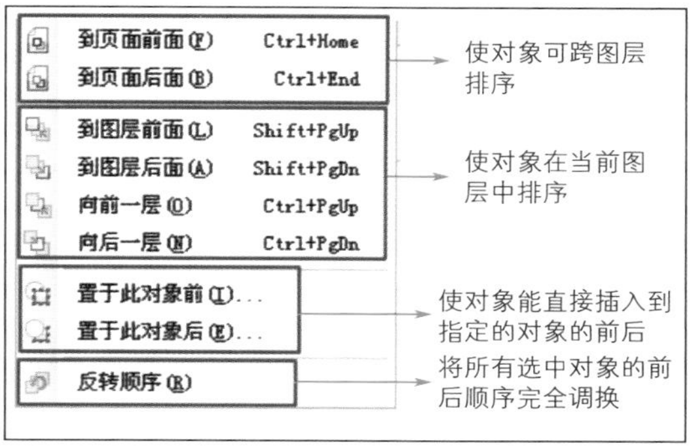

图5-14

（1）跨图层排序

在CorelDRAW中，大多数时候可以不使用多个图层，所有对象都可置于图层一中。然而，当有时候对象过多，为了避免制作中产生混乱，可以将对象分置于多个图层。这样，在处理复杂对

象时，便于对对象进行管理。第一组“到页面前面”等2个命令，便是当同一个页面中有多个图层存在时，通过单击其中一个命令，可将选中的对象跨图层置于当前页面所有对象的最前面或最后面。

要为对象添加图层可通过“窗口|泊坞窗|对象管理器”打开一个泊坞窗，在其中可以增加或删减图层，并可以看到每一个独立的对象在图层中所处的位置。在其中，还可以将管理的对象显示或者隐藏、锁定或是解锁、启用或是禁用打印和导出。

（2）图层内排序

第二组的4个命令，适用于同一个图层内的所有对象。它可使对象在当前图层内快速移到所有对象的最上或最下，也可使对象逐一向上或向下移动排序。使用时，最好使用快捷键，以提高效率。

（3）用箭头指定顺序

第三组有2个命令，选择任意其中一个命令，鼠标指针都会变为一个箭头，用这个箭头单击一个相应的对象，就可以将选中的对象置于被击中的对象的前面或后面。

（4）反转顺序

这个命令会将所有选中的对象的先后顺序全部颠倒过来。

5.4 对象的分解

“对象|拆分”命令（快捷键：Ctrl+K）用于将各种特殊的组合对象进行分解，主要包括以下几种情况。

（1）分解特殊的对象

一些特殊的对象呈特定的组合关系，它们可以拆开，但又不能通过前面学过的解散群组命令来拆解。此时，可考虑使用“拆分”命令来解除相连关系。这种特殊对象包括特效工具产生的对象、艺术笔绘制的对象等。如图5-15所示，图中a和b是将五边形通过立体化工具立体化后形成的特殊对象。此时，立体的对象是一个特殊的整体，无法用解除群组之类的命令分开它们。图c则是在选中立体化对象后，使用了“对象|拆分”命令，此时，立体化对象被分解为三个独立的对象了。再如图5-15中的d，这是一个用艺术笔工具绘制的对象，当使用“拆分”后，会分解成如图e所示的两个独立的对象。

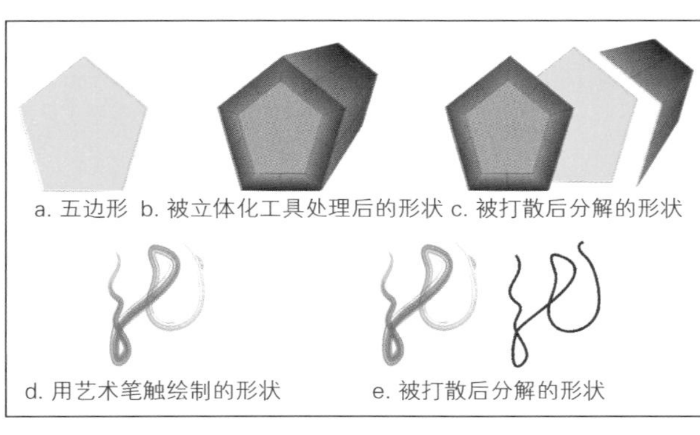

图5-15

（2）分解被结合的对象

第2章已讲过，当几个对象通过结合命令结合后，可以通过“拆分”命令再次分解，只是重新分解后的对象在色彩、轮廓线等方面无法完全复原。如图5-16所示，图a所示人物由7个独立的对象构成（其中的嘴为一根2mm宽的线），这些对象有各自的颜色，图b是将7个对象进行“对象|合并”后所产生的效果，此时，重叠区域会产生镂空；图c是选择“拆分”后

的效果，此时，7个对象恢复了原有的形状，但我们看到颜色和轮廓线的宽度都保持了图b中的状态，无法回到图a中的样子了。

图5-16

（3）分解文字为单字

当我们连续输入一串文字后，文字会形成一个整体，此时，如果要使每个文字独立，就需要使用“拆分”命令来打散它。

（4）分解转曲后的文字

图5-17

文字是受到“特殊保护”的对象，当其属性为文字属性时，是不能用形状工具来调整字形的，如果需要使用形状工具来改变文字形状，就需要先将文字通过“对象|转换为曲线”命令将其转换为普通曲线。转换后如果还需要将字形拆分，则可以使用“拆分”命令来完成，如图5-17所示，当文字转为曲线后，在外表上与属性为文字时并无区别，但此时，每个字仍为一个整体，要调整笔画的位置并不容易，而当用“拆分”命令将曲线打散后，文字的笔画被分解，可以自由处理了。

5.5 对象的整形

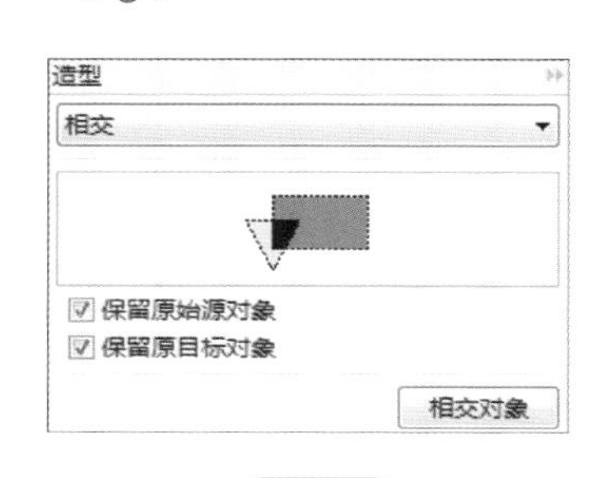

图5-18

在图形绘制的过程中，经常需要通过对象之间的互相融合、交叉、修剪来整合对象，以得到新的对象，而通过“对象|造型”命令就可以很好地实现这个目标。

如图5-18所示，“对象|造型”命令下有8个子命令，其中前7个都能直接对对象产生整形的效果，而第8个命令则会打开“造型”泊坞窗，通过在泊坞窗中选择后再作用于页面中的对象。两种方法各有特点，可根据个人习惯选择使用。

（1）造型的各项命令

造型的命令有7 个，其实属于三类，即焊接、修剪、相交。进行造型前应先明确两个概念，即来源对象和目标对象的含义。所谓目标对象，就是最终造型完毕后，产生结果的那个对象。如图5–19所示，五星和椭圆本来是两个独立的对象，当焊接后，红五星被焊到椭圆上，颜色也变成了椭圆的颜色，所以说椭圆是目标对象，而五星则是来源对象；而当修剪时，也可以看到，椭圆被五星剪了一个小口，因此，可以判断，椭圆是目标对象。

① 焊接：把多个对象通过焊接，变成为一个对象，即使对象间没有连在一起，通过焊接后，它就成为一个对象。

② 修剪：适用于有重叠区域的对象，将从目标对象中剪去来源对象与目标对象的重叠部分，得到目标对象的剩余部分。在未指定的情况下，一般顺序在上面的对象是来源对象，在下面的对象是目标对象。

③ 相交：保留对象之间的交叉重叠区域。

④ 简化：就是一种修剪方式，是一种保留来源对象的修剪方式。它与“修剪”的区别在于：第一、“修剪”只能是一个目标和一个来源对象之间的修剪，当有多个对象有重叠时，只能完成第一和第二个对象之间的修剪。但“简化”却可以一次实现所有重叠对象的修剪；第二是对群组对象修剪时，使用“修剪”命令后，被剪好的群组对象依然是群组关系，但使用“简化”后，群组对象会被打散成独立对象。

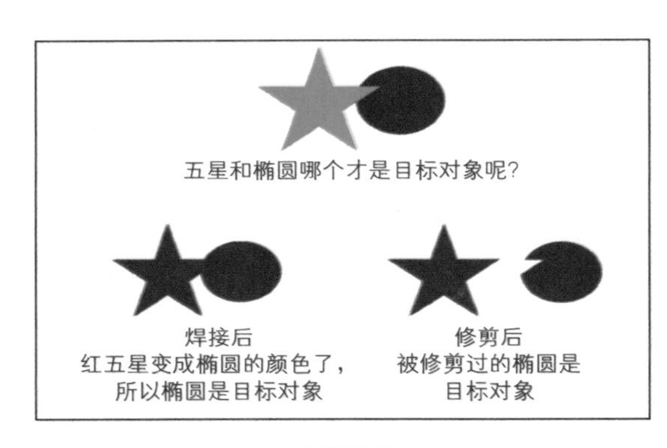

图5-19

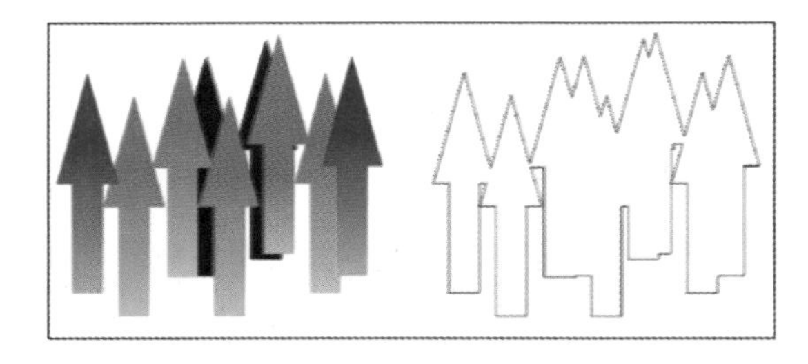

图5-20

图5-21

⑤ 移除后面对象：就是以后面对象为原始对象，前面对象为目标对象进行修剪。

⑥ 移除前面对象：就是以前面对象为原始对象，后面对象为目标对象进行修剪。

⑦ 边界：就是以所选的对象为轮廓，自动生成一个新的包括了所有选中对象的轮廓。如图5–20所示，左图为一些各自独立的箭头，当选中所有箭头，然后选择“对象|造型|边界”命令后，则生成了右图所示的新的轮廓图。

（2）造型泊坞窗

直接使用菜单命令时，将先选中所有的来源对象和目标对象，然后单击相关命令即可。但如果使用造型泊坞窗来执行命令，则与菜单命令又会有一些不同。如图5–21所示，以修剪为例解读基本操作方法。

第一步，在页面中先用挑选工具将两个对象摆好位置，此时两个对象各自都是独立的。然后选择来源对象：骷髅头像；

第二步，在泊坞窗中勾选“保留原始源对象”，以确定在造型后，来源对象还需要保留；

第三步，单击“修剪”，然后用出现的箭头

单击一下地雷，此时，表面上看不到变化，因为原始对象骷髅头像被保留在原处，而实际上已完成修剪；

第四步，用挑选工具将骷髅头像移至一边，可以看到，骷髅头像已在地雷上挖出了一个印记。

此外，除了“对象|造型”中的各项命令和造型泊坞窗以外，在属性栏上也有相应的按钮。如图5-22所示，当用挑选工具同时选中两个以上的对象时，属性栏上就会出现相关的按钮，可直接通过单击相应的按钮完成各种造型。

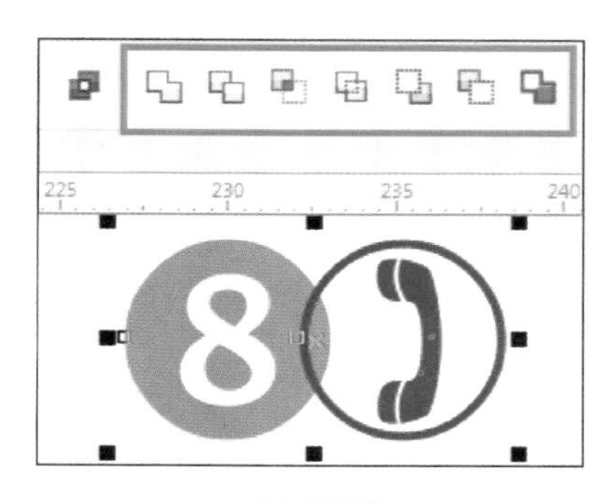

图5-22

趁热打铁——任务14　标志设计

任务要求：根据提供的素材，绘制如图5-23所示的标志图形。

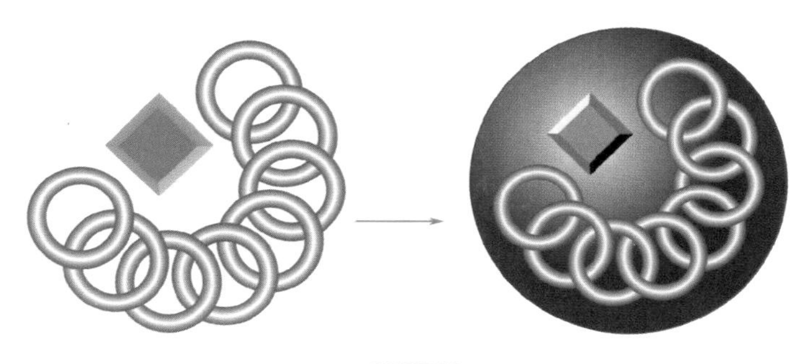

图5-23

任务目标：认识并加强对“对象|造型”、“对象|顺序”、“对象|对齐与分布”的功能理解与使用。

主要工具：矩形工具、椭圆工具、挑选工具。

主要命令：对象|造型、对象|顺序、对象|对齐与分布、对象|组合。

制作步骤：

① 打开如图5-24所示的文件“标志素材”。我们的任务有两个：第一，通过对“对象|造型”的运用，使圆环一环套住另一环；第二，通过“对象|顺序”为标志后面添加圆形背景。

图5-24

② 在工具箱中选择矩形工具，在页面中画一个小的矩形，将矩形放置于右上起第一个圆环和第二个圆环的一端交叉处（图5-25）。

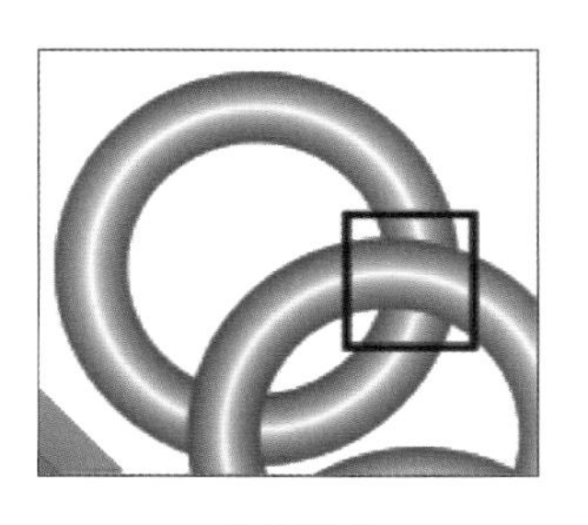

图5-25

③ 选择“对象|造型”中的“造型”子菜单，打开泊坞窗，并选择“相交”选项，勾

选“保留原始源对象”、“保留目标对象”（图5–26），用随之出现的鼠标指针单击下面的那个圆环，下面的圆环便可穿过上面的圆环了（图5–27）。

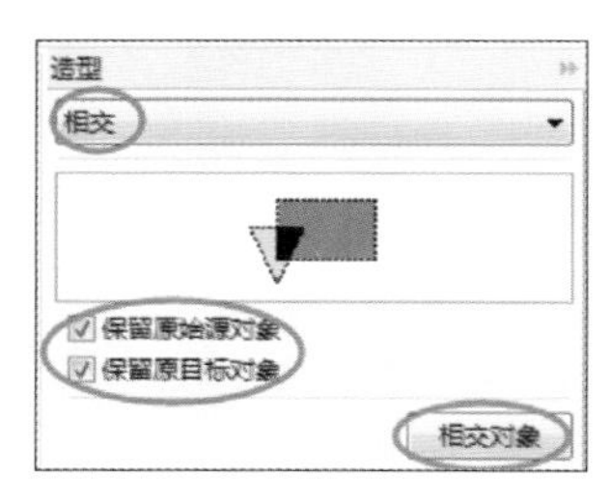

图5-26

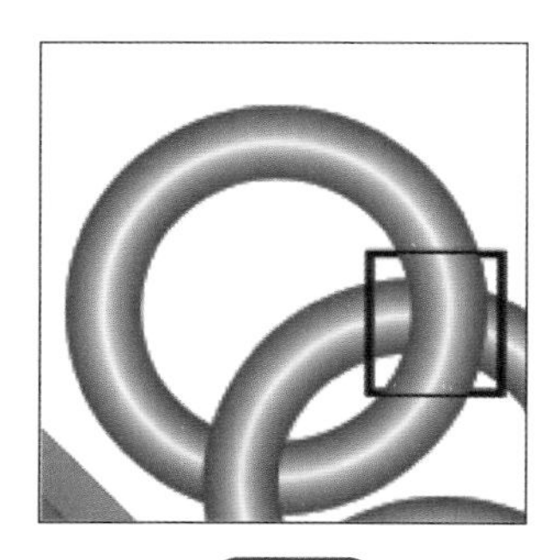

图5-27

④ 用选择工具选中矩形，将其拖动到第2处交叉点（图5–28），再用与第三步相同的办法，使圆环相交叉。如此一一完成，使圆环实现环环相扣（图5–29）（注：在将矩形移动到第7个点后，在泊坞窗中去掉对“原始对象”的勾选，这样，在完成第7处的制作后，矩形就去掉了）。

⑤ 用选择工具围绕图形框选所有对象（必须保证所有图形都在框内），然后选择“对象|组合”（快捷键：Ctrl+G），将全部图形群组。

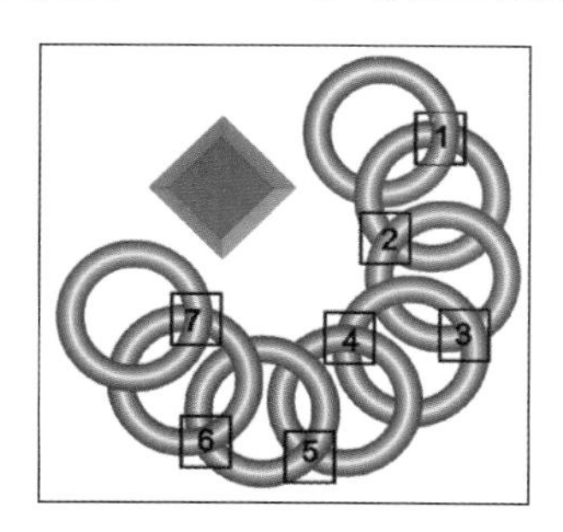

图5-28

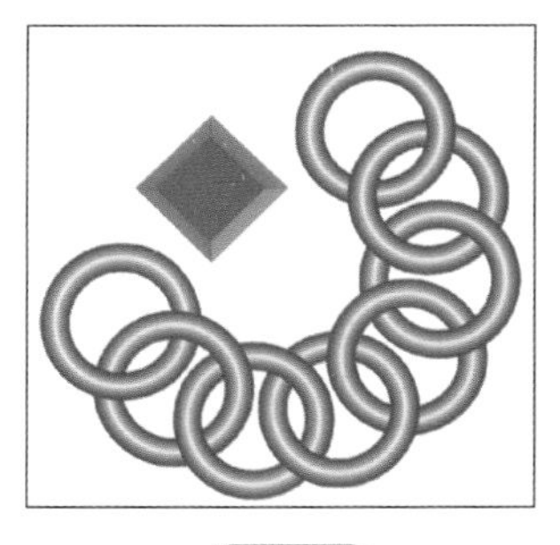

图5-29

⑥ 在工具箱中选择椭圆工具，按住Shift和Ctrl，然后在前面群组的图形之上画一个比之略大的正圆形。在工具箱中选择“交互式填充工具”，如图5–30所示给圆形填充射线渐变。两个色块分别为白色、深灰蓝（C91M74Y68K50）。

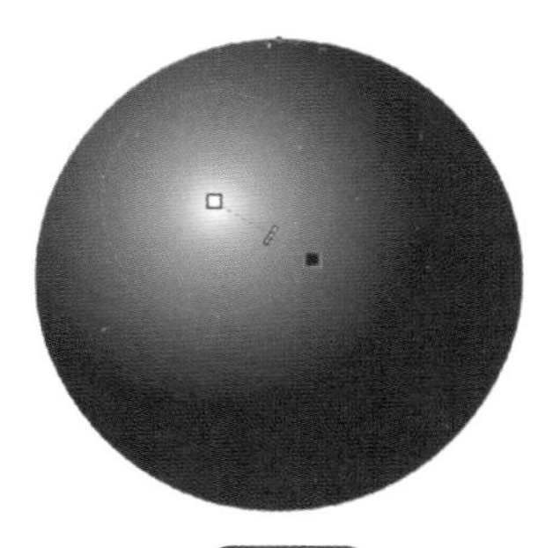

图5-30

⑦ 选择“对象|顺序|向后一层”，圆形便到了群组对象之后。

⑧ 用选择工具框选住所有的图形选择“对象|对齐|水平居中对齐”（快捷键：E）、“对象|对齐|垂直居中对齐”（快捷键：C），这样，就可以使群组对象置于圆形的正中位置，如图5–31所示，作品完成。

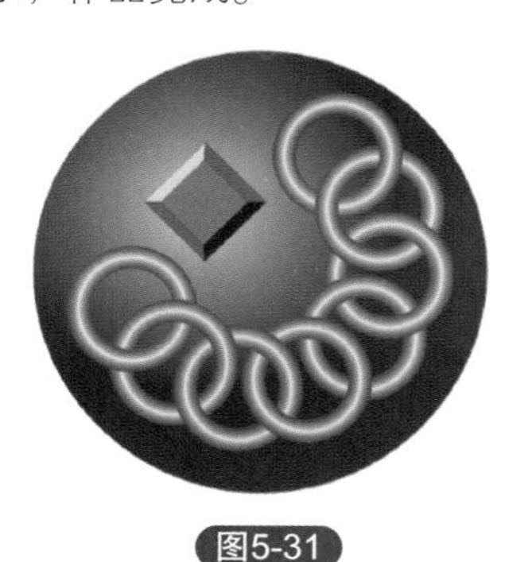

图5-31

趁热打铁——任务15　糖葫芦扇制作

任务要求：绘制如图5–32所示的糖葫芦扇。

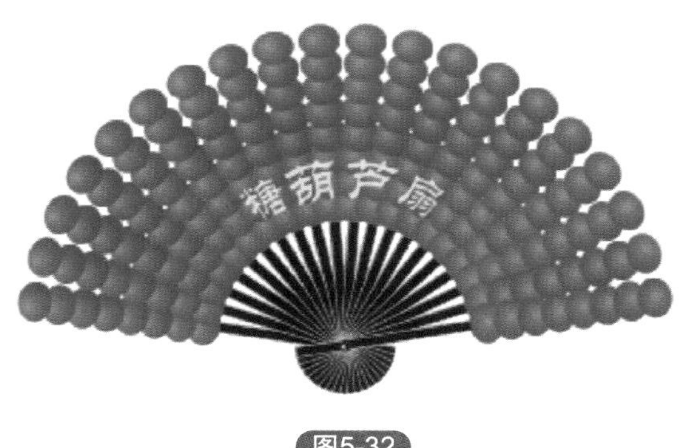

图5-32

任务目标：认识并加强对“对象|顺序”、“对象|组合”、“对象|对齐与分布”的功能理解与使用。

主要工具：矩形工具、椭圆工具、挑选工具、文本工具。

主要命令：对象|顺序、对象|组合、对象|对齐与分布。

制作步骤：

① 在工具箱中单击椭圆形工具，在页面中按住左键并拖动鼠标绘出一个椭圆。

② 在工具箱中单击交互式填充工具，再到属性栏中选择“射线”，在属性栏上的颜色框中分别设置两种颜色（第一个颜色的色值：R97G7B7；第二个颜色的色值：R218G39B37）。然后按住鼠标左键，在椭圆图形中从左上向右下方拖动，得到图形。

③ 在工具箱中单击挑选工具，再单击椭圆，使图形被选中。然后，在图形上按下左键向上拖动图形到适当位置，在松开左键之前先按一下右键，得到圆形的复制图形（图5–33）。

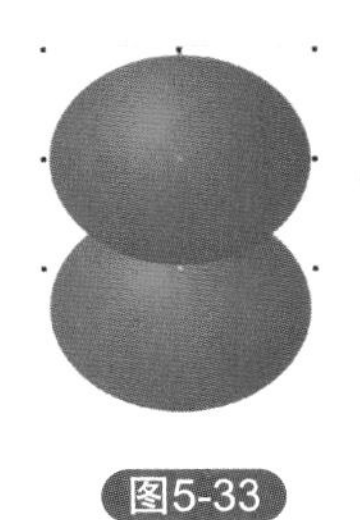

图5-33

④ 反复按压Ctrl+R多次，得到一串糖葫芦（图5–34）。再在工具箱中单击挑选工具，按左键围绕住糖葫芦周围拖动，将糖葫芦图形全部选中（图5–35）。然后按下Ctrl+G，将图形群组。

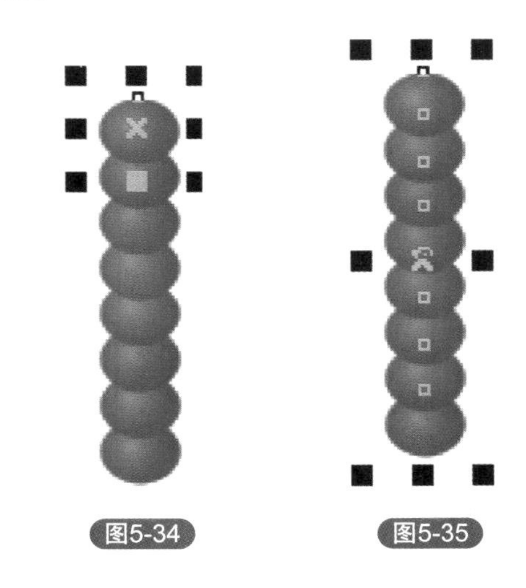

图5-34　图5-35

⑤ 在工具箱中单击矩形工具，在页面中按住左键拖动，绘制出一个长方形，在调色板中左键单击黑色，右键单击30%黑色，为长方形填上颜色（图5–36）。

⑥ 在工具箱中单击挑选工具，按左键围绕住糖葫芦和矩形周围拖动，将二者全部选

中。然后在键盘上按下C（注意，要在无输入法状态下），将二者对齐（图5–37）。

⑦ 用挑选工具选中矩形，按下Shift+PageDown，将矩形放在糖葫芦后面。再次用挑选工具框选住两个图形，然后按下Ctrl+G，群组对象（图5–38）。

⑧ 用挑选工具单击图形，选中图形后，再单击一次，使图形处于可旋转状态（图5–39）。将中部的中心点移至中下部（图5–40）。将鼠标移至右上角双弧箭头处，按下左键向右拖动至合适的位置，在松开左键前按下右键，得到复制图形（图5–41）。

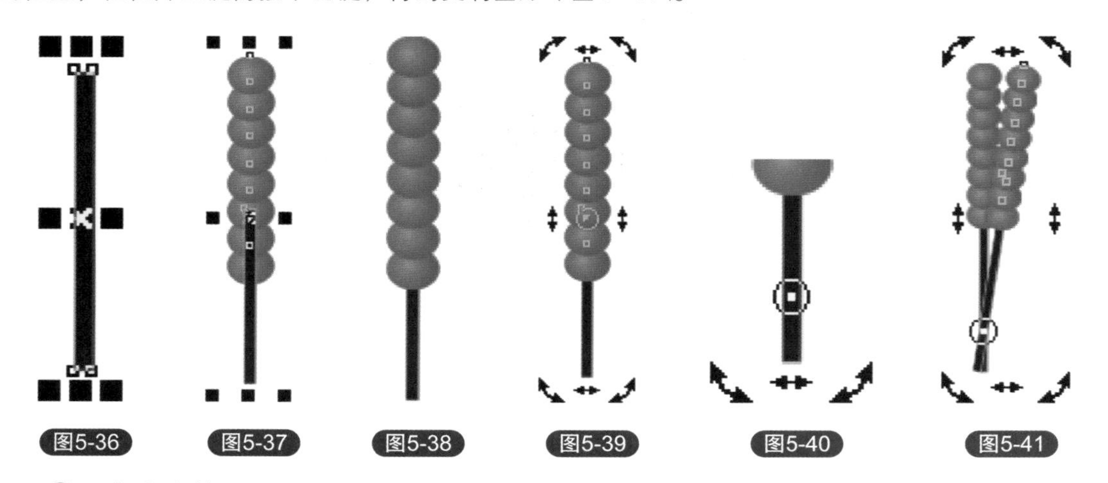

图5-36 图5-37 图5-38 图5-39 图5-40 图5-41

⑨ 反复多次按下Ctrl+R，得到扇面（图5–42）。再用挑选工具框选中全部图形，单击一次，得到旋转状态，然后将图形旋转到合适的状态（图5–43）。

⑩ 在工具箱中单击椭圆形工具，按住Ctrl，在页面中绘制出一个小的正圆，然后在工具箱中单击交互式填充工具，再到属性栏中选择“射线”，给正圆填上从白向黑的渐变色。然后将小圆移到扇柄合适位置作为铆钉，完成作品（图5–44）。

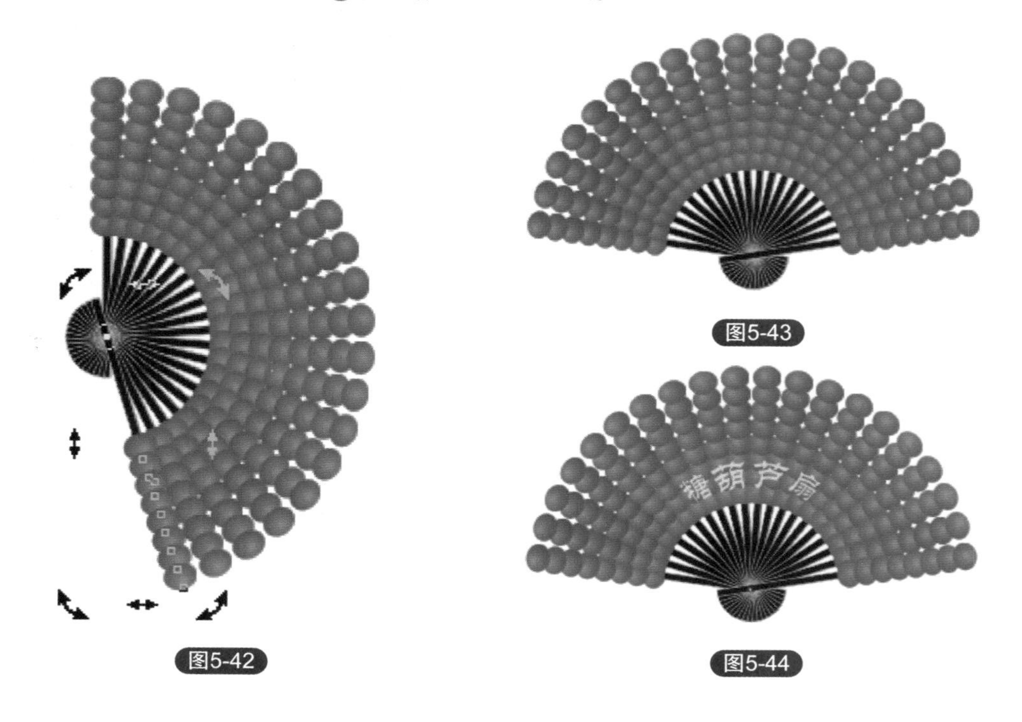

图5-42 图5-43 图5-44

举一反三——任务16　奥运五环制作

任务要求：如图5-45所示，利用对象相交的造型功能，绘制奥运五环。

图5-45

任务提示：

① 本任务重点要解决的问题与任务14相同，都是要通过利用“对象|造型”中的相关命令完成对象一环套一环的效果。

② 制作过程提示如下。

第一步，先绘制一个正圆，然后缩小复制，得到第二个同心的小圆。用挑选工具同时框选两个圆，按Ctrl+L，得到第一个圆环，并填上蓝色。

第二步，用第一个圆环复制出另外四个圆环，排好位置，然后给每个圆环填充上相应的颜色。

第三步，绘制一个小的矩形，将其放置于蓝色和黄色圆环的上侧的交叉处，然后按任务14中第3步的方法，实现第一组圆环的交叉。

第四步，用与第三步相同的方法，完成其他几个圆环的交叉即可。

微课助手

视频9　通过“造型”属性栏快速实现目标

视频10　“对齐与分布”泊坞窗中“分布”的功能及运用

第6章

图形特效篇

要领导航

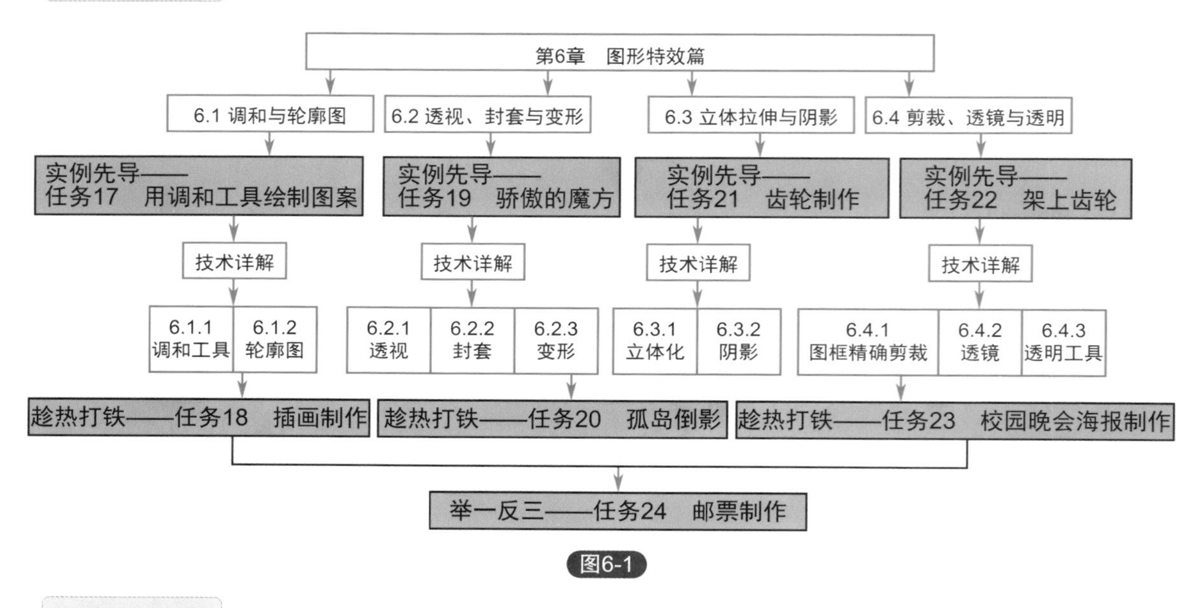

图6-1

学习导入

提问：前面的五章，我已经学会了绘制对象，然后给它们填充颜色，再对它们进行各种必要的修整和管理，可是，我总觉得这样做出来的东西有些单调，有没有其他一些工具或命令使对象的效果更加丰富呢？

回答：当然有呀，CorelDRAW里面有一些关于效果的工具和命令，合理使用它们，可以让对象产生渐变、透明、阴影、立体感、透视等效果，还可以把一个对象当作容器，将另一个对象按照这个对象的形状装进去呢。它们一定不会让你失望的。

引子：特效工具和命令是用来为所绘制的图形添加各种如透视、渐变、投影、立体化、阴影等效果的工具和命令。如图6-2所示，特效工具由7个工具组成，分别位于工具箱中的两个工具（组）中；此外还有“图框精确剪裁”“透镜”“添加透视…”等特效命令位于“对象”和“效果”菜单内。

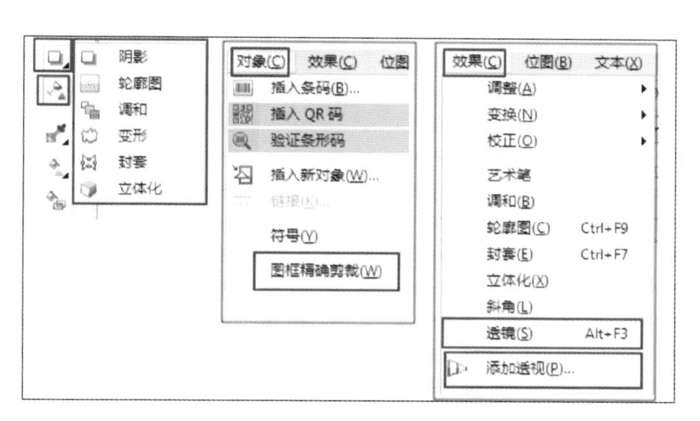

图6-2

6.1 调和与轮廓图

实例先导——任务17 用调和工具绘制图案

任务要求：利用调和工具，绘制如图6-3所示的图案。

任务目标：体验CorelDRAW中的调和工具带来的惊喜效果和基本工作方法。

主要工具：调和工具、椭圆工具、选择工具、交互式填充工具。

操作步骤：

① 在工具箱中选择椭圆形工具，如图6-4所示，先绘制一个椭圆，然后按住Ctrl，再在椭圆右下方一个合适的位置绘制一个正圆。接着，在工具箱中选择交互式填充工具，在属性栏上选择椭圆形渐变填充。色彩选择从青色（C100）向白色的渐变，分别为两个圆填充射线渐变，同时在调色板上右键单击白色，将对象轮廓线填为白色。

图6-3

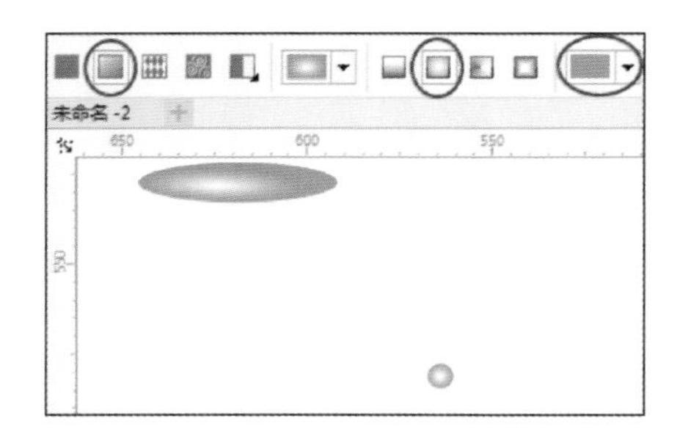

图6-4

② 在工具箱中选择调和工具，在第一个椭圆形上按住左键，然后拖动到另一个椭圆形上松开左键（图6-5）。

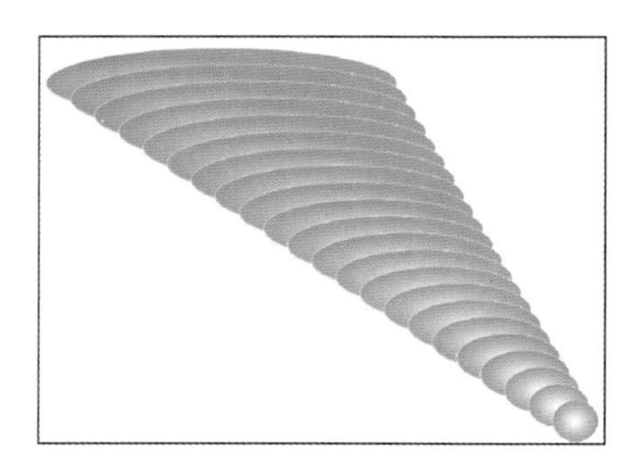

图6-5

③ 在属性栏上设置调和方向为360 ，再按下环绕调和按钮、按下逆时针调和按钮，便可得到如图6-6所示的效果。

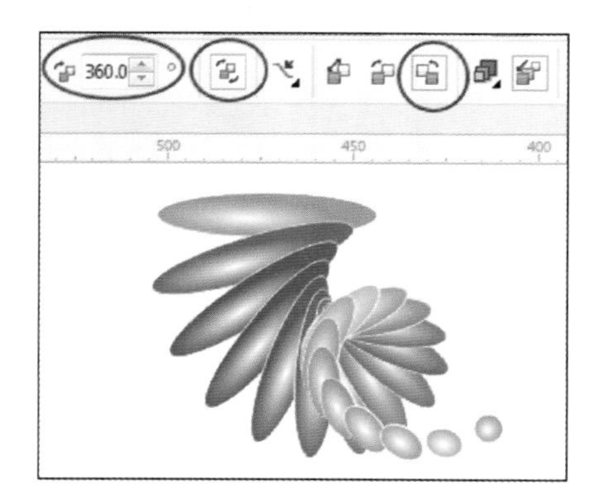

图6-6

④ 在工具箱中选中选择工具，如图6-7所示，再次单击图形，使其处于可旋转状态，然后将中心点移到图形右下方的一点。

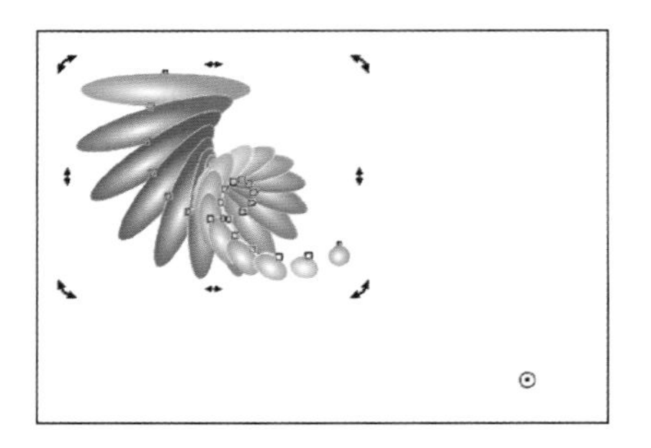

图6-7

⑤ 按住Ctrl，按住右上角双弧箭头向右拖动旋转图形60°，在松开左键之前按下右键，得到一个复制的图形（图6-8）。

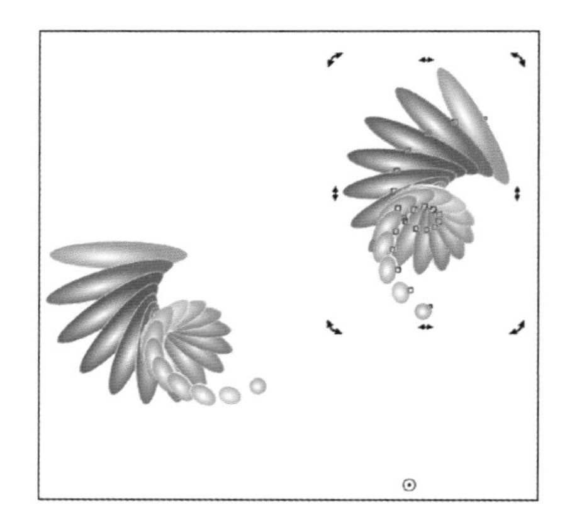

图6-8

⑥ 连续按下Ctrl+R共计4次，复制对象，得到如图6-9所示的效果。

图6-9

⑦ 用选择工具框选所有对象，然后按下Ctrl+G将所有对象群组。接着再单击一下对象，使它们处于可旋转的状态，按住Ctrl，拖动对象向右旋转15°，然后按下右键得到一份复制的对象（图6-10左），再按Ctrl+R共3次，得到如图6-10右图所示的最终效果。

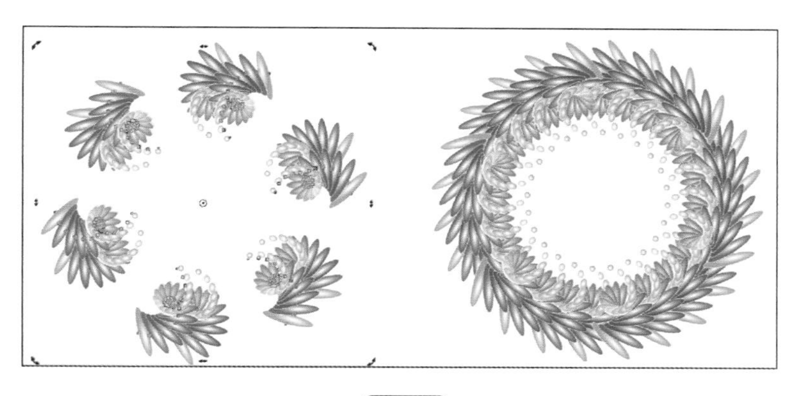

图6-10

技术详解

6.1.1 调和工具

调和工具能够在两个控制对象（即起始对象和终点对象）之间，根据属性栏上的参数设定在形状和色彩上产生多个过渡对象。

（1）基本使用方法

调和工具的使用方法可以分为三步走。如图6-11所示，第一步是分别建立两个控制对象，被称之为起始对象和终点对象；第二步是在工具箱中选择调和工具；第三步是在其中一个对象上按住左键并拖动到另一个对象上，然后松开左键，即可完成基本的调和。需要记住，起始对象指调和对象中在下层的对象，终点对象指在上层的对象。群组对象也可以做起始对象或终点对象。

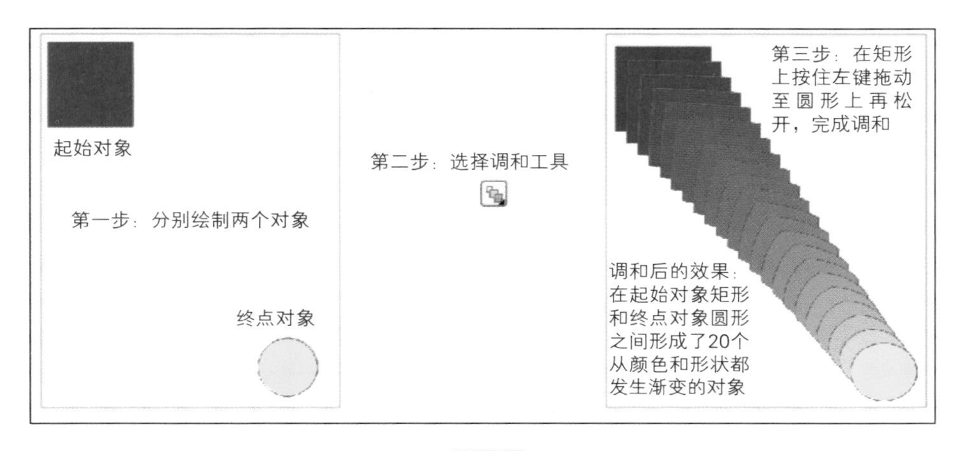

图6-11

(2)调和工具使用要点

① 通过调和可在起始对象和终点对象之间产生一定数量的在形状、色彩上发生渐变的新对象。

② 调和后仍可以修改或移动起始对象或终点对象，修改后中间的渐变对象组也会随之发生相应的变化。

③ 除了上述的调和基本方法外，选择调和工具后，还可以先按住Alt，再在起始对象和终点对象之间画任意曲线，则可以建立以该任意曲线为路径的混合渐变。

④ 当通过“对象|拆分调和群组”解除调和对象之间的关系后，调和群组对象将变为三个部分：起始对象、终点对象、中间调和对象的群组。此时，可以再对中间的调和对象使用“对象|组合|取消组合对象”命令来完全解散它们。

(3)调和的属性栏

调和在基本使用方法的基础上，还需要配合属性栏（图6-12）上的相关功能，才能充分发挥出调和工作的价值。

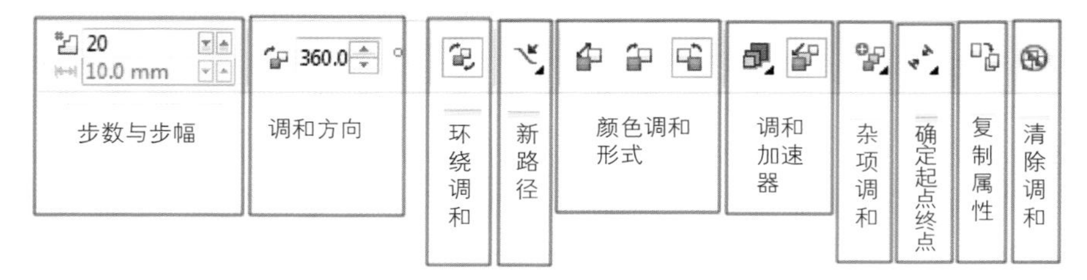

图6-12

① 步数与步幅。如图6-13所示，步数 20 决定控制对象之间调和对象的数目，缺省值为20步。步幅控制 是在选择调和对象适应一条路径时，可以使用，它可以用来调整控制对象之间的距离，并同时影响调和对象的数量。

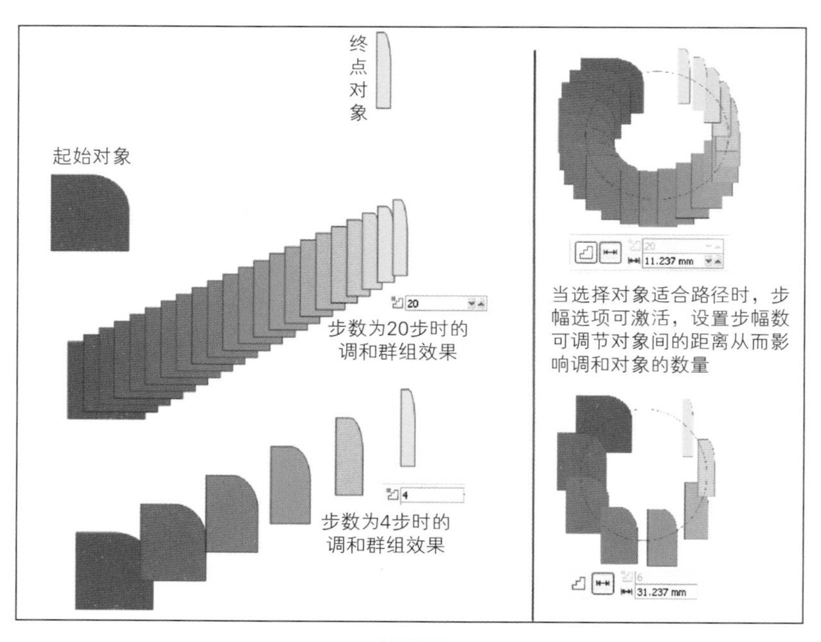

图6-13

② 旋转调和对象。如图6–14所示，调和方向和环绕调和这两个按钮是用来确定中间调和对象的旋转方式。其中，调和方向 可以使中间的对象绕着起始对象和终点对象之间的直线轴旋转。环绕调和 需在先设定了调和方向后方可激活，激活后，按下环绕调和按钮，然而再通过设置合适调和方向度数来使中间调和对象以远离调和中心点的旋转形式转动。

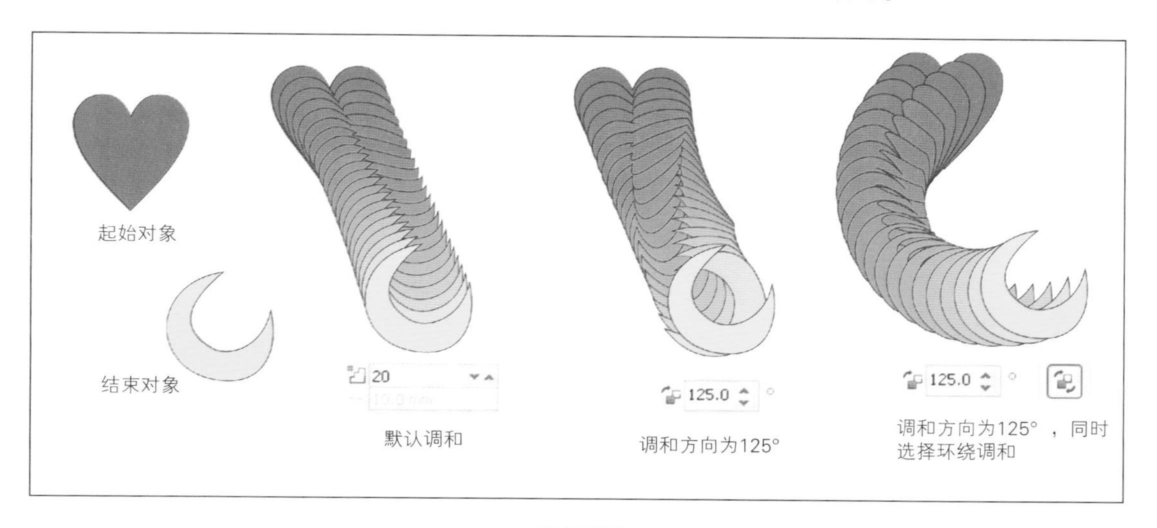

图6-14

③ 颜色调和形式。如图6–15所示，颜色调和形式按钮有三个 ，这三个控制钮决定控制对象之间在进行颜色调和时应按什么样的路径在色环上实现色彩的过渡。包括直线穿过色环、按顺时针方向环绕色环、按逆时针方向环绕色环。

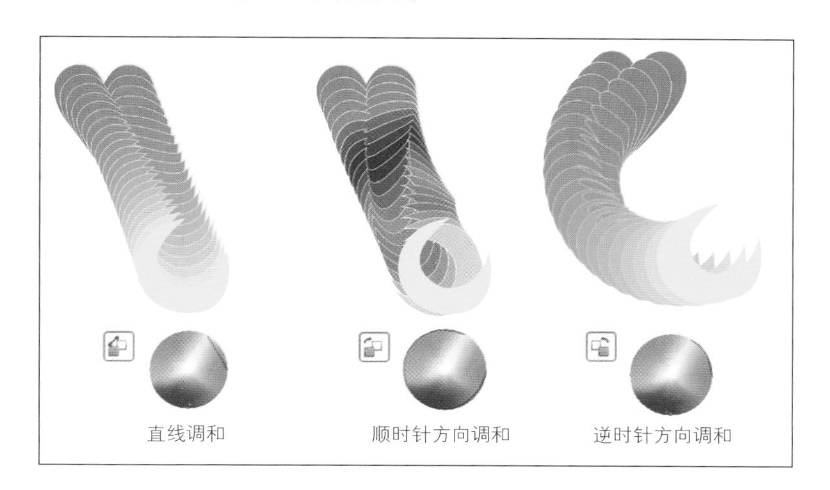

图6-15

④ 调和加速器。调和加速器包括两个按钮 ，其中，对象和颜色加速按钮 包括两个部分，即物件加速和色彩加速。用来控制起始和终点对象之间的形状变化速度和色彩变化速度。加速调和时的大小调整 控制控制对象之间大小的渐变速度。

⑤ 杂项调和。杂项调和包括了6个选项，每个选项都有着一些与众不同的特点。

映射节点：一般情况下，在混合时，程序会自动地把起始对象上的节点与终点对象上的节点联系起来。当用户想建立非常规调和时，可利用该控制改变节点的对应。使用方法是，首先单击"映射节点"，当出现一个拐状箭头时，先单击一个控制对象上的某个节点，再单击另一控制对象上的某个节点。

如图6-16所示，矩形有四个节点，图a为默认状态下的调和，此时两个矩形之间节点按常规状态一一对应，即左上角就对应左上角的。图b中，是单击映射节点选项后，用出现的拐状箭头先单击终点对象左上角的节点，再单击起点对象右下角的节点。此时，因为节点对应关系发生变化，调和对象也发生了相应的变化；图c则是将对应节点再次变换了一下后的结果。由此可看出，不改变控制对象，只改变节点的映射关系，也能产生丰富的调和变化。

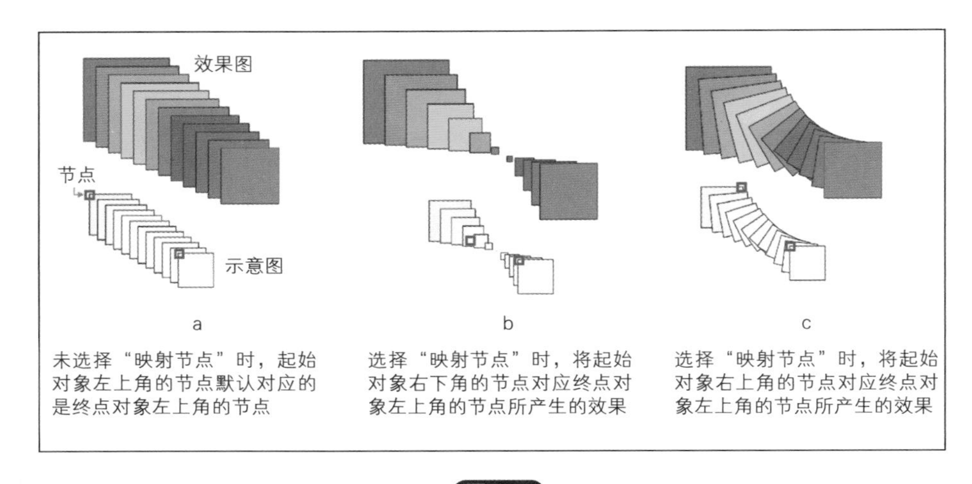

图6-16

拆分：这个控制可将一个调和拆分两个，被拆解的那个对象将同时担当两个调和的控制对象。

熔合始端和熔合末端：对拆分后的调和组，通过按住Ctrl，单击其中一个调和组，可激活该组，然后单击熔合始端或熔合末端，可将已拆分的调和对象重新合二为一。

沿全路径调和和旋转全部对象：这两个选项将在调和对象置于新路径之上后方可使用，它可使调和对象从头到尾地沿着整条路径进行分布和旋转。

⑥ 确定起点终点。这组控制包括新起点、显示起点、新终点、显示终点四个按钮。

其中，新起点（或新终点），可以设置新的起始对象（或终点对象）。使用方法是，首先新建一个对象，然后选择新起点（或新终点）按钮，单击新建对象即可。使用时务必要注意一个问题，即如果是新起点对象，要保证该对象在原终点对象的下层；如果是新终点对象，要保证该对象在原起点对象的上层，否则将无法建立新起点（或新终点）。

显示起点或显示终点按钮则可以用来在调和对象置于路径上时寻找起始对象或终点对象。

⑦ 新路径。这组控制包括新路径、显示路径、从路径分离三个选项。新路径是使调和对象置于一条新设置的路径之上；显示路径则是在将调和对象置于路径上之后用于选择路径，以便于修改路径；从路径分离则可以将路径与调和对象分开并清除在新路径上所做的效果。

如图6-17演示了如何使用新路径选项。图中心形的调和群组（图a）通过"新路径"选项被置于椭圆对象上（图b），然后通过勾选"沿全路径调和"和"旋转全部对象"（图c、图d），并调整起始对象和终点对象的方向（图e），最终所绘制出的图案。

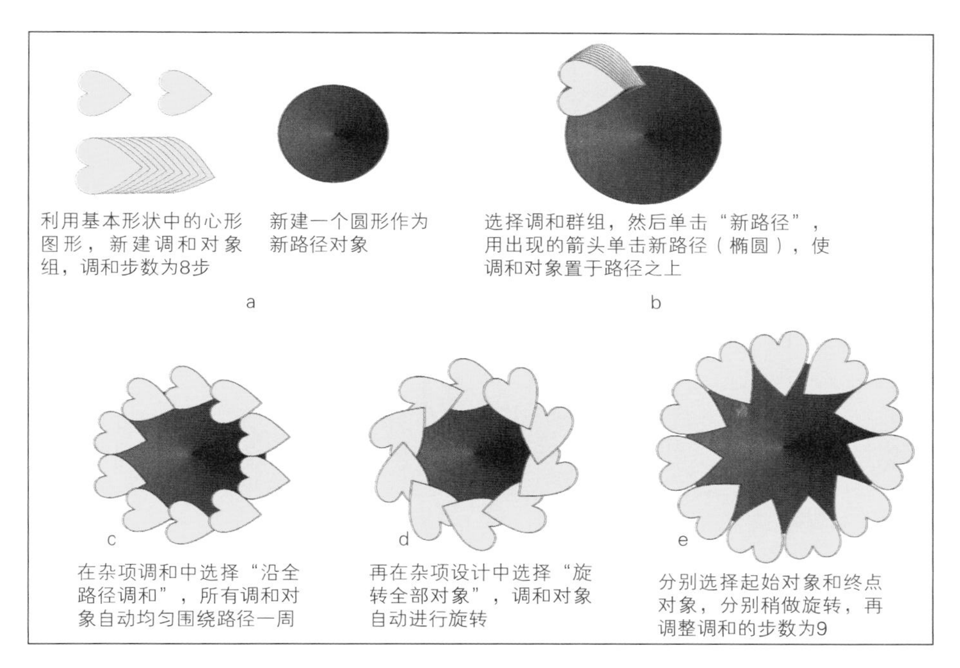

图6-17

⑧ 复制属性和清除调和。复制属性可以将一个调和对象上的调和步数、颜色调和形式等属性复制到另一个调和对象上。清除调和则可以清除起始和终点对象间的调和，回到未调和之前的状态。这两个选项同样存在于其它一些特效工具中。

6.1.2 轮廓图

轮廓图工具能够使一个对象向内或向外产生同心式的形状和色彩渐变变化。

（1）基本使用方法

轮廓图工具的使用方法可以分为两步走。如图6–18所示，第一步是分别建立一个基本形，并使其保持被选中状态；第二步是在工具箱中选择轮廓图工具，然后在属性栏上根据需要进行轮廓图形式、轮廓图步长、偏移量、填充色等的设置，结果即可产生于基本形之上。轮廓图建立的对象都是同心对象，与调和有一些相似之处。轮廓图可应用于单个对象，也可以应用于群组对象。

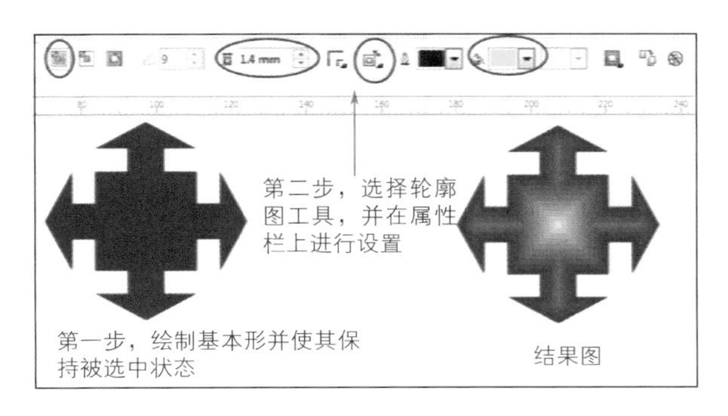

图6-18

(2)轮廓图的属性栏

轮廓图工具作为交互式工具，虽然也可以直接在页面对象上通过相关控制条进行操作，但如果需要实现更加精确、合理的控制，则需要通过属性栏(图6-19)来实现。这其中，颜色过渡方式、加速器的使用与调和工具中的使用相同。

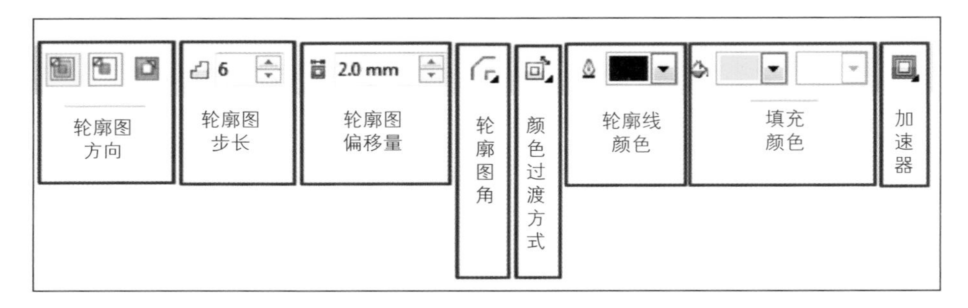

图6-19

① 轮廓图方向：包括到中心、向内、向外三个选项。如图6-20所示，“到中心”是先设置好轮廓偏移量后，然后单击“到中心”，此时，对象会自动计算出一共可偏移的步数，然后向中心生成轮廓图；“向内”是先设置偏移量和步数，再单击“向内”，则对象会根据设定的参数向内偏移相应的步数。如果设定的步数大于可偏移的上限，则会自动减少步数。“向外”与“向内”偏移方向相反，当设置好偏移量和步数后，再单击“向外”，此时对象会根据设定的参数向外偏移相应的步数。

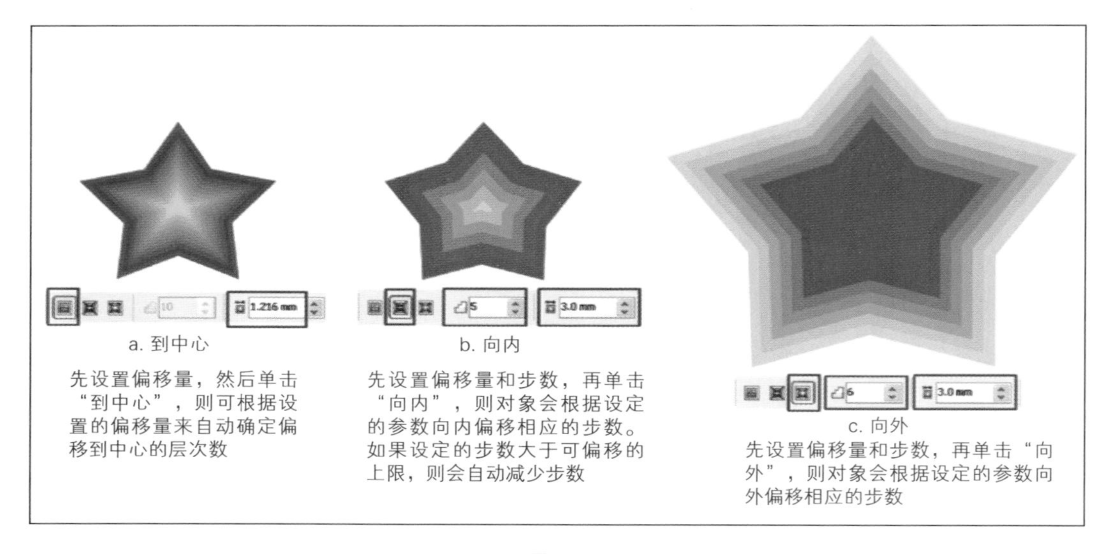

图6-20

② 轮廓图步长：当向内或向外过渡时，设置此项以决定产生过渡的层次数量。

③ 轮廓图的偏移量：决定每一个层次的偏移量。要注意的是，当向内或中心偏移时，偏移量不得超出物体至心点的最大空间值。

④ 轮廓图角：是设置轮廓图过渡时转折处的角度过渡形式，向外过渡较为明显，图6-21显示的是矩形向外偏移时不同的轮廓角形状。

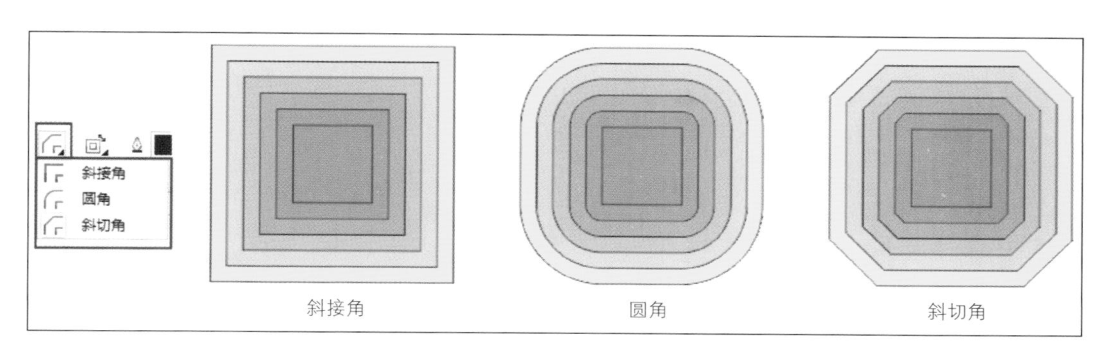

图6-21

⑤ 颜色过渡方式：与调和相同，决定颜色过渡时在色环上的过渡形式。

⑥ 轮廓线和填充颜色：进行颜色选择的地方有三个颜色框，是决定过渡完成后的终结颜色。其中，第一个色块设置轮廓线的颜色，第二个色块设置填充色，第三个色块只有当起始对象为渐变填充时，才可被激活并用来设置最后对象的渐变颜色。

（3）屏幕控制条

轮廓图也可以使用直接在对象上单击并拖动的交互式方法来实现。当采用这种方法时，控制条上的几个控制块功能如下。正方形方块：可用来改变过渡的颜色和调整轮廓图层次数量；菱形：用来改变偏移对象轮廓线的颜色；白色长条形滑快：用来调理轮廓图的步长和偏移量。

趁热打铁——任务18　插画制作

任务要求： 利用交互式调和工具，绘制如图6-22所示的插画。

图6-22

任务目标： 加深对交互式调和工具属性栏各项功能运用的理解。

主要工具： 调和工具、轮廓图工具、矩形工具、交互式填充工具。

主要命令： 对象|组合|组合对象（Ctrl+G）、对象|顺序|到图层后面（Shift+PgDn）、对象|顺序|到图层前面（Shift+PgUp）对象|打散（Ctrl+K）、文件|导入（Ctrl+I）、对象|组合|取消组合对象（Ctrl+U）。

操作步骤：

① 在工具箱中选择矩形工具在页面中绘制一个较扁的矩形，填充任意一种彩色，并将轮廓线颜色设为白色。

② 在矩形的垂直上方再绘制另一个较方正的矩形，与前一个矩形填充同一种彩色（图6–23a）。

③ 在工具箱中选择调和工具，在第一个矩形上按下左键，然后拖动到另一个矩形上松开左键（图6–23b）。

④ 在属性栏上单击“顺时针调和”，原来的单色图形呈现出多种颜色（图6–23c）。

⑤ 在属性栏上单击“杂项调和选项”，在弹出的菜单中选“映射节点”，用随后出现的弯形箭头先单击一下顶部矩形的左上角节点，再单击一下底部矩形左下角节点，便可得到如图6–23d所示的图形。

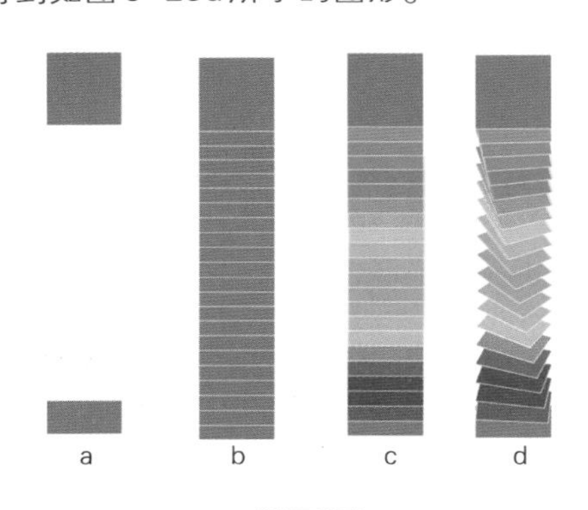

图6-23

⑥ 用第①、②步的方法再绘制2个矩形，所不同的是，此次先绘制上面的矩形，再绘制下面的矩形（解读：这样做的目的是为了使后绘制的图形在先绘制的图形之上），并分别给两个矩形填上不同的彩色（图6–24a）。

⑦ 重复第③ 步的方法（图6–24b）。

⑧ 在属性栏上单击“直线调和”。

⑨ 在属性栏上单击“杂项调和选项”，在弹出的菜单中选“映射节点”，用随后出现的弯形箭头先单击一下底部矩形的右上角节点，再单击一下顶部矩形左上角节点，得到如图6–24c所示的图形。

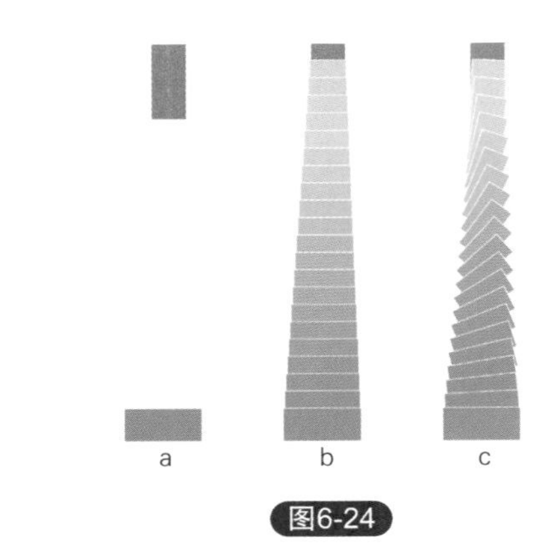

图6-24

⑩ 根据以上的两组对象形式，采用相同的方法，设计制作出如图6–25所示的各种不同组合的楼群。将这组楼群全部选中，按Ctrl+G群组。

图6-25

⑪ 绘制一个矩形，在工具箱中选择交互式填充工具。在属性栏分别单击“渐变填充”“线性渐变填充”。然后在图上由上至下绘制渐变路径，如图6–26所示分别设置三个颜色：颜色1：C100；颜色2：白色；颜色3：C10。然后选择“对象|顺序|到图层后面”（快捷键：Shift+PgDn）将矩形移至群组的对象之下。

图6-26

⑫ 选择文字工具，输入“美丽家园”四个字，按下Ctrl+K，打散文字，将四个字分别放置于楼群上端合适的位置。

⑬ 选择艺术笔触工具，在属性栏中选择喷涂，再在“类别”中选择“其他”，在“喷射图样”中选择海鸟，在页面中单击并拖动左键，绘制出如图6-27所示的一组海鸟。

图6-27

先后按下Ctrl+K、Ctrl+U，解散海鸟，分别选择其中的四只，填充不同的色彩。然后将其分别置于楼群之上文字之旁（图6-28）。

图6-28

⑭ 按下Ctrl+I导入名为“彩虹.png”的图片，在上图合适的位置按下左键拖动画出一个矩形，导入彩虹，适度调整大小及位置如图6-29，完成一幅作品的制作。

图6-29

⑮ 接着来制作夜间的景象。用选择工具选中背景矩形，然后用交互式填充工具改变其渐变色，由上至下三种颜色值分别为C100M100Y60K40、C100M100、C100M100Y100K100。然后选择海鸟，将它们填为C100M100Y100K100，然后将文字的颜色改为黄色。再选中彩虹，按Del键删除它。

⑯ 选择上面制作的矩形背景，按小键盘上的“+”，复制一份，然后按Shift+PgUp，将其放置于所有对象的最上面，然后选择工具箱中的透明工具，就像使用交互式填充工具的方法一样，由上至下分别设置三个色块，然后如图6-30所示，分别拖动颜色块旁的滑块，滑块值由上至下分别为100、70、10。

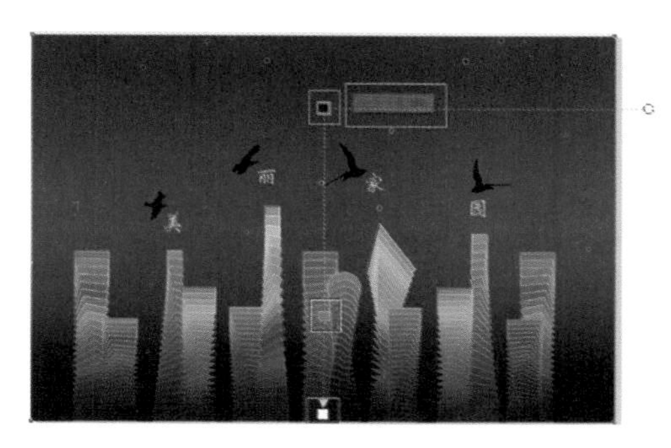

图6-30

⑰ 如图6-31所示，用椭圆形工具绘制两个部分重叠的圆，填充橘色（M600Y100），然后用选择工具框选两个圆，按属性栏上的“移除前面对象”，这样就可以得到一个弯月的造型。然后选择轮廓图工具，在属性栏上根据弯月的大小调整设置偏移量，将填充色设为黄色，然后按“到中心”按钮，便可得到有一定体积感的弯月了。用同样的办法制作一颗星星，作品的夜景图就完成了（图6-32）。

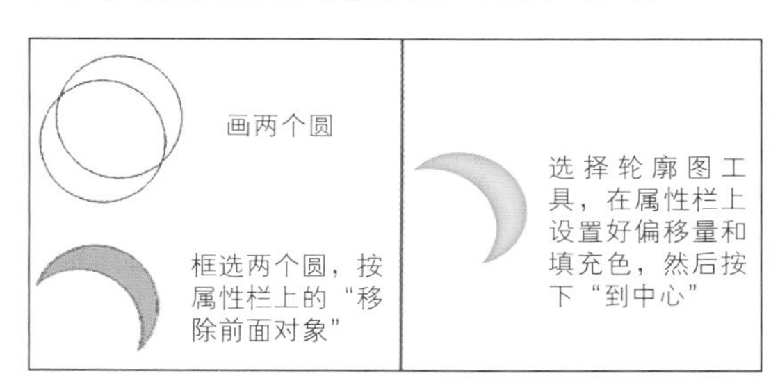

图6-31

图6-32

6.2 透视、封套与变形

实例先导——任务 19 骄傲的魔方

图6-33

任务要求：利用透视命令，绘制如图6-33所示的魔方图形。

任务目标：体验CorelDRAW中的透视命令带来的惊喜效果和基本工作方法。

主要工具：矩形工具、椭圆工具、艺术笔工具、选择工具。

主要命令：效果|添加透视、对象|组合、视图|贴齐对象、对象|顺序|到图层后面

操作步骤：

① 选择矩形工具，按住Ctrl在页面中拖动绘制出一小正方形。在属性栏上根据矩形的大小设置矩形合适的圆角值，再设置合适的轮廓线宽度，并给圆角矩形填充黄色（图6-34）。

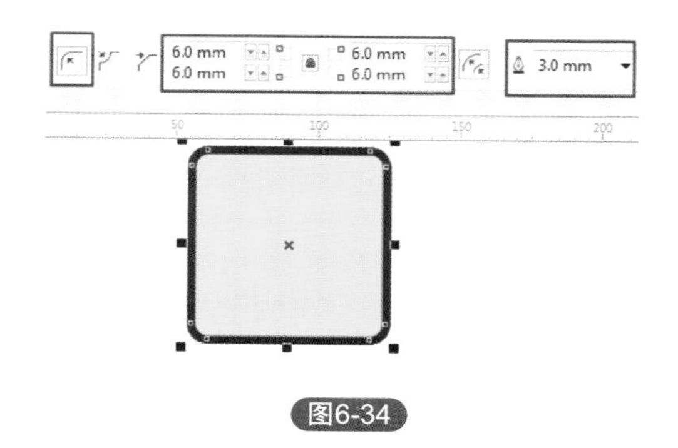

图6-34

② 如图6–35所示，使用用选择工具（同进按住Ctrl），拖动矩形左边的黑色控制点向右拖动，在松开左键前先接一下右键，得到一个复制的对象。然后按一下Ctrl+R，复制得到第三个圆角矩形。

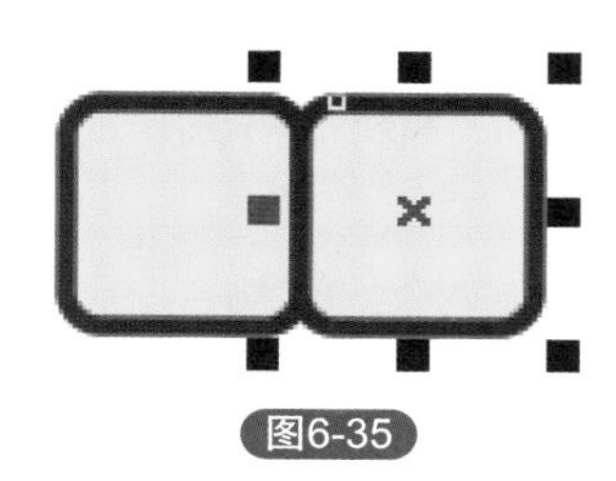

图6-35

③ 将三个矩形同时选中，用第2步的方法将对象复制两份，得到一个三行三列的正方形。再次全选对象，用同样的方法将图形复制两份，得到如图6–36所示的三组矩形。

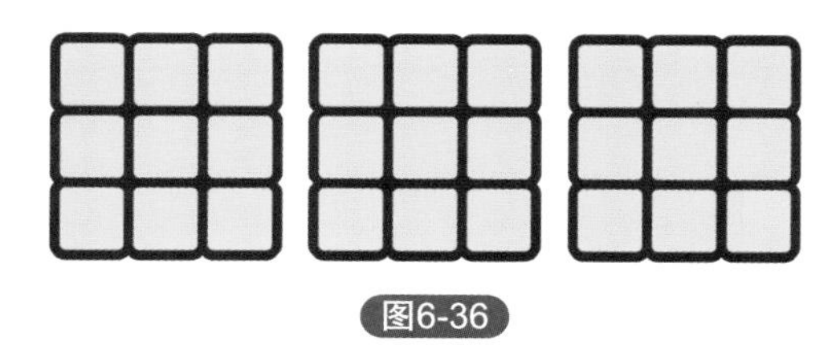

图6-36

④ 如图6–37所示，分别为三组对象中的各个小方块填充不同的颜色（颜色为红、白、黄、绿、蓝、橙），然后对三组矩形分别进行框选，并按Ctrl+G将其分别群组。

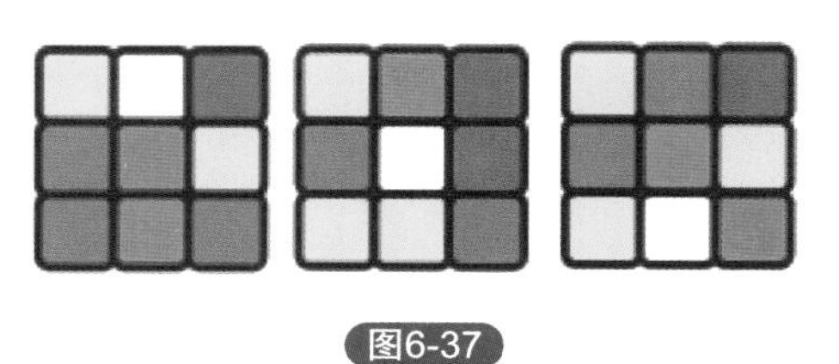

图6-37

⑤ 打开文件名为魔方素材的文件；将文件中的图形复制到魔方的文件中，关闭该文件。然后按下Shift+PgDn，将该素材置于所有对象的最底层。

⑥ 如图6–38所示，将三组正方形分别放置于素材图的三个面上。选择第一组正方形，再选择“效果|添加透视”。分别拖动红色虚线正方形的四个角点，使其与素材的一个面的四角相吻合（小技巧：在拖动角点之前，可检查一下“视图|贴齐|对象”选项是否被选中，如未选中，请选择，以便于正方形各角点能准确地与素材上的各角吻合）。

图6-38

⑦ 用第⑥步同样的方法，使另外两组正方形与素材的另两个面相吻合，从而得到魔方的基本形。全选所有图形，按Ctrl+G群组（图6–39）。

图6-39

⑧ 在工具箱中选择艺术笔工具。在属性栏中选择第一个选项“预设”，如图6-40所示，在魔方上、下、左、右画线，分别画出手、脚、触角线。画完后，可通过调节属性栏中“艺术笔工具宽度选项”来调节对象的宽度；可通过形状工具来调整所绘对象的动态。然后为所画对象填充色C100M100Y100K100。除右边的手臂外，其余所绘部分都应该置于魔方之后，可以通过Shift+PgDn将它们置于后面。

⑨ 选择椭圆工具绘制一个椭圆，填充10%黑色并去除轮廓线。然后，将这个椭圆缩小复制并填充黑色（C100M100Y100K100），再次缩小复制两次并填充白色，调整小圆的位置，得到一只眼睛。将这只眼睛群组并复制一份（图6-41）。

⑩ 如图6-42所示，将绘制好的眼睛移放在合适的位置，完成制作。

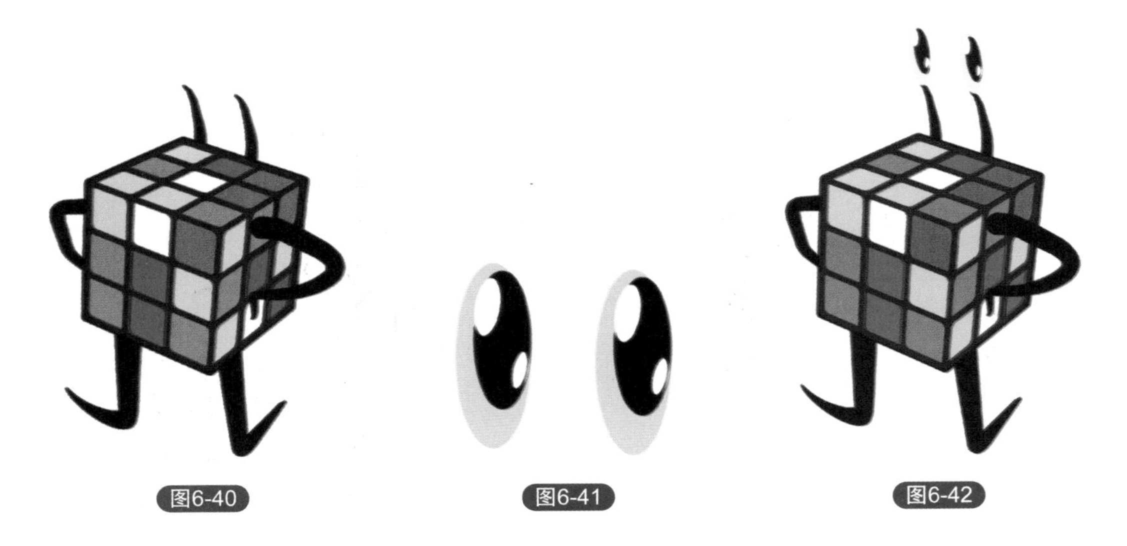

图6-40　图6-41　图6-42

技术详解

6.2.1 透视

“效果|添加透视”命令提供了一种通过生成透视网格来制约对象或对象组产生透视变化的方式，来令对象产生透视效果。透视工具的使用方法非常简单，关键在于使用者应对透视规律有一定的了解，这样制作出来的效果才能具有良好的透视感。透视的基本使用步骤是：第一、选择一个单独或群组的对象；第二、选择“效果|添加透视”，对象四周随即出现一个虚线外框及四个小黑点；第三、拖动任意一个黑点，即可制作出透视效果；第四、对于已经使用透视处理过的对象，如需要再继续调整，可双击该对象或选择形状工具。

6.2.2 封套

封套工具提供了一个能将对象套进去并任意变形的矩形“容器”，通过改变矩形“容器”的外形来改变对象的形状。其功能与上一点所讲的透视和后面的变形工具有一些相似之处。

（1）基本操作方法

首先，要选择一个对象，这个对象可以是一个或一组矢量对象，也可以是一个位图（注：位图虽然可以被装进封套，但它只能被改变外轮廓，而不能对内容进行变形）。然后，选择封套工具，在对象上单击，对象上随之产生一个带八个控制点的矩形虚线框。接下来，按住并拖动虚线框上的控制点，即可改变其外形轮廓。

这只是封套一个基本的操作方法，要想将它的功能充分发挥出来，就一定要掌握如图6-43所示的属性栏上各种按钮的功能。

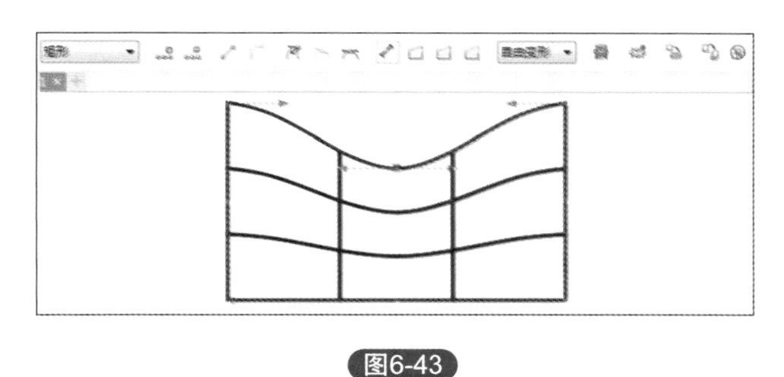

图6-43

（2）属性条上的控制选项

① 四种封套模式 。封套包括非强制、直线、单弧线、双弧线四种模式。如图6-44所示，后三种模式使封套框的形状变化受到一定限制（如直线模式时，封套框变化后只能是直线而不能是曲线），第一种则与形状工具类似，允许像编辑曲线一样来编辑封套框的形状。第一种方式为缺省方式。

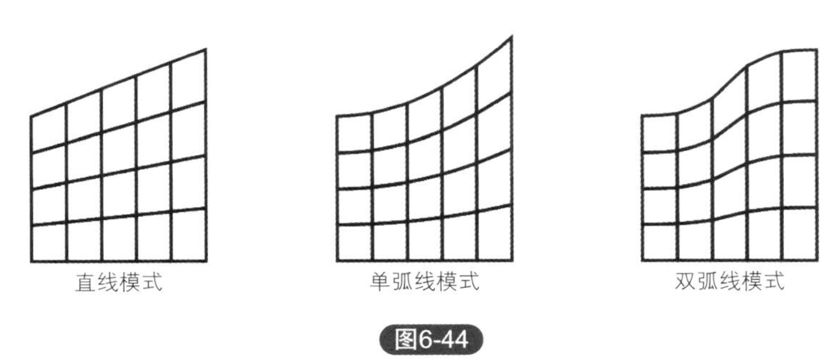

图6-44

另外，在使用后三种模式时，如图6-45所示，如果同时配合使用“Ctrl、Shift”，可得到对称改变对象的结果。即改变时同时按住Shift，可使与正在处理的边相对立的那一边产生镜像改变；改变时同时按住Ctrl ，可使与正在处理的边相对立的那边产生同向同等改变；改变时同时按住Shift和Ctrl，则所有的边同时协调运动。

图6-45

② 添加新封套和保留直线。前者使已变形的对象重新生成封套矩形节点；后者要求对象无论如何变化，都保持直线状态。

③ 映射模式 水平 。所谓“映射模式”，其作用就是控制被选对象如何改变自己的形状以适应封装。如图6-46所示，这个选项包括四种模式：“水平、垂直、原始、自由变形”。

a. 水平模式：使对象在水平方向充分伸展以充满整个封套；

b. 垂直模式：使对象在垂直方向充分伸展以充满整个封套；

c. 原始模式：将对象的边角控制柄映射到封套的角落节点，其他节点以线性的方式沿着对象的边缘相映射；

d. 自由变形模式：将对象的边角控制柄映射到封套的角落节点，其他节点可被忽略。该模式产生扭曲效果不如原始模式夸张。

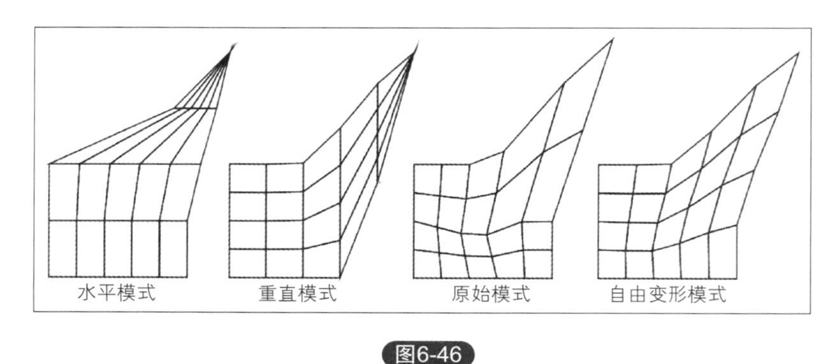

图6-46

④ 其他选项

复制封套属性：可将其他封套的效果应用至当前的物件上。

创建封套自：可将其他封套的形状应用至当前的物件上。

清除封套：清除封套的效果。

6.2.3 变形

如图6-47所示，这个工具可将对象进行大幅度的夸张变形。这个工具一共有三种变形方式，即推拉变形、拉链变形、扭曲变形。这些变形使用较简单和直观，通过属性条或屏幕交互式操作即可完成。

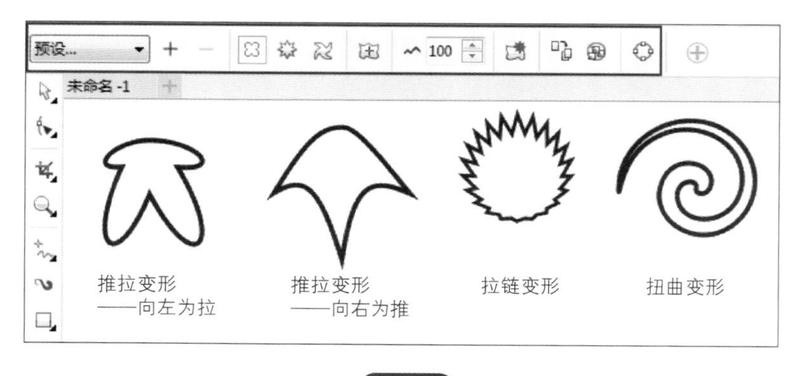

图6-47

（1）推拉变形

通过单击并拖动的办法，形成爆炸或花朵的效果。其中，向左为“拉”，对象变圆；向右为“推”，对象变尖。

（2）拉链变形

通过单击并拖动的办法，形成锯尺状效果。共有三种拉链变形方式，即随机变形、平滑变形、局部变形。

（3）扭曲变形

通过单击并拖动的办法，形成绕某一圆心点旋转的扭曲效果。包括顺时针和逆时针两个方向。

下面以烟花制作为例来演示变形工具的应用。

图6-48

制作基本步骤：

① 选择星形工具，在属性栏上设置边数为10，按住Ctrl，如图6-49a所示绘制一个星形。然后将填充和轮廓线都设为同一种颜色。

② 选择变形工具，在属性栏上选择拉链形式，然后在对象中间单击并向右拖，得到如图6-49b所示的形状。

③ 选择属性栏上的推拉变形，然后在对象中间单击并向右拖，得到如图6-49c所示的形状。

④ 用选择工具选中对象，按住Shift，然后向内复制一份，将复制的小对象的轮廓线和填充都设为黄色。

⑤ 选择调和工具，在黄色对象上单击并拖动到洋红色对象上，就完成一个烟花效果的制作了。

⑥ 制作渐变背景，再复制制作不同颜色的烟花效果，制作完成（图6-48右上角那个烟花的局部是怎么做的呢，本章第4小节“图框精确剪裁”再告诉你哦）。

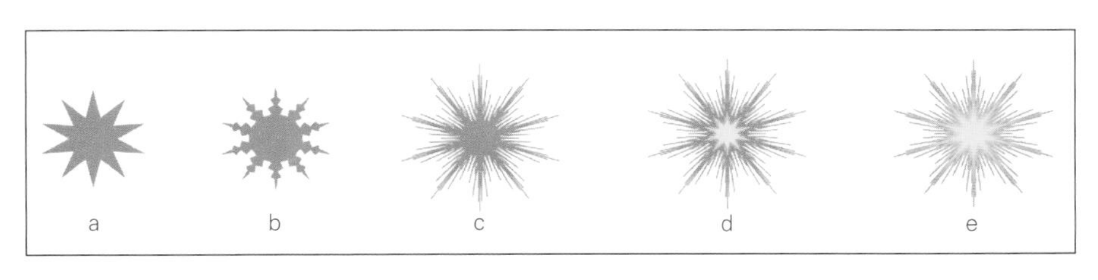

图6-49

趁热打铁——任务20　孤岛倒影

任务要求：利用封套、变形、调和等命令，绘制如图6-50所示的孤岛倒影。

图6-50

任务目标：体验CorelDRAW中的封套、变形、调和工具带来的效果，提前感受立体化工具创造的对象的体积感。

主要工具：透明、封套、变形、立体化工具、矩形工具、手绘工具、椭圆工具、艺术笔工具、文本工具等。

主要命令：对象|组合、对象|锁定、对象|拆分艺术笔组等。

操作步骤：

① 打开CorelDRAW X7，新建一个A4大小 、横式的文件。在矩形工具上双击，生成一个和页面大小一样大的矩形，按下F11，如图6-51所示，打开编辑填充对话框。在对话框中渐变填充形式，然后设置角度为270° 。接着在左侧颜色条的上方用双击的方式添加两个颜色块，其中第一个颜色块的位置在46%，第二个颜色块的位置在54%。接着，要为四个颜色块来设定颜色。单击最左边的小方块，打开下方选择颜色对话框，在其中设置颜色值为M60Y100。然后用同样的方法，第2 ~ 4个色块的颜色值分别设为C100M100，C20M80Y0K20，C100M100，设置好后，单击“确定”，为矩形填上由上而下的渐变色。然后选择“排列|锁定对象”，将矩形锁定。

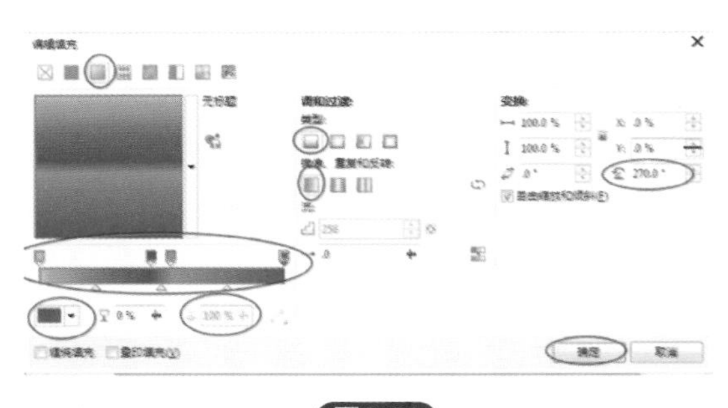

图6-51

② 选择手绘工具，如图6-52所示，在页面中绘制一个高低起伏的小岛。用与第一步中给背景上色相同的方法，为小岛填充渐变色。这一次，选择线性双色渐变，两个色块的颜色值分别为C100M100Y100K100，C100M100，角度为90° 。

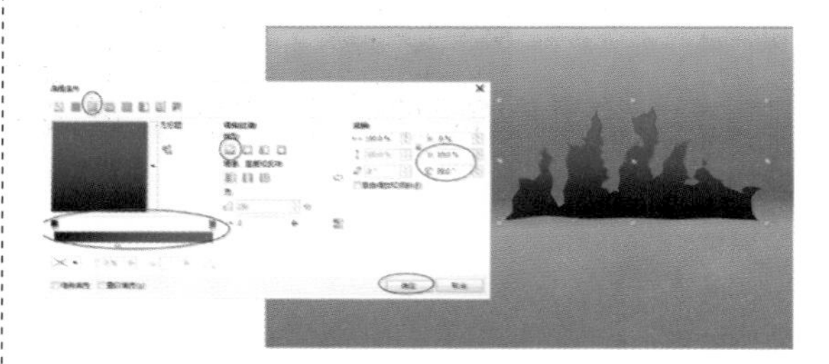

图6-52

③ 接下来要对小岛进行立体化处理。选择工具箱中的立体化工具，如图6-53所示，在小岛的底部单击并向上方拖动，小岛的立体感就出来了。然后，在属性栏上右侧的“颜色”按钮上单击，打开下拉列表，在其中

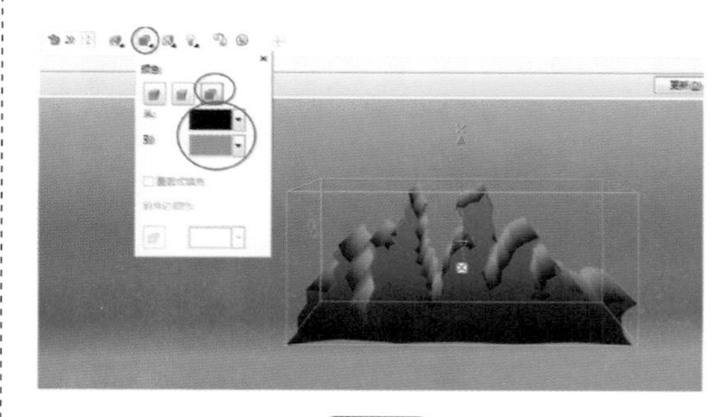

图6-53

选第三种填色方式，为上面的色块设颜色值为C100M100Y100K100，为下面的色块设颜色值为C20M80Y0K20，景深默认为20。这样，小岛的立体面上就产生了由黑到紫的颜色渐变效果。

④ 用选择工具选择小岛（注意，一定要单击其后面的立体化部分，否则，选中的就只是前面的平面部分），按住Ctrl，然后在上边中间的控制点上按住左键向下拖动复制，得到如图6-54所示复制的倒影。

图6-54

⑤ 现在，要让倒影在水波中产生晃动感。选择工具箱中的封套工具，在属性栏上选择非强制模式和水平映射模式。然后，框选左边的节点，按属性栏上的“添加节点”按钮两次，左边出现9个节点，然后在右边也同样操作一次。接着，如图6-55所示，按住左侧项部1～2个节点之间的路径，向右拖动，再单击2～3个节点之间的路径向左拖动，如此交错重复，直至底部。再对右边的路径也进行一次同样的操作，水波中晃动的倒影就做好了。倒影完成后，可以稍调一下其颜色，可稍浅些。

图6-55

⑥ 现在来做落日的太阳。先按住Ctrl，用工具箱中的椭圆形工具绘制一个正圆。然后在正圆的中部以下画一个矩形。用选择工具框选两个对象，在属性栏上单击“移除前面对象”按钮，得到修剪后的半圆。然后，选工具箱中的透明工具，在属性栏上选射线透明，设置由白色向70%黑色的透明。

⑦ 接着将太阳向下复制一份，然后选择变形工具，在属性栏上设置拉链变形、失真振幅28，失真频率22，随机变形，得到变形的太阳倒影。再使用透明工具，对倒影进行由上而下的线性透明，得到如图6-56所示的效果。

图6-56

⑧ 制作水波纹。水波纹形状的绘制方法很多，在这里使用艺术笔触来绘出第一个小波纹，再加以扩展。首先，选择工具箱中的艺术笔工具，如图6-57所示，在属性栏中选择第一种笔刷类型，然后设定笔刷宽度为3mm，笔刷样式为两头尖中间大的笔触。然后在页面中绘出如图所示的一个小波形，随意填充一种颜色（当绘出的形状没有达到理想的状态时，选形状工具单击对象，可以选中对象中间的控制曲线，调整控制曲线到理想形态即可）。用选择工具选择艺术笔群组对象（注意观察状态栏，看选择的是艺术笔群组还是控制曲线，如果是后者，就要重新选择），选择“对象|拆分

艺术笔组”，将这个对象分解为两个普通对象，删除对象中间的曲线。

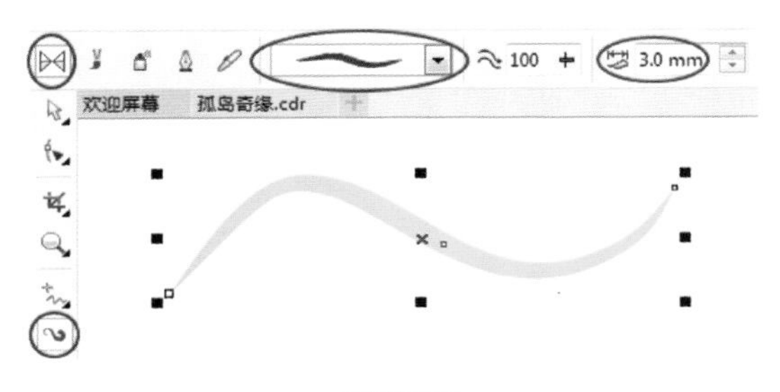

图6-57

⑨ 选择这个波形对象，然后向右移动到合适的位置复制一个，接着反复按Ctrl+R，多次重复，得到如图6-58所示的一组对象。

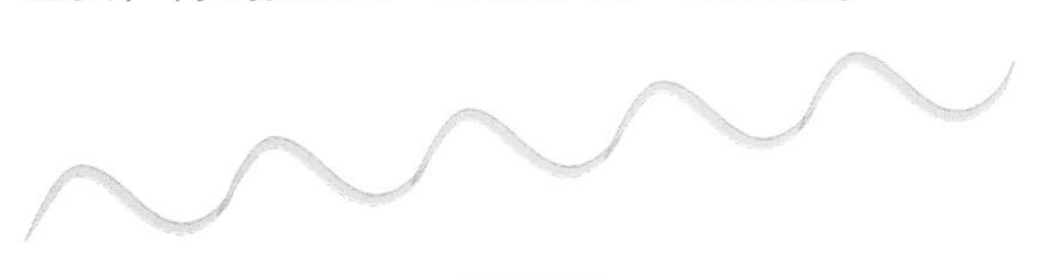

图6-58

⑩ 用选择工具将组对象全部选中，然后按属性栏上的合并按钮，将对象变为一个整体。接着再次单击一次对象，使其处于可斜拉状态，向右下稍做斜拉，如图6-59所示，使其成为水平状的波纹形。

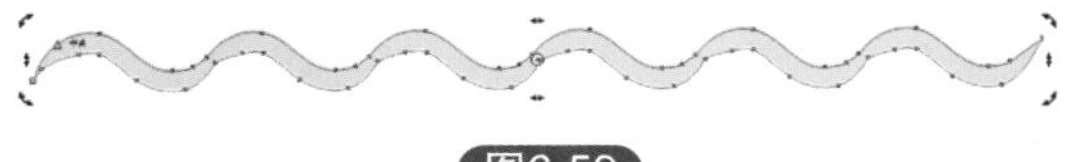

图6-59

⑪ 按下F11，打开编辑填充对话框，如图6-60所示，填充色值从C100M100到

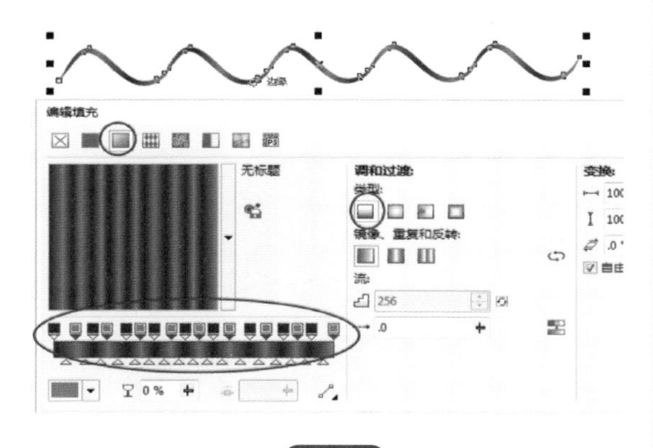

图6-60

C20M80Y0K20的交替渐变色（可以按住Ctrl隔一个色块选一个，这样同一颜色的所有色块可以一次全部选中）。然后去掉轮廓线，还可以稍向下压缩对象，使波纹幅度适当变小些。

⑫ 选择工具箱中的透明工具，在属性栏上选透明度类型为“均匀透明度”，透明度为30。然后，将对象向上垂直拖动一段距离后复制一份，并将复制对象的透明度改为90。如图6-61左图所示。然后选择调和工具，从一个对象向另一个对象调和，得到如图6-61右图所示的一组调和对象。

图6-61

⑬ 将调和对象组移到画面中，如有必要，可以再复制一份。效果如图6-62所示。

图6-62

⑭ 选择文字工具，在画面左下角单击，然后输入文字“孤岛倒影”。用选择工具选择文字，在属性栏上设置文字的字体为华文新魏，字号为72号，颜色为C60M60。按Ctrl+C、Ctrl+V，可使文字原地复制一份。然后按住Alt，再单击一下文字，就可以选中下层的文字，在调色板中为文字填上色值为M40Y20的粉色。用鼠标将文字稍向右下移一点点，如图6-63所示，使文字的立体感体现出来。

图6-63

⑮ 选择艺术笔工具，如图6-64所示，在属性栏上设笔刷类型为“喷涂”，笔触内容为海鸟，在页面上画一曲线，得到一组海鸟。然后，选择“对象|拆分艺术笔组”，再选择“对象|组合|取消对象组合”，便可使每只鸟成为一个独立的对象，将它们用选择工具分别安排在合适的位置。

图6-64

⑯ 用与第⑮步相同的方法，再选择一些云朵进行绘制和安排，如图6-65所示，作品就完成了。

图6-65

6.3 立体拉伸与阴影

实例先导——任务21　齿轮制作

任务要求：利用调和和立体化工具，绘制如图6-66所示的齿轮。

任务目标：重点体验待学习的立体化工具的使用方法与效果，同时回顾与加强上节所学的调和工具的深度应用能力。

主要工具：椭圆工具、立体化工具、调和工具等。

主要命令：对象|拆分、对象|对齐与分布、对象|合并等。

操作步骤：

① 选择工具箱中的椭圆工具，如图6-67所示，按住Ctrl在页面中绘制一个正圆，在正圆的附近再绘制一个小的正圆并复制一个。

图6-66

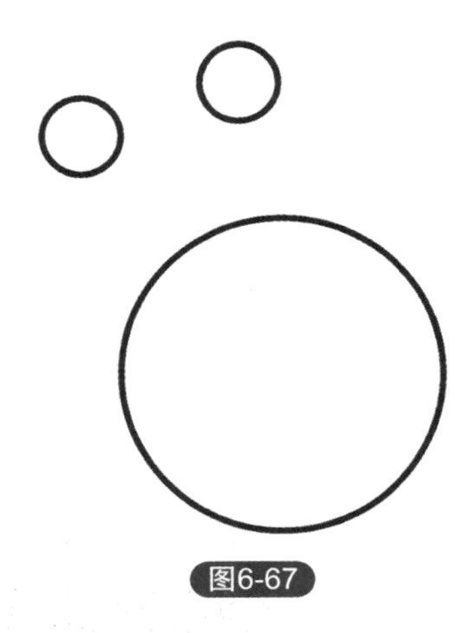

图6-67

② 选择调和工具，在第一个小圆上按住左键并拖动到第二个小圆上松开，如图6-68所示，得到一组大小完全一样的小圆。

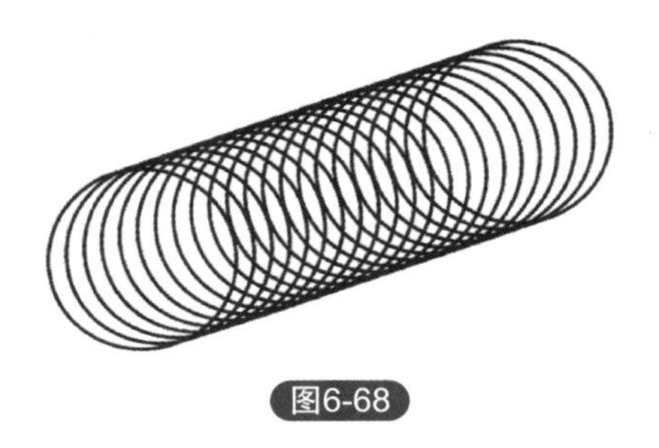

图6-68

③ 如图6-69所示，在属性栏上先单击“路径属性”按钮，在其中选择“新路径”。随后会出现一个弯箭头，用它在大圆的边缘上单击一下，那一组调和群组的小圆就会自动跳到大圆的边缘上。

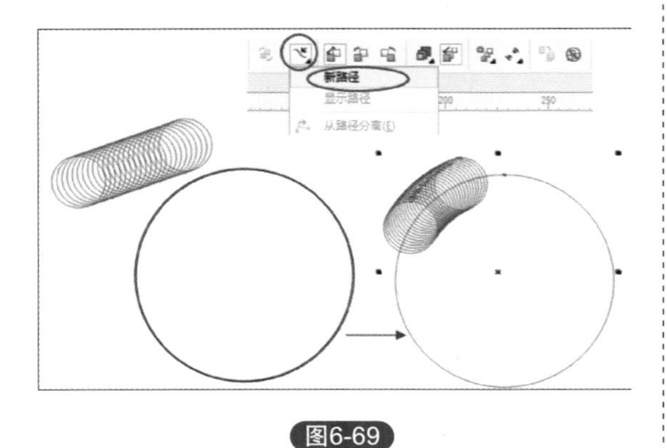

图6-69

④ 如图6-70所示，再在属性栏上单击选择“杂项调和”，在其中选择“沿全路径调和”。此时，小圆均匀地围着大圆分布。然后，再在属性栏上的“调和对象”数字框中将默认的20改为8，此时，调和群组的小圆数目自动减少。

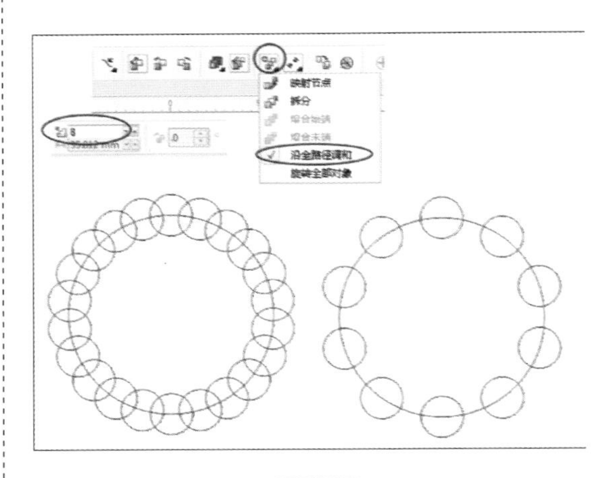

图6-70

⑤ 选择“对象|拆分路径群组上的混合”，使大圆和小圆分离，然后，再按属性栏上的“移除前面对象”按钮，得到如图6-71所示的修剪好的齿轮边缘形状。

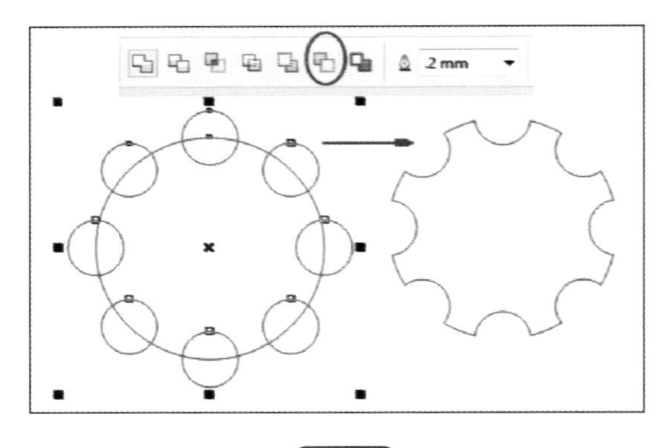

图6-71

⑥ 按住Ctrl，用椭圆工具再绘制一个小圆。用选择工具同时选中小圆和刚画好的齿轮的外轮廓，选择“对象|对齐与分布|水平居中对齐”（快捷键：E）、“对象|对齐与分布|垂直居中对齐”（快捷键：C），使两个对象居中对齐（为便于理解，图中分别给两个对象填充了两种不同的颜色）。然后，如图6-72所示，选择“对象|合并”（快捷键Ctrl+L）将两个对象

结合，得到一个挖空了中心的齿轮轮廓。

图6-72

⑦ 下面要将齿轮给予立体化效果。选择工具箱中的立体化工具，在齿轮上单击，以选中它。然后，再如图6-73所示，在齿轮上单击并向斜上方拖动，齿轮的立体化效果就出来了。

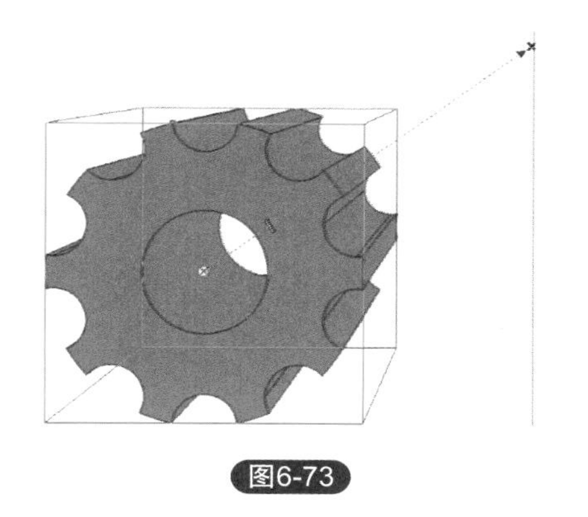

图6-73

⑧ 在调色板上先用左键在10%黑的色块上单击，为整个齿轮换色。然后，要更换立体化部分的颜色。在属性栏上，选择"颜色"按钮，然后在其中选第三个按钮，接下来将第一个色块改成40%黑，第二个色块改为10%黑，立体化部分就填好色了。最后，在调色板顶部去除颜色块上单击右键，如图6-74所示，作品完成。

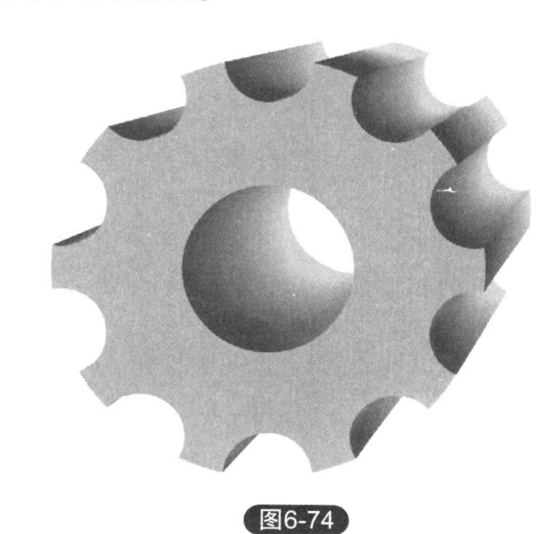

图6-74

技术详解

6.3.1 立体化

立体化就是通过运用立体化工具，使对象呈现出立体三维效果来。它不仅可以将对象的立体化效果朝某一个方向发生透视变化，还可以对整个对象进行不同角度的立体化空间旋转，如图6-75所示，从而得到同一个对象多个不同的立体化角度效果。

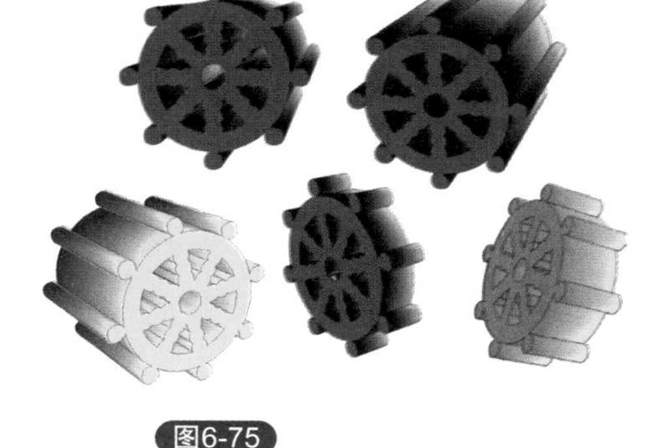

图6-75

（1）基本使用方法

立体化工具的基本方法很简单，首先，绘制基本形，然后用立体化工具在对象上单击并向外拖动，立体化的效果将随着拖动而产生，待确定好消失点后，松开鼠标即可。

在使用立体化工具的时候，要注意一些问题。

① 立体化对象除了可以作用于单个对象外，还可以作用于群组对象。但要注意，当群组中的对象过多时，立体化可能会产生困难。

② 经过立体化拉伸后的对象将包括如图6-76所示的两个部分，即控制对象和立体拉伸组两部分。如果要移动立体拉伸对象，只需要单击对象的任意一个位置，就可以选中对象并移动它。但是，如果需要复制一个立体拉伸对象，就必须要选中立体拉伸组。如果选择的是控制对象，那将只有该控制对象会得到复制。只有选择了后面了立体拉伸组，才能将两个部分的对象都一起复制。

③ 对于一个已使用过立体拉伸的对象，如果想继续编辑它，只需双击这个对象即可回到立体拉伸的可编辑状态。

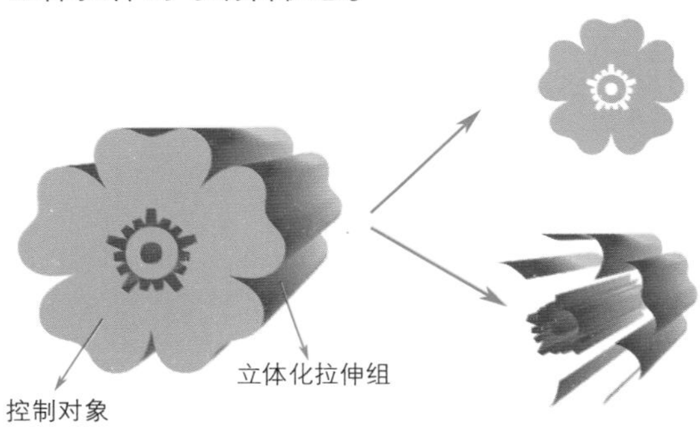

图6-76

(2) 立体化的类型

立体化的类型有六种，其中有四种为透视拉伸，另外两种为等角拉伸。在四种透视拉伸中，控制对象大小不变，只发生向前或向后的大小透视变化。其中缺省值为向后缩小的透视变化。而在两种等角拉伸中，控制对象只会向前或向后发生等量大小的延伸，而不会发生任何透视变化。

(3) 景深

这是立体拉伸后长度的简单度量。如图6-77所示，数值越高，形状朝着其消失点缩小得越多。最大的景深深度为99，表明对象一直进行到消失点，最小景深深度为1。

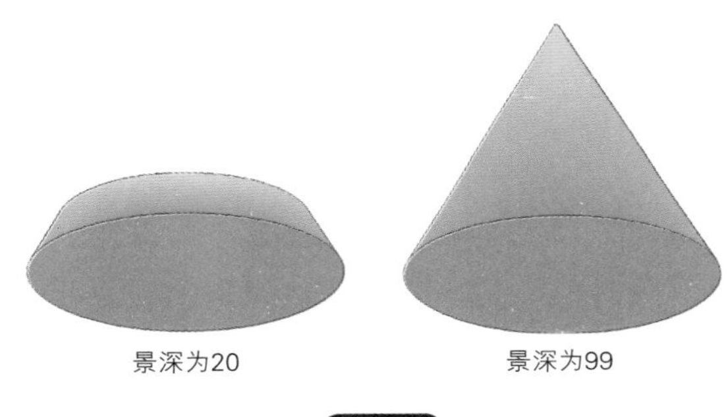

图6-77

(4) 灭点属性

灭点即消失点。灭点属性主要是用来确定灭点的锁定位置，这个选项共包括以下四类。

① 锁到对象上的灭点。这是默认选项，表示消失点的确定与控制对象本身才有关联，而与页面上其他元素无关。如图6-78所示，当用户移动复制控制对象时，消失点会跟随对象一同移动。

图6-78

② 锁到页上的灭点：这个选项，表示当用户使用了立体拉伸后，消失点就会固定在页面上那个固定的地方，而不再与对象的位置相关联。如图6-79所示，当用户移动复制控制对象时，消失点总是固定在同一个地方而不会随之改变，因而，对象的立体拉伸状态将随之变化。

③ “复制灭点，至……”与“共享灭点”。这两个选项的操作方法是一样的。首先，选择想改变消失点的那个对象，然后在属性条上下拉列表中选择复制或共用灭点，最后，单击想

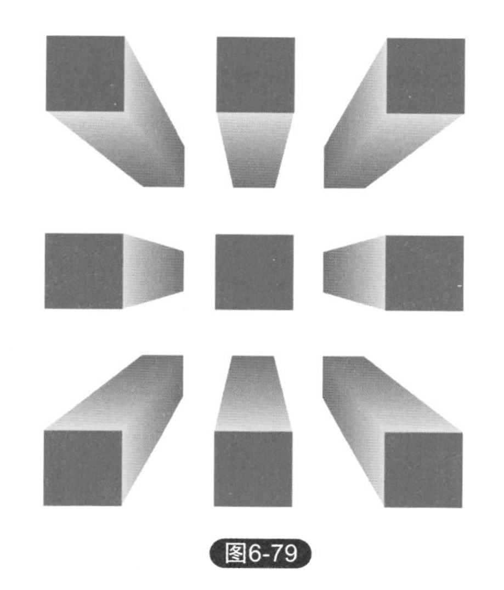

图6-79

使用其现有消失点的对象。它们都可以使一个或多个对象得到别的对象的消失点。

二者的区别是，选择“复制灭点，至……”后，得到的新的消失点与复制对象的消失点没有关联性，复制一次后仍可以各行其道。而选择“共享灭点”后，复制对象与被复制对象之间将共用一个消失点，当移动这个消失点的位置时，凡是共享这个消失点的对象的透视都会随之而发生改变。

（5）旋转

旋转可使立体拉伸产生在空间中旋转的效果。它能很直观地让使用者看到旋转的整个过程，看到旋转到不同角度时的不同效果。

旋转可以通过两种办法完成。第一种是利用属性条上的“立体化旋转”按钮来完成设置。第二种则是利用屏幕控制来完成。

第一种方法，如图6-80所示，在属性栏上单击“立体化旋转”按钮后，打开一个模型，在这里面既可以直接拖动模型使页面中的对象进行旋转，也可以单击右下角，然后输入确切的数值以实现旋转。

第二种方法则是在页面上通过交互式控制来完成的。首先，要保持立体拉伸对象处于被拉伸状态，然后再在立体化对象上单击，此时，用户将可以看到如图6-81所示的两种不同的光标情形：当用户的光标放在产生的虚线环外面时，光标变成马蹄形，移动马蹄形光

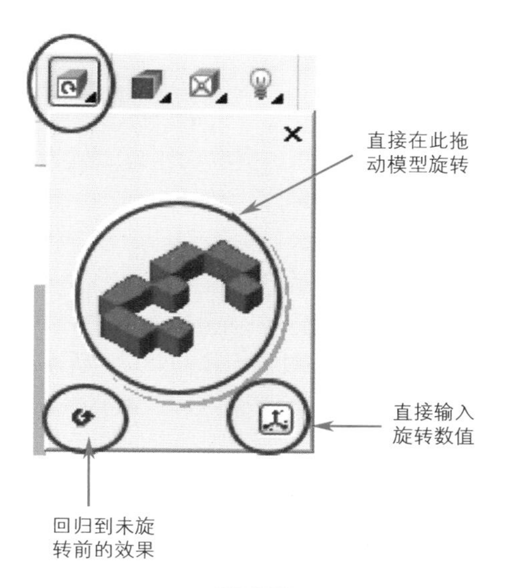

图6-80

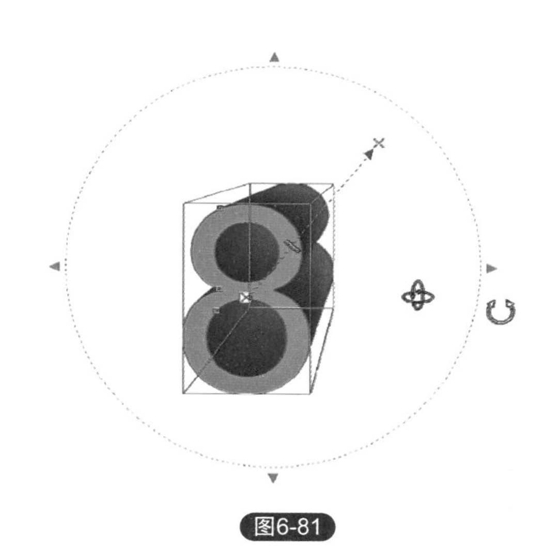

图6-81

标，对象将绕它的中心（Z轴）自转；当用户的光标放在产生的虚线环内时，光标变成双环箭头形，拖动这个光标，对象将绕它的任意一个轴旋转。

此外，在旋转拉伸时还要遵循以下规则：

① 不能旋转等角立体拉伸，只有用透视法创建的立体拉伸才可旋转。

② 不能旋转消失点已锁定在页面上的立体拉伸，消失点必须锁定在对象上。

③ 一旦旋转了立体拉伸，它的消失点就不能够再被调整了。

（6）立体的颜色

立体化的对象中，控制对象的颜色和普通对象一样，可以通过调色板进行调色。而立体拉伸的对象则要由如图6–82所示的属性栏上的“颜色”按钮来完成。

填充立体拉伸的对象的颜色有以下三种类型。

① 使用对象填充。这是缺省填充，立体拉伸将被填上与控制对象一样的色彩、花纹。当选择这一设置时，另一项设置“覆盖填充”将被激活。如图6–83所示，选中此项，在填充时，会将所有立体化对象作为一个整体进行平铺式填充；取消此项，则填充是会将立体化所产生的每一个转折面作为一个独立的对象进行填充。

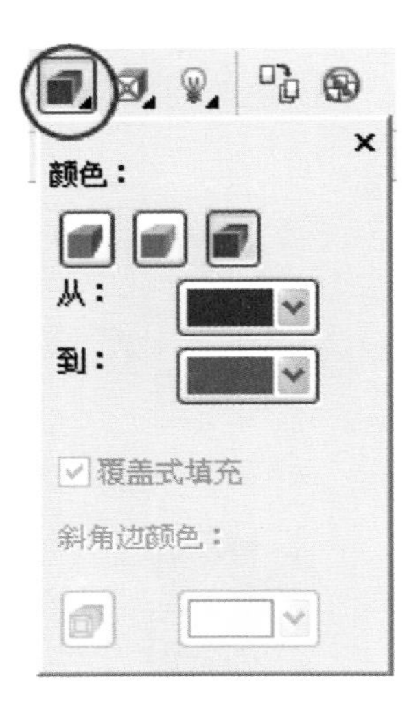

图6-82

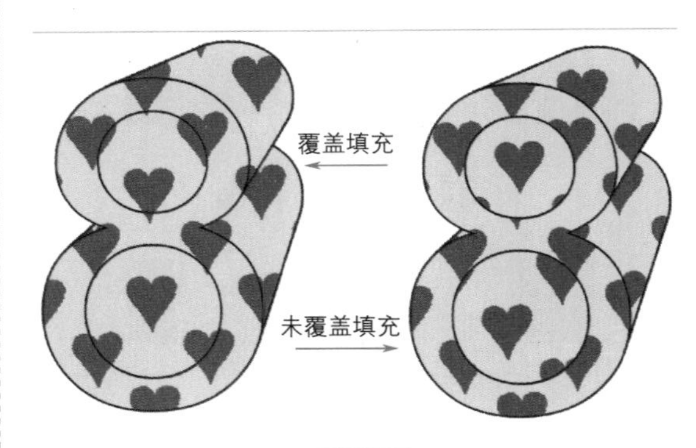

图6-83

② 使用纯色。这项控制允许用户为立体拉伸表面填上另一种与控制对象不同的单色。

③ 使用递减的颜色。这项控制允许用户为立体拉伸表面运用渐变填充。

（7）立体化倾斜

这个控制允许用户切去控制对象的边角，用户可以自行设置斜角深度和斜角角度，还可对斜角的颜色进行设置。如图6–84所示，左图是未使用斜角修饰边时的效果，右图是勾选了两个关于斜角的选项之后的效果。

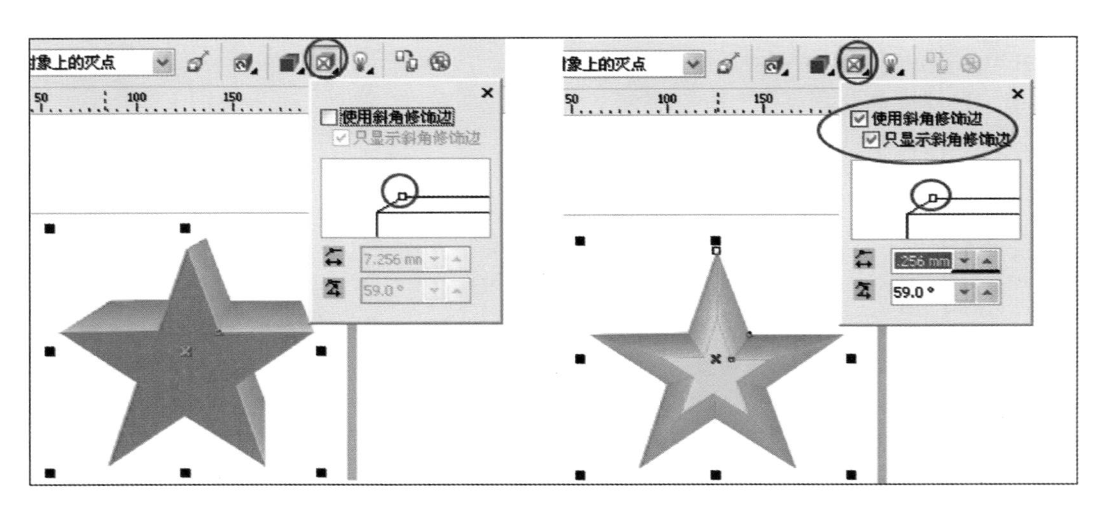

图6-84

（8）立体化照明

在这里，用户可设置1 ~ 3个光源，每个光源的强度由用户自己设置。如图6-85所示，左图是填充色为白色的对象的立体化效果。因为没有光源，所以到处的色彩都是白的。右图是打了两个光源后的效果，对象因为有了光线的照射，所以各个面的明暗度就有变化了。

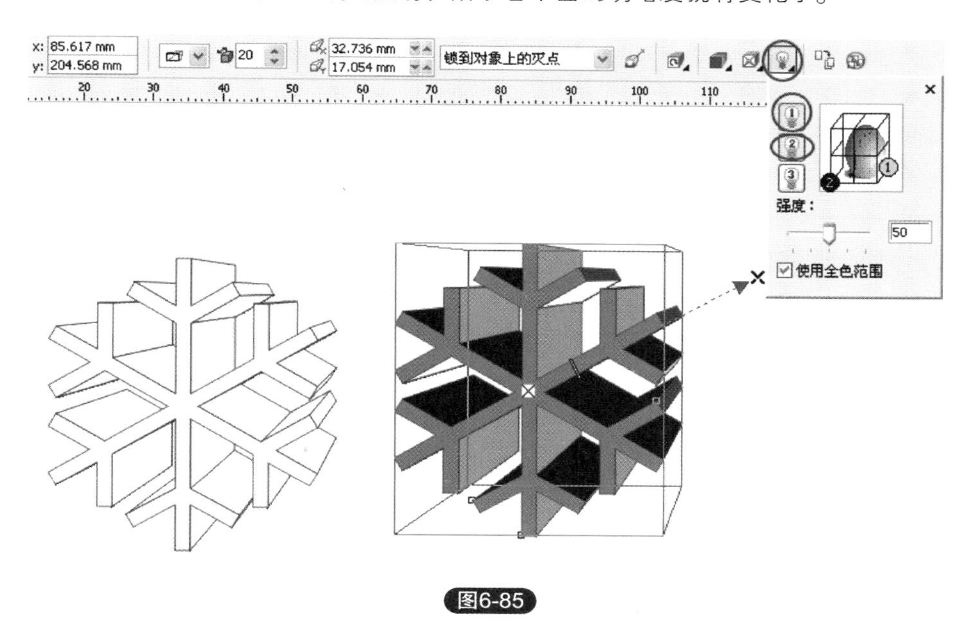

图6-85

利用立体化工具的以上功能，就可以轻松地将对象在空间里不同的状态模仿并制作出来。如图6-86，就是在图6-74的基础上的进一步深化的效果。

图6-86

6.3.2 阴影

阴影可以从对象的上、下、左、右、中五个方向为其添加阴影。除了矢量图以外，位图也能够被应用阴影。这个工具使用起来比较简单。

（1）基本使用方法

首先，用阴影工具单击对象上、下、左、右、中的其中一个位置并向欲投影的方向拖动，就可以得到所需要的阴影了。

基本投影建立后，可以通过对象上的交互控制进行阴影调整，也可以通过属性栏进行调整。其中，白色方块用来控制阴影的起始位置；白色滑块决定阴影的不透明度；黑色方块可决定投影颜色、投影长度、投影角度。如果需要改变投影的颜色，只需要把相应的颜色拖入到黑色方块中即可。

交互式控制总体比较笼统，如果要进行更加细致的控制，则要通过属性栏来完成。

（2）阴影的属性栏

阴影的属性栏如图6-87所示，在属性栏上可以精确地设置阴影的角度、不透明度、羽化值、阴影淡出值与延展值、阴影混合模式、阴影颜色等内容。

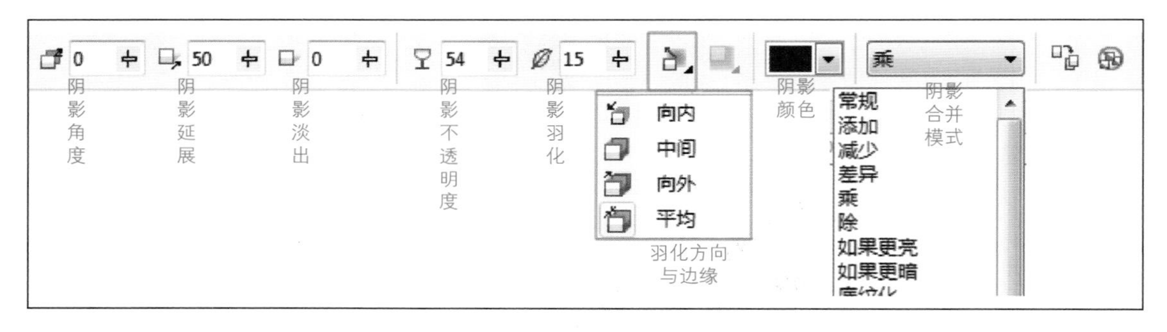

图6-87

① 阴影角度。用以确定阴影与水平线之间的角度。

② 阴影延展。用以调整阴影的长度。

③ 阴影淡出。用以调整阴影边缘的淡出程度。

④ 不透明度。数值范围从0 ~ 100，数值越低越透明，越高越不透明。

⑤ 阴影羽化。数值越低，越不羽化，阴影就越可分辨，越不弥散。

⑥ 羽化方向与羽化边缘。包括“向内、向外、中间、平均”四个选项。“平均”为缺省值。只有当选择“平均”以外的羽化方向时，“羽化边缘”选项方可被激活，它包括“线形、方形、反白方形、平面”四个选项。

⑦ 阴影合并模式。用以确定阴影的颜色与位于其下的其他对象或背景的颜色的混合模式。

⑧ 清除阴影。用来删除阴影的效果。

6.4 剪裁、透镜与透明

实例先导——任务22 架上齿轮

任务要求：利用“图框精确剪裁”命令和轮廓图工具，绘制如图6-88所示的架上齿轮。

任务目标：重点体验待学习的图框精确剪裁工具的使用方法与效果，同时回顾与加强上节所学的轮廓图、立体化、阴影等工具的应用能力。

主要工具：轮廓图工具、立体化工具、阴影工具、椭圆工具、图纸工具、渐变工具等。

主要命令：对象|图框精确剪裁、效果|添加透视、对象|顺序、对象|组合等命令。

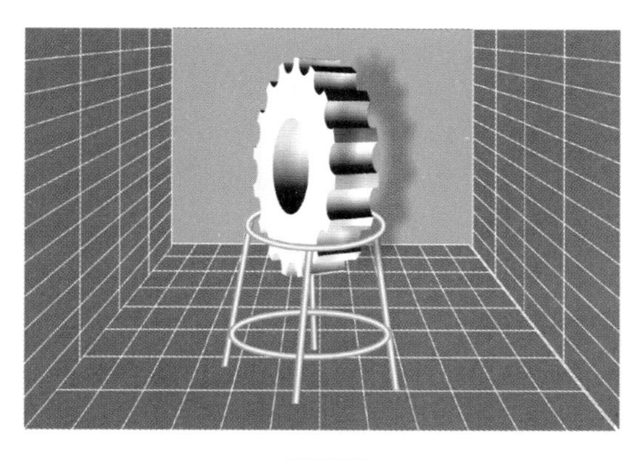

图6-88

操作步骤：

① 使用任务21的制作方法，制作出如图6-89所示的齿轮。在该齿轮中，控制对象的填充色为由浅灰向白色渐变的线性渐变色，浅灰色的色值为C9M7Y7K0。立体拉伸后，在属性栏的“照明”选项中，打上两个光源。

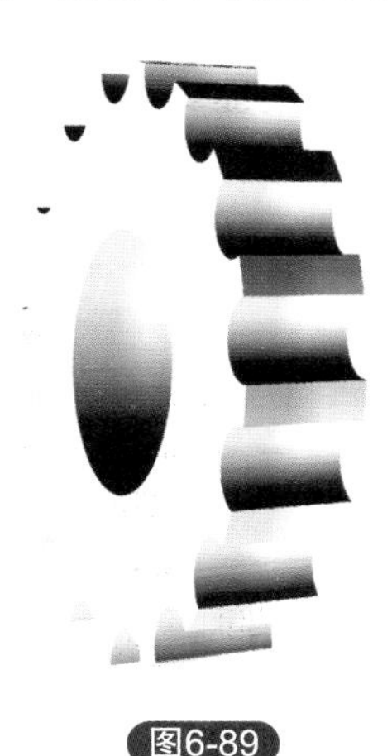

图6-89

② 下面制作要放齿轮的架子。先绘制一个椭圆，在属性栏上将轮廓线宽度设为4mm（这个值要根据实际做的图的大小来定）。然后，选择“对象|将轮廓转换为对象”（快捷键：Ctrl+Shift+Q），椭圆的轮廓线就转为一个圆环了。按快捷键Shift+F11，打开编辑填充对话框，设置填充色色值为C0M60Y80K20，为圆环填上砖红色，然后去除椭圆的轮廓线。

③ 选择轮廓图工具，如图6-90所示，在属性栏上设置轮廓图偏移量为0.2mm，填充色为白色，然后单击轮廓图形式“到中心”，便可得到如图所示的效果。

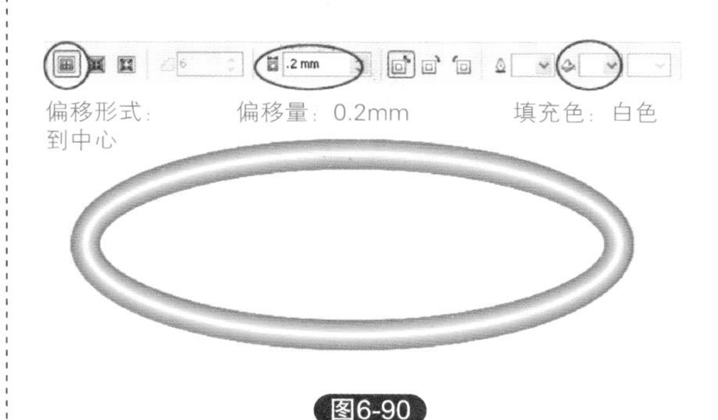

图6-90

④ 用手绘工具绘制一条垂直线，然后用与第3步相同的方法，绘制出如图6-91所示的架子腿。

图6-91

⑤ 分别复制圆环一个，复制架子腿3份，然后对它们进行组合（组合过程中要注意调整好前后的顺序），得到如图6-92所示的效果。

图6-92

⑥ 现在要开始将齿轮放到架子上去。先将齿轮和架子的位置摆放至如图6-93所示的效果（要注意看图示，齿轮放在架子的后面去，但是要放到后面那个架子腿的前面）。

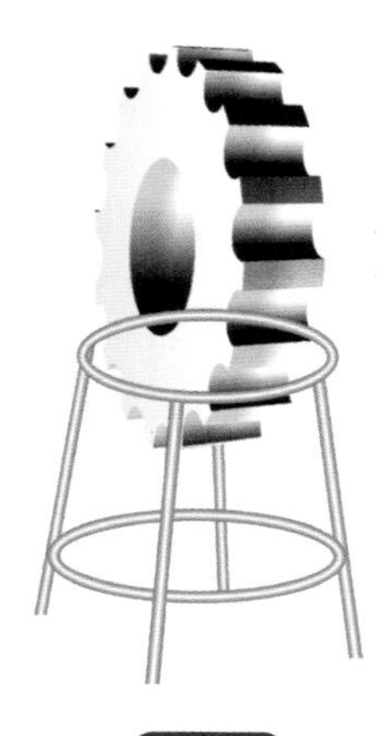

图6-93

⑦ 现在要用“图框精确剪裁”的命令，实现齿轮放到架上的目标。用选择工具选择立体拉伸齿轮，然后按“编辑|复制”、“编辑|粘贴”，此时，齿轮被成功复制了一份和原图位置完全重叠的图形。接着，使用矩形工具，在如图6-94左图所示的位置绘制一个矩形。然后，用选择工具选择立体拉伸齿轮，接着，再选择“对象|图框精确剪裁|置于图文框内部”，此时会出现一个黑色箭头，用它单击矩形，然后在调色板中去掉矩形的轮廓线。此时，如图6-94右图所示，齿轮被矩形框住的地方显示，其它地方不再显示，齿轮看起来就已经成功地放到架子上去了。

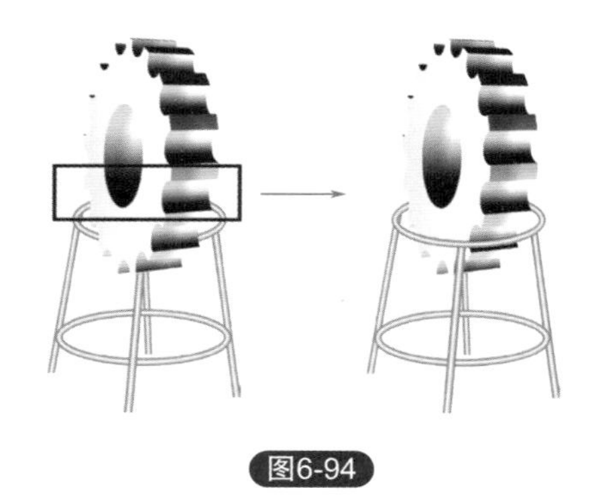

图6-94

⑧ 现在来做齿轮的投影。用选择工具选择齿轮的控制对象（注意要不选中后面的立体拉伸对象），然后选择工具箱中的阴影工具，在控制对象上单击并拖动，就可以绘制出一个阴影。接着，选择“对象|拆分阴影群组”，将阴影与控制对象解散。然后，再用选择工具选择阴影，按“对象|顺序|到图层后面”，把阴影放到立体拉伸对象的后面，效果如图6-95所示。

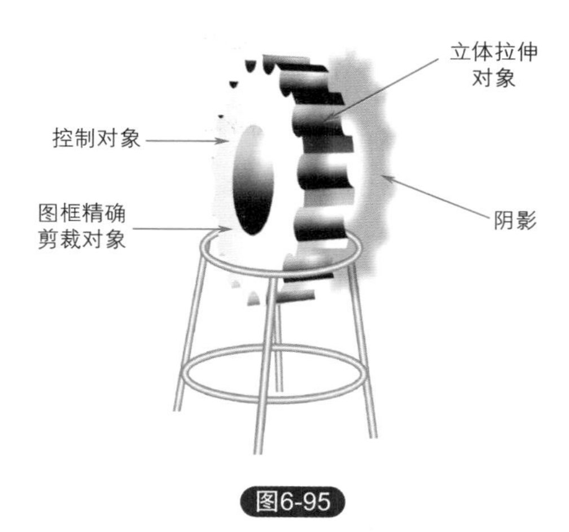

图6-95

⑨ 下面来绘制背景。先用选择工具框选前面绘制的所有内容，按Ctrl+G将所有对象群组，并将群组对象移到页面外面。然后，在工具箱中选择图纸工具（在多边形工具组里），在属性栏上设置图纸的行数为8，列数为12，然后如图6-96左图所示，在页面中绘制一个和页面大小一样的方格组，在调色板中为这组方格填充海军蓝，轮廓线则为20%黑。接着，选择“效果|添加透视”。按住Ctrl+Shift，然后向右拖动对象左上角的透视控制点，此时右侧控制点同步向内移动，方格产生透视效果。再用选择工具向下压缩对象，得到如图6-96右图所示的效果。

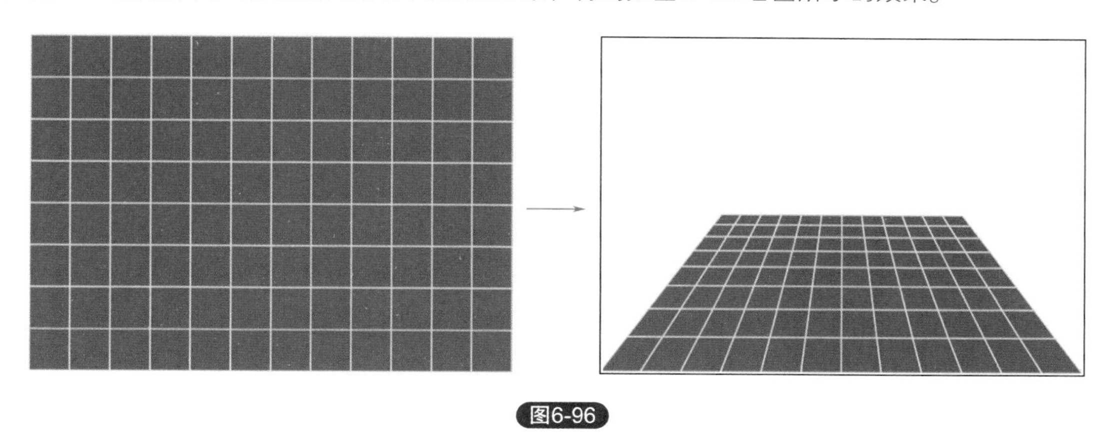

图6-96

⑩ 用与第9步相同的方法绘制出左右两面墙体。然后再在矩形工具上双击，为页面添加一个矩形，并为其填充颜色值为C51M35Y16K0的蓝灰色。最后，把架子及齿轮用选择工具移动到页面上来，结果如图6-97所示，作品就完成了。

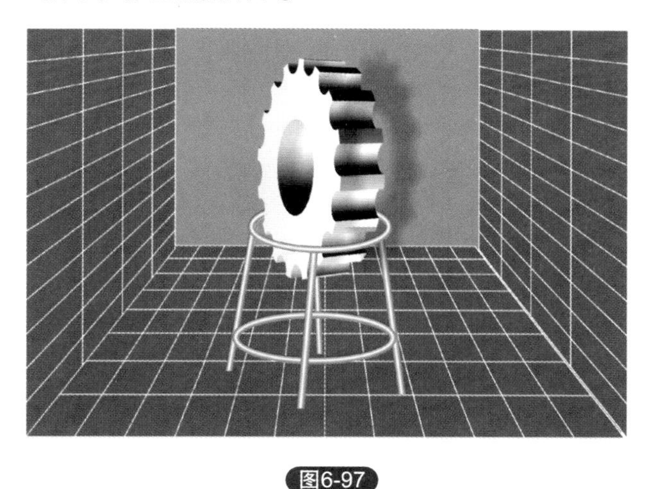

图6-97

6.4.1 图框精确剪裁

“图框精确剪裁”是一个菜单命令，通过这个命令可以将一个对象放入另一个作为容器的对象中。凡是超出该容器范围的对象，都不会显示出来。但当需要修改该对象时，又可以将它从容器中提取出来进行修改。

(1) 基本操作方法

首先，页面上要有一个作为容器的对象和一个要被容器剪裁的对象。然后用选择工具选择待剪裁对象，接着再选择“对象|图框精确剪裁|置于图文框内部……”。此时，会出现一个箭头，用箭头单击容器，剪裁就完成了。

(2) 剪裁基本特点

剪裁的容器和被剪裁的对象都有一些特性，了解这些特点，可以令剪裁使用起来更加得心应手。具体包括以下特点。

① 几乎任何对象都可以被剪裁，包括位图；

② 除了段落文本和位图外，任何对象都可作容器；

③ 容器内可以是空的，也可能被填充，填充了内容的容器，填充的内容将被作为被剪裁对象的背景，而且任何类型的填充图案都将可以；

④ 容器可以是一个对象，也可以是多个对象的群组；

⑤ 被剪裁对象可以是单一的、群组的，也可是同时选中未群组的。

(3) 提取内容

“对象|图框精确剪裁|提取内容”可对已装进容器的裁剪对象取消裁剪，让它恢复全部的自由。

(4) 编辑内容与结束编辑

如果只是想重新编辑一下对象，然后再将它再次装回容器中，就不必要使用“提取内容”，而可以使用“对象|图框精确剪裁|编辑Powerclip”。它可以将被剪裁的对象暂时从容器中提取出来重新进行编辑。当编辑完成后，再选择同一菜单里的“结束编辑”，可重新完成对新对象的裁剪。

(5) 调整内容

“对象|图框精确剪裁”里有“内容居中”“按比例调整内容”“按比例填充框”“延展内容以填充框”四个命令，这四个命令主要是用来决定被剪截的对象该以什么样的方式在容器中显示。如图6-98显示的是四种命令不同的效果，我们可以看出，选“内容居中”时，被剪裁对象会与容器居中对齐置入；选“按比例调整内容”时，被剪裁对象会自动缩放至可以刚好居中放置于容器中；选“按比例填充框”时，被剪裁对象会等比例缩放至上下左右都填满容器，超出部分不显示；选“延展内容以填充框”时，被剪裁对象会缩放（但不会等比例）至上下左右都填满容器，由于图6-98中的被剪裁对象是椭圆，所以在d图中，它被缩放成一个正圆以适合正方形的容器。

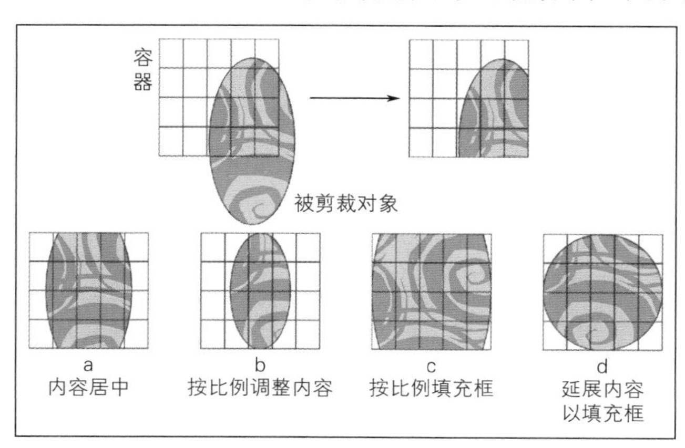

图6-98

(6) 锁定Powerclip的内容

当图框精确剪裁完成后，在默认状态下，容器和被剪裁的对象将被锁定为一体，当用选择工具移动、缩放、旋转对象时，容器和被剪裁的对象将一起移动。如果用户希望容器只作为一个取景框，里面被剪裁的对象可以自由移动的话，可以选择“对象|图框精确剪裁|锁定Powerclip的内容”，取消它前面的

勾选。撤销对这一项的选择，即可让容器变为一个可以移动的取景框。当对被剪裁对象的剪裁完成后，再次选择这个选项，可以重新将它们锁定在一起。

（7）用右键完成剪裁工作

除了通过菜单完成剪裁外，还可以用更快捷的办法来完成这项工作。用选择工具右键拖动待剪裁的对象至容器中，松开鼠标，此时会弹出级联菜单，在里面选择“图框精确裁剪内部”，剪裁就完成了。

此外，上述操作，还可以通过右键单击待剪裁对象，在级联菜单中选择完成操作。另外，当完成剪裁基本动作后，如果还需要进一步进行调整，也还通过出现在容器下方的快捷按钮进行选择和操作。

6.4.2 透镜

透镜就是以一个对象作为镜片，如图6-99所示，这个镜片可以有放大、鱼眼、反转、颜色限制等多种功能，透过它去看另外一个对象，可以得到与对象原来的形态所不同的效果。任何一个矢量对象或对象组都能作为一个透镜，美术字串也可以作为透镜，但段落文本不能作为透镜。

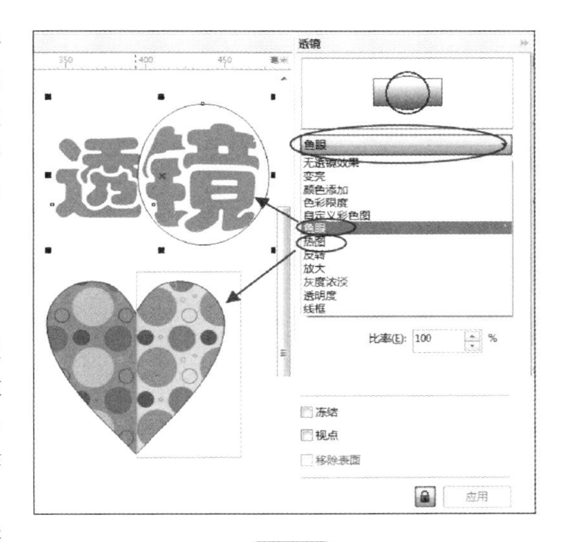

图6-99

（1）透镜的类型

透镜共有十二种类型。

① 变亮。它将允许用户在比例框中通过设置一定的系数来照亮下面对象的颜色。其中，系数可以在 -100% ~ 100% 之间变化。系数为100%时，颜色为白色；系数为0%时，透镜不起任何作用；系数为 -100%时，颜色为黑色。

② 颜色添加。它赋予透镜对象某一颜色，然后将该种颜色加在其身后对象的颜色上。该透镜在它覆盖白色对象的地方不起任何作用，因为白色已包含了所有颜色的100%强度。

③ 色彩限度。这一透镜类似于照相机上的滤镜，除了在“色彩”框中指定的颜色外，它将滤掉透镜身后的其它颜色。用户也可通过在比例框中指定一个值来控制滤镜强度。100%时比例将只允许选择的色透过，较低的值将允许其他颜色透过。

④ 自定义彩色图。用户可在这一透镜中从颜色列表中自行设定两种主要色调，并从直接色盘、顺向彩虹或反向彩虹中选择一种渐变模式。

⑤ 鱼眼。这一透镜将放大并扭曲其身后的对象，就像凸透镜的效果。

⑥ 热力图。这个类型的滤镜可以使透镜使用由白、黄、橙、红、蓝、紫、青限定的调色板，产生一种利用热能制作的效果。调色板上的“调色板旋转”决定了颜色映象的开始位置。

⑦ 反转。这个透镜可将其身后的颜色切换为它们的补色，从而产生类似相片底片效果。

⑧ 放大。这个透镜，可产生放大镜的效果，在默认情况下，放大倍数为2，用户可调节“数量”参数，改变放大倍数，最大倍数为100。

⑨ 灰度浓淡。这个选项使透镜下的对象用透镜的颜色的单色调来显示，并比选中的颜色要浅。

⑩ 透明度。在比例框中，用户可输入1% ~ 100%的值，值越小，下面被透镜对象就越透明，

当输入0% 时，下面被透镜的对象将不可见。

⑪ 框架模式。这个透镜跟“查看——线框”的作用大致相当，能让用户透过它看到矢量对象未填色时的框架。

⑫ 无透镜效果。这个透镜可消除透镜效果，使其恢复正常。

（2）其它控制项

在“透镜”控制面板中，还有“冻结”、“视点”、“移除面”三个复选框，它们分别有着不小的功能。

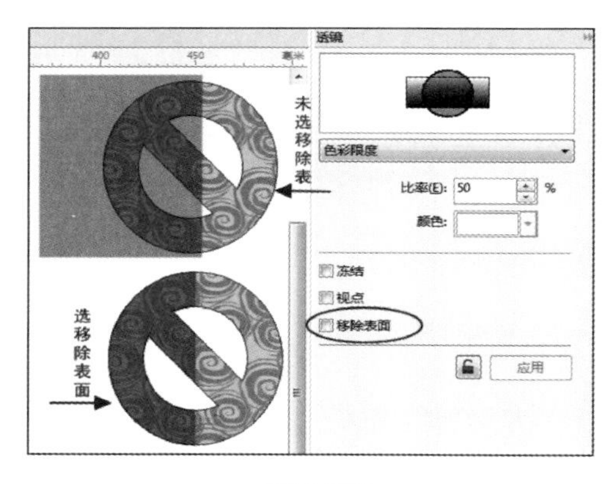

图6-100

① 冻结。当选择“冻结”后，可将透镜效果“冻结”在上一层的对象中，当移动该对象时，仍会保留透镜效果。冻结的这项功能，可以将它用作另一种剪切对象和图像的方法，冻结这个透镜，实际上已剪切了透镜身后的对象。

② 视点。这个复选框允许用户改变通过透镜的观察点。具体操作方法是：选择“视角”复选框，并单击出现的“编辑”按钮，这时一个“×”立即出现在画面中，移动“×”到合适位置，再单击“应用”即可。

③ 移除表面。选中此选项，则透镜效果只显示镜片对象与被透镜对象重合的区域，而被镜片覆盖的其他空白区域则不可见，如图6–100所示。

（3）组合透镜

当用户使用了一个新透镜时，这个透镜会取代任何一个已有的透镜，它们并不叠加在一起，如果需要多重效果，用户可以制作多个透镜镜片重叠在前一个透镜镜片上。

6.4.3　透明工具

透明工具的工作原理和属性条上的设置与“互动式填色工具”极为相似。用户可以建立单一、渐变、图案或纹理的透明效果。其中最为常用的是渐变透明效果，缺省值为线性渐变透明效果。它几乎可以透明任何对象，包括输入的点阵图形。

它可以通过交互式功能在对象上直接完成一些调整。具体来说：白色方块表示100% 的不透明；黑色方块表示100% 的透明；灰色则表示中间透明度。用户可由属性条上的“透明度中间点”来控制透明度，还可用拖动屏幕颜色到控制柄的虚线上来增加透明度的变化。

趁热打铁——任务23　校园晚会海报制作

任务要求：利用轮廓图、立体化、阴影、透明等特效工具和命令，绘制如图6–101所示的校园晚会海报。

任务目标：进一步强化各种特效工具和命令的使用方法，充分感受这些特效工具和命令能够为图形制作带来好处。

主要工具：轮廓图、立体化、阴影、封套、透明、文本工具等。

主要命令：对象|组合、对象|变换、对象|顺序等。

图6-101

操作步骤：

① 打开如图6-102所示的名为“校园海报设计素材”的文件。

图6-102

② 用选择工具选择黄色的曲线，再选择轮廓图工具，在属性栏中做如图6-103所示的设置，偏移形式为“到中心”、偏移量0.8、轮廓色渐变形式为顺时针。

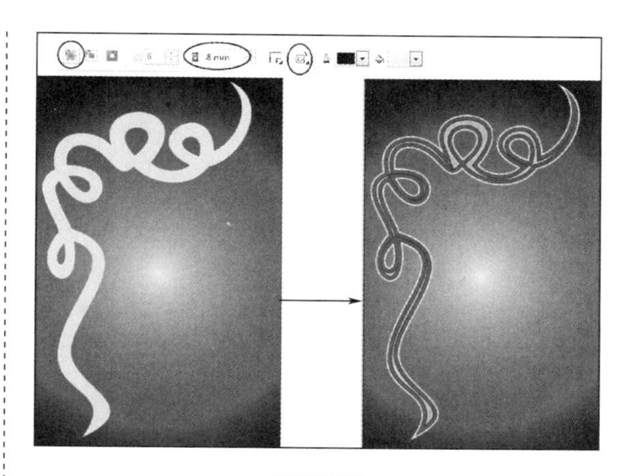

图6-103

③ 用选择工具选中变化后的曲线。选择“对象|变换|缩放和镜像”（快捷键：Alt+F9），进行如图6-104所示的设置，即镜像方式为“水平镜像”、锚点为“右中”、副本为1，然后点击“应用”，便可得到图中效果。

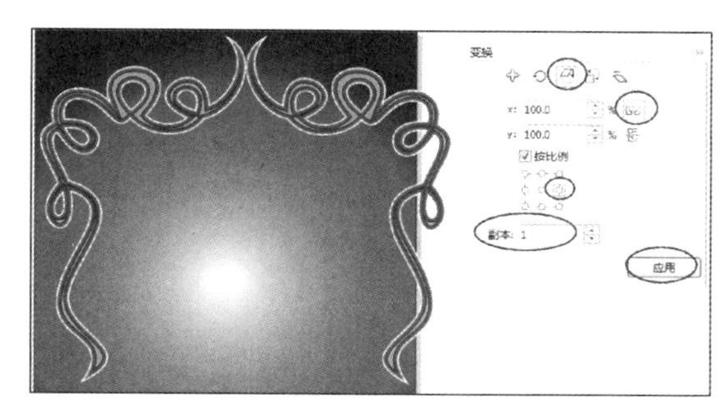

图6-104

④ 用选择工具选中复制的曲线，按住Ctrl向右移动，到合适的位置（图6-105）。

图6-105

⑤ 按住Shift，用选择工具这两条曲线，按第③步的方法进行设置，即垂直缩放比例为80%、镜像方式为“垂直镜像”、取消“按比例”的勾选、锚点为“中”、副本为1，然后单击“应用”，并将设置后的图像向下移到合适的位置（图6–106）。

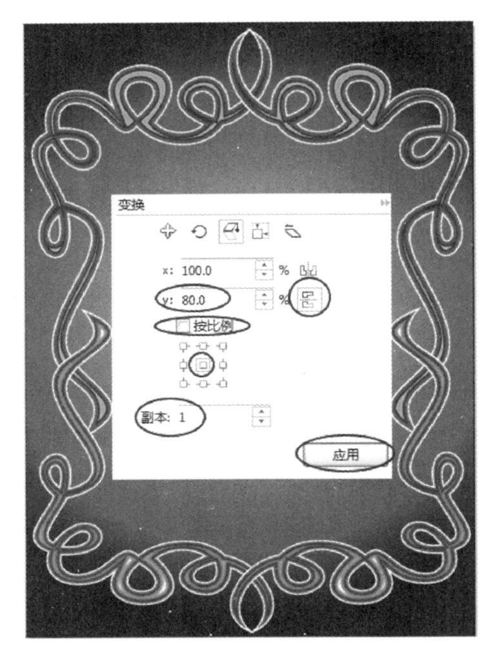

图6-106

⑥ 制作立体文字。用选择工具选择文字“新年晚会”，为文字填充黄色，然后移动文字到如图6–107所示的位置。

图6-107

⑦ 选择立体化工具，在文字上按下左键并向下拖动，形成文字的立体效果。接着在属性栏中按图6–108所示进行参数设置。设置立体化的颜色为从洋红至浅黄（Y60）、深度为50、旋转形式为X轴旋转 －5° 。之后用选择工具适度调整对象的位置，得到如图6–108的结果。

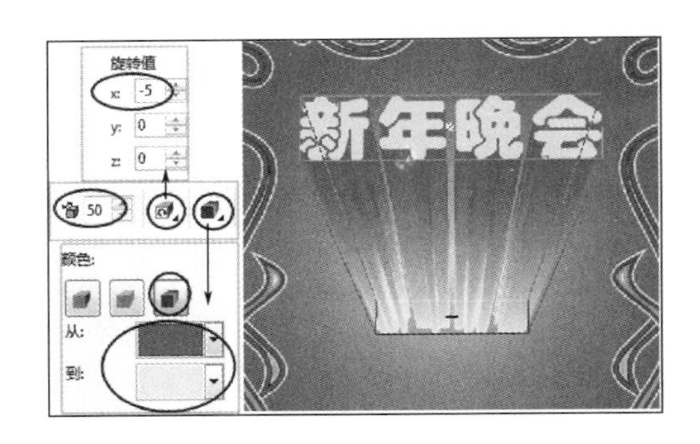

图6-108

⑧ 制作背影射灯效果。选择蓝色的圆锥体，移动到图中合适的位置。再选择透明工具，在圆锥体的顶部单击并按住向底部拖动，形成一个由白至黑的透明度渐变条（图6–109左）。然后，在调色板上按住30%黑色色块拖动至透明工具渐变条的中部线上，接着再按住调色板中黑色色块至顶部的白色色块上（图6–109右），完成第一个射灯光束效果制作。

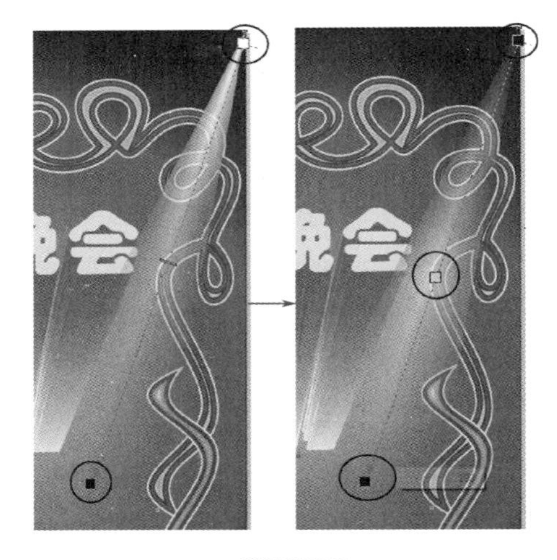

图6-109

⑨ 用选择工具选择射灯光束，向左平移复制一个，再按Ctrl+R，得到第二个复制的图形。然后选择这三个射灯光束，按Ctrl+G进行群组（图6–110）。

图6-110

⑩ 用选择工具选择群组的射灯光束，向左镜像复制一份。然后用选择工具选择这组光束移动到图中合适的位置（图6-111）。

图6-111

⑪ 用选择工具选择这两组光束，按下Ctrl+G进行群组。然后选择“对象|顺序|置于此对象前”，用随后出现的箭头单击背景，如图6-112所示使光束的位置置于背景之前、文字之后。

图6-112

⑫ 用选择工具选择矩形，将其移至图中合适的位置。选择封套工具，在属性栏中选择双弧模式，然后按住Shift，用左键按住矩形上方中间的节点并向上拖动，得到如图6-113所示的铭牌基本形。

图6-113

⑬ 选择阴影工具，在铭牌的中上部按左键向下拖动，得到铭牌的阴影，然后在属性栏中进行设置：透明度模式设为正常，阴影颜色设为白色，铭牌效果如图6-114所示。

图6-114

⑭ 用选择工具选择“时间、地点……”文本，移到铭牌之上，在调色板中单击白色，将文字的颜色改为白色。

⑮ 用选择工具选择小圆素材放到铭牌左侧，然后按住小圆向右移至铭牌右侧，在松开左键前先按一下右键，得到一个复制的小圆。如图6-115所示，整个作品就做好了。

图6-115

举一反三——任务24　邮票制作

任务要求：如图6-116所示，绘制一张邮票。邮票边缘必须制作齿孔，票面上要有“中国邮政”、“1.20元”、“CHINA”字样，邮票上的图片可自己挑选。

图6-116

任务提示：

① 本任务的重点在于如何利用调和工具快速制作邮票边缘的齿孔。同时，要使学习者明白，在对象的制作过程中，要能够灵活地使用软件的各项功能，同样的结果，往往有多种方法可以实现，但应该努力寻找最快捷的方法。

② 制作过程提示。

第一步，制作邮票边缘齿孔。先画一矩形，再在四个角点上画出四个小圆。然后用调和工具分别针对四个小圆进行调和，并调整调数步长数至合适的数目。之后拆分调和群组，再用这些小圆修剪矩形，便可得到带齿孔的票面。

第二步，导入位图，调整大小，利用“位图 | 图像调整实验室”对位图进行色调、对比度等方面的调整，处理好票面图案的效果。

第三步，输入所需要的票面数字、文字，调整位置大小。

第四步，用选择工具选择有齿孔的矩形对象，然后使用工具箱中的阴影工具，对其进行阴影处理，作品制作就完成了。

微课助手

视频11　相同的两个对象进行调和，为什么调和对象组合发生形状变化？

视频12　如何使用交互式按钮调整对象剪裁后的效果？

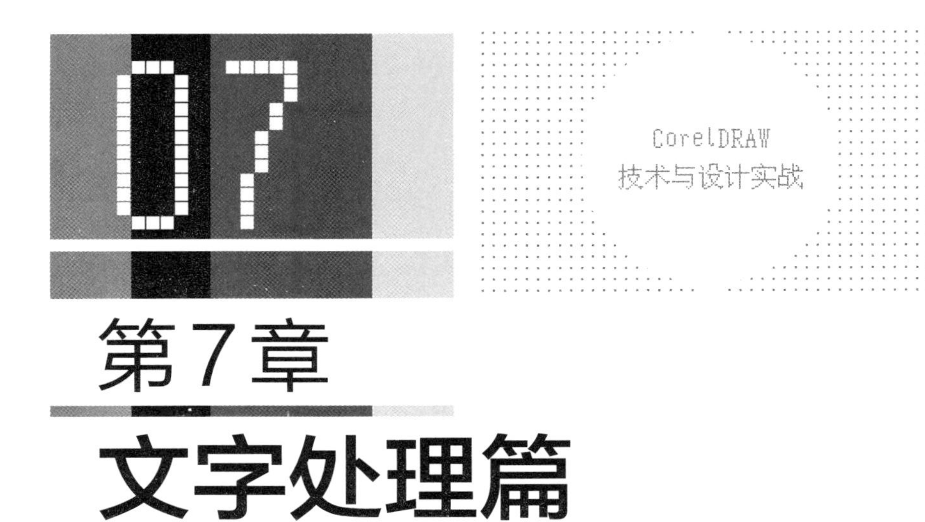

第7章 文字处理篇

要领导航

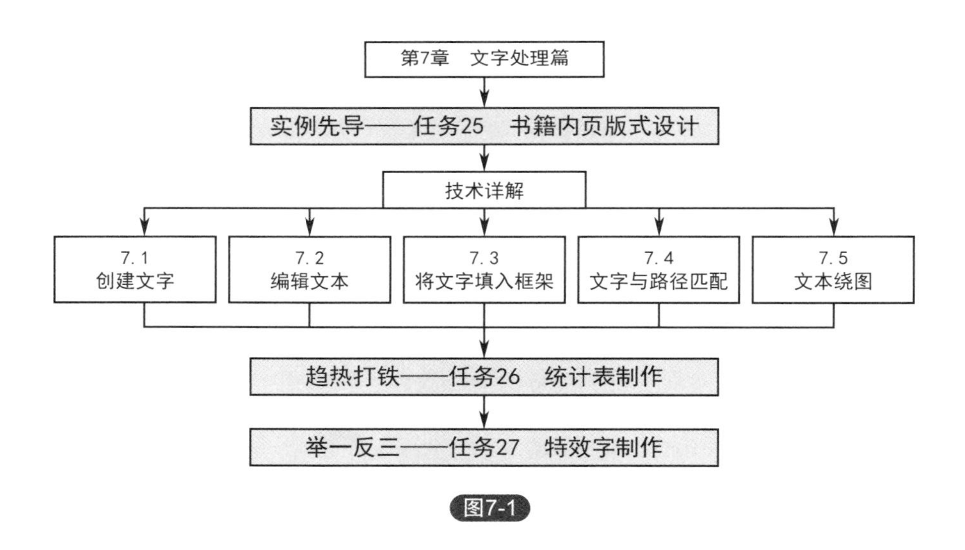

图7-1

学习导入

提问：一件好的设计作品，很多都是图文并茂的，CorelDRAW在文字处理方面有什么特别之处吗?

回答：是的，CorelDRAW的文字处理能力是比较强大的，特别是在图文混排方面。用它来完成报纸、宣传单、折页、书籍等的版式设计都是很不错的。在这一章里，我们将重点学习怎么让文字在任意对象内部排版、围绕着对象外围排版以及怎么与一条开放路径的运行轨迹相匹配。

实例先导——任务25　书籍内页版式设计

任务要求：如图7–2所示，制作书籍内页的版式。

任务目标：认识并初步理解文本编辑、排版的方法。

主要工具：文本工具、矩形工具、手绘工具、文本换行（属性栏上的按钮）等。

主要命令：文本|文本属性、文本|栏、文本|段落文本框|使文本适合框架等。

操作步骤：

① 打开文件“图文混排素材”。在工具箱中的矩形工具上双击，在页面上生成一个和页面大小一样大的矩形，按下Shift+F11，在弹出的对话框中设置填充色C2M2Y2K0，为矩形填上颜色。然后选择“对象|锁定|锁定对象”，将矩形锁定。

② 用选择工具选择素材文本1，将其移动至图中合适的位置。接着，选择“文本|栏”，在打开的对话框中设置栏数为2。

③ 用选择工具选择素材中的“图1”，将其移动至相应文本的左上角，使其左边和上边与文本左上角对齐。然后，单击属性栏上的“文本换行”按钮，在其中选择“跨式文本”，此时，文字自动环绕着图片移动，得到如图7–3所示的效果。

④ 使用与第③步同样的方法，依次将图2～图6置于文本中相应的位置，并进行绕图设置，结果如图7–4所示。

⑤ 选择图7，单击属性栏上的“段落文本绕图”按钮，在其中选择“跨式文本”，并将文本换行偏移设为4，得到如图7–5效果。这时可以看到在文本的底端中部有一个小黑三角。

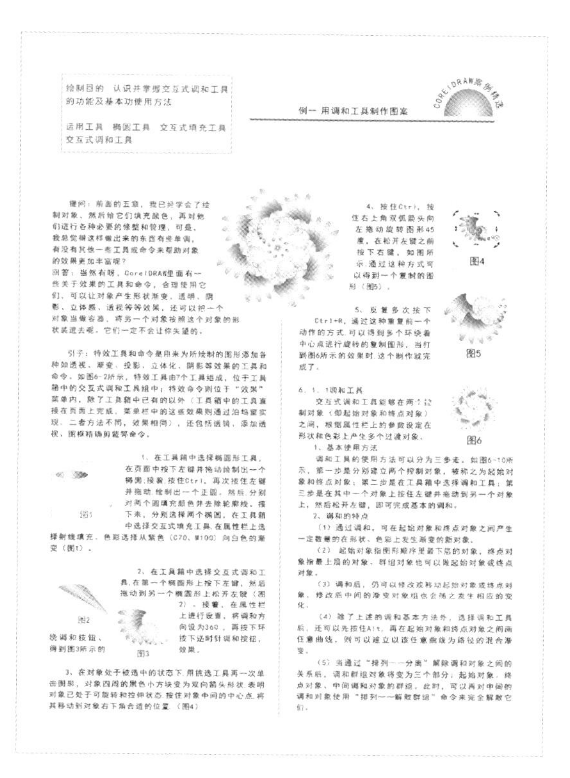

图7-2

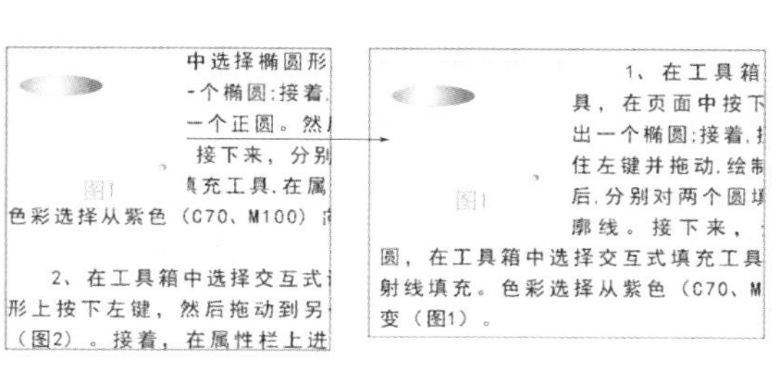

图7-3

提问：前面的五章，我已经学会了绘制对象，然后给它们填充颜色，再对他们进行各种必要的修整和管理，可是，我总觉得这样做出来的东西有些单调，有没有其他一些工具或命令来帮助对象的效果更加丰富呢？
回答：当然有呀，CorelDRAW里面有一些关于效果的工具和命令，合理使用它们，可以让对象产生形状渐变、透明、阴影、立体感、透视等等效果，还可以把一个对象当做容器，将另一个对象按照这个对象的形状装进去呢。它们一定不会让你失望的。

引子：特效工具和命令是用来为所绘制的图形添加各种如透视、渐变、投影、立体化、阴影等效果的工具和命令。如图6-2所示，特效工具由7个工具组成，位于工具箱中的交互式调和工具组中；特效命令则位于“效果”菜单内，除了工具箱中已有的以外（工具箱中的工具直接在页面上完成，菜单栏中的这些效果则通过泊坞窗实现。二者方法不同，效果相同），还包括透镜、添加透视、图框精确剪裁等命令。

1、在工具箱中选择椭圆形工具，在页面中按下左键并拖动绘制出一个椭圆;接着.按住Ctrl、再次按住左键并拖动.绘制出一个正圆。然后.分别对两个圆填充颜色并去除轮廓线。接下来、分别选择两个椭圆，在工具箱中选择交互式填充工具.在属性栏上选择射线填充。色彩选择从紫色（C70，M100）向白色的渐变（图1）。

图1

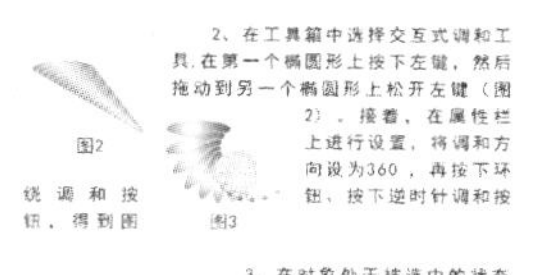

2、在工具箱中选择交互式调和工具.在第一个椭圆形上按下左键，然后拖动到另一个椭圆形上松开左键（图2）。接着，在属性栏上进行设置，将调和方向设为360，再按下环绕调和按钮，按下逆时针调和按钮，得到图

图2　图3

3、在对象处于被选中的状态下.用挑选工具再一次单击图形，对象四周的黑色小方块变为双向箭头形状.表明对象已处于可旋转和拉伸状态.按住对象中间的中心点.将其移动到对象右下角合适的位置（图4）

图4

4、按住Ctrl，按住右上角双弧箭头向左拖动旋转图形45度，在松开左键之前按下右键，如图所示.通过这种方式可以得到一个复制的图形（图5）。

图5

5、反复多次按下Ctrl+R，通过这种重复前一个动作的方式.可以得到多个环绕着中心点进行旋转的复制图形，当打到图6所示的效果时.这个制作就完成了。

图6

6．1．1调和工具

交互式调和工具能够在两个控制对象（即起始对象和终点对象）之间，根据属性栏上的参数设定在形状和色彩上产生多个过渡对象。

1、基本使用方法

调和工具的使用方法可以分为三步走。如图6-10所示，第一步是分别建立两个控制对象，被称之为起始对象和终点对象；第二步是在工具箱中选择调和工具；第三步是在其中一个对象上按住左键并拖动到另一个对象上，然后松开左键，即可完成基本的调和。

2、调和的特点

（1）通过调和，可在起始对象和终点对象之间产生一定数量的在形状、色彩上发生渐变的新对象。

（2）起始对象指图形顺序里最下层的对象，终点对象指最上层的对象。群组对象也可以做起始对象或终点对象。

（3）调和后，仍可以修改或移动起始对象或终点对象，修改后中间的渐变对象组也会随之发生相应的变化。

（4）除了上述的调和基本方法外，选择调和工具后，还可以先按住Alt，再在起始对象和终点对象之间画任意曲线，则可以建立以该任意曲线为路径的混合渐变。

（5）当通过“排列——分离”解除调和对象之间的关系后，调和群组对象将变为三个部分：起始对象、终点对象、中间调和对象的群组。此时，可以再对中间的调和对象使用“排列——解散群组”命令来完全解散它们。

图7-4

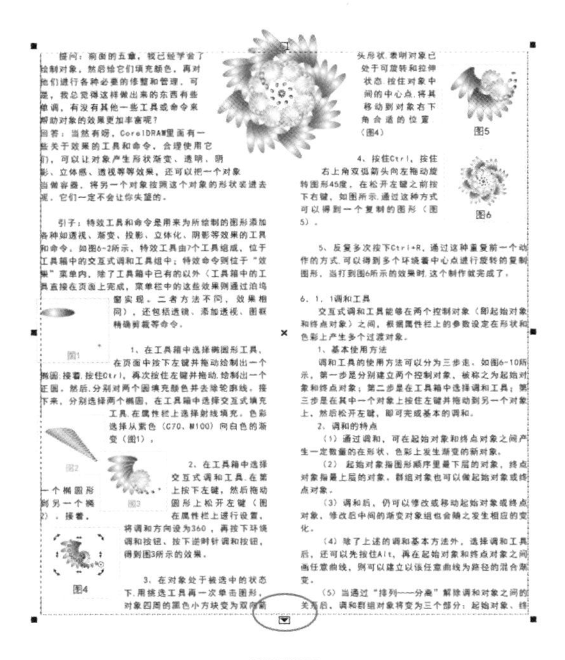

图7-5

⑥ 选择“文本|段落文本框|使文本适合框架”。此时，文本自动调整字号大小，使未显示出的文本内容完整地显示出来，底部的小黑三角消失了（图7-6）。

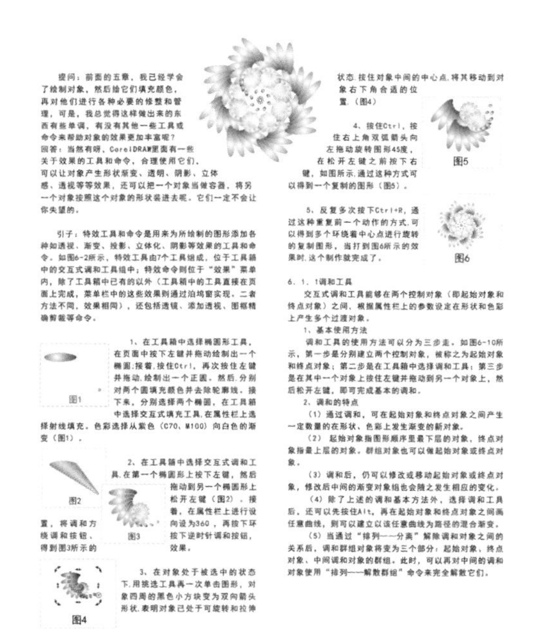

图7-6

⑦ 用挑选工具依次选择各个图片，适度移动其位置。此外，还可以用挑选工具选择文本框，微量调整其虚线外框的大小，也可以用文本工具选中所有文本，然后在属性栏上直接输入文本字号大小。总之，这一步的作用是进行微调，最终得到如图7-7所示的效果。

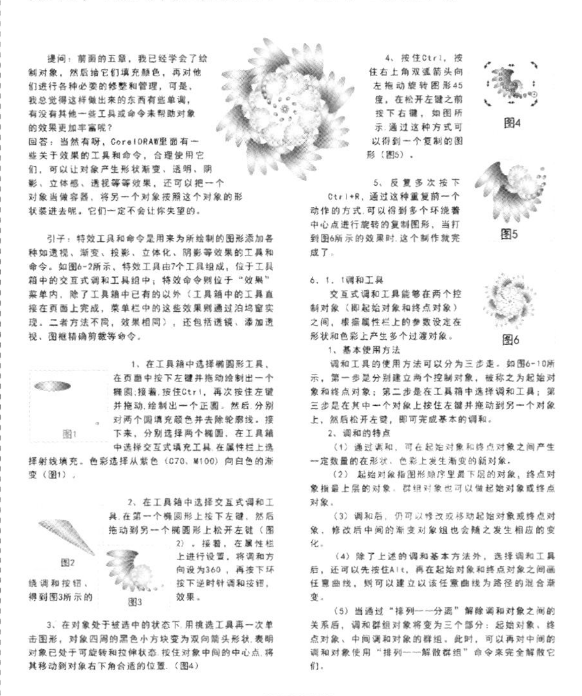

图7-7

⑧ 用挑选工具选择图8，将该半圆图形移动至图中右上方的横线之上。单击工具箱中的文本工具字，如图7-8所示，在半圆图形上方单击，确定输入点，然后在属性栏上设置字体为黑体，字号为10号。然后输入文字“CORELDRAW案例精选”。

CORELDRAW案例精选

图7-8

⑨ 用挑选工具同时选择文字和半圆图形，选择“文本|使文本适合路径”，得到如图7-9所示的效果。在属性栏中将“与路径距离”设为2 2.0 mm，效果如图。

图7-9

⑩ 单击工具箱中的文本工具字，在页面上任意一空白处单击并拖动画出一个虚线矩形框，再在属性栏上设置字体为黑体，字号为10号。然后，如素材文本2之样，输入相应的文字内容。选择“文本|文本属性”，在屏幕右侧打开段落格式化泊坞窗，在其中将“段落前、段落后、行”的数值均设为150。

接着，在工具箱中选择挑选工具，用右键按住输入的文本，将其拖至图像左上侧的矩形框中，松开鼠标后，在弹出的菜单中选择“内置文本”。然后选择“对象|拆分路径内的段落文本”，取消对该对象的选择。再用挑选工具选中段落文本，对其虚线框的长宽进行少量调整。

⑪ 最后，选择工具箱中的手绘工具，按住Ctrl，在文本两栏中间绘制一条垂直竖线，完成作品制作，效果如图7-10所示。

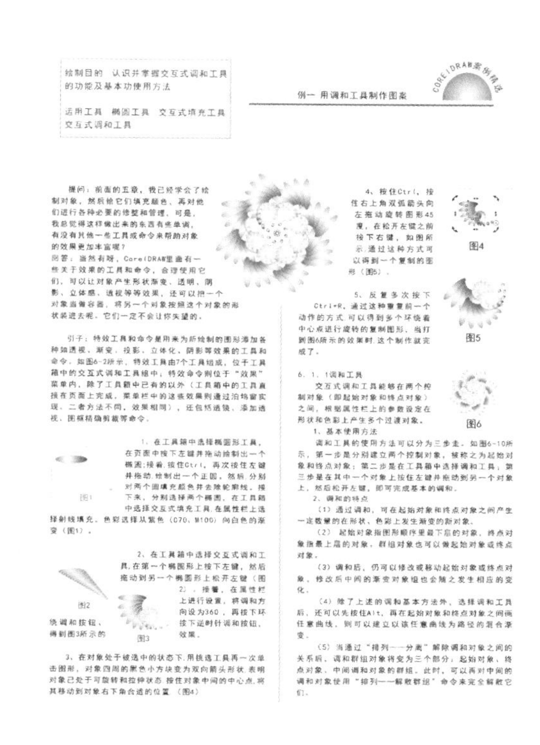

图7-10

技术详解

7.1 创建文字

要创建文字，就要在工具箱中使用文本工具。文本工具可以创建的文字有两种：一种叫美工文字；另一种叫段落文本。二者创建时的区别主要在于：选择文本工具后，在页面中单击，确定一个输入点，然后开始输入文字，这样创建的是美工文字；选择文本工具后，在页面中按下左键并拖动，可以拖出一个由虚线围合而成的文本框，然后在文本框中输入文字，这样的文字，叫段落文本。

段落文本与美工文字各有所长，段落文字擅长于整段的文字整体处理，美工文字擅长于单独文字（如标题）的设计和处理。在选择和使用时，首先应注意它们各自的一些特点，以避免出现使用障碍。

① 在段落文字状态下，如果想要用挑选工具调整段落文本的尺寸，必须在拖动时按住Alt键，否则，拖动改变的只是装有文本的文本框，而不是文本本身。按住Alt键再拖动，文字的字号将随着文本框的缩放而自动变大或缩小（图7–11）。

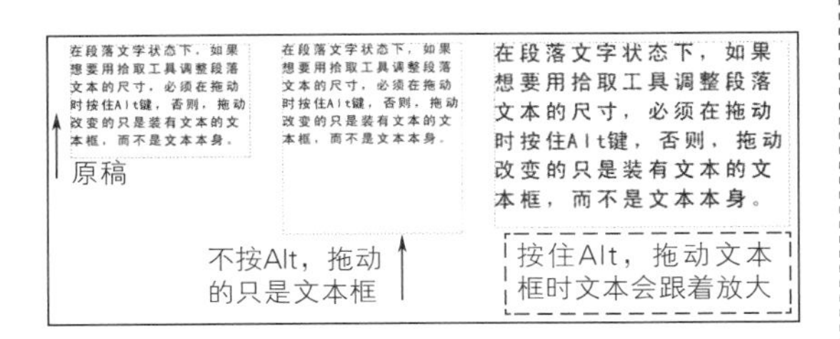

图7-11

② 段落文本框分为固定文本框和自动文本框。在固定文本框状态时，当输入的文字超出文本框大小时，超出部分将不显示，在文本框的底部将会出现一个黑色小三角，以提示还有文字未在文本框内显示出来（图7–12）；在自动文本框状态时，文本框随输入的文字自动调节大小。更改文本框性质的办法：先选择“工具|选项”，打开对话框后，选“工作区|文本|段落文本框”，然后勾选“按文本缩放段落文本框”。

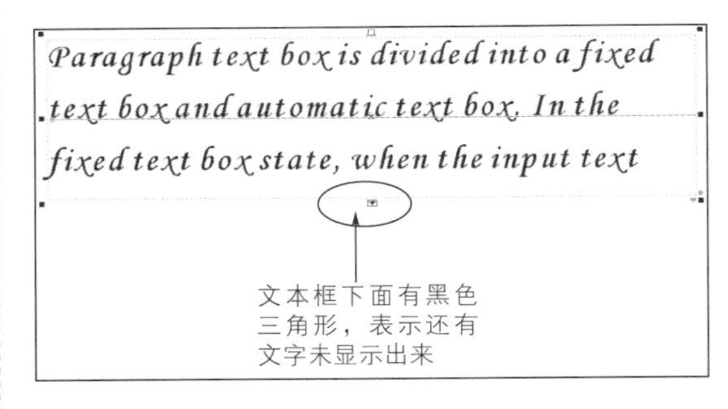

图7-12

③ 段落文本和美工文字可以相互转换。二者互相转换的命令是“文本|转换为段落文字（或转换为美术字）（Ctrl+F8）”。但在以下三种情况下段落文本不能转成美术文本：a.段落文本框与另外文本框相连；b.段落文本使用了特殊效果；c.段落文本的内容超出了文本框的范围，还有文字未显示出来。

7.2 编辑文本的基本方法

编辑文本的方法较多，既可以使用工具箱中的工具编辑，也可以通过菜单命令编辑。下面介绍几种常用的工具和命令。

（1）使用“文本”工具编辑文本

它可以通过属性栏对整个文本或文本中选定的部分文字进行设定字体、字号、下划线、颜色、删除等操作（图7–13），但不能改变每个字的位置。在它的属性栏上，还有文本对齐、使文本改变方向等选项。

① 文本的对齐。在进行文件对齐时，要注意美术文字以输入的第一个字为对齐参照；段落文本则以文本框为对齐参照。文本对齐的方法是：先选择要对齐的文字，然后单击属性栏“水平对齐”按钮，在下拉菜单中选择要对齐的类型。

② 改变文本方向。在选择文本工具确定输入点后或是完成文字输入后，都可以单击属性栏“垂直排列文本”（Ctrl+.）按钮（如是水平排列文本，则快捷键为Ctrl+,），为文字转换方向。

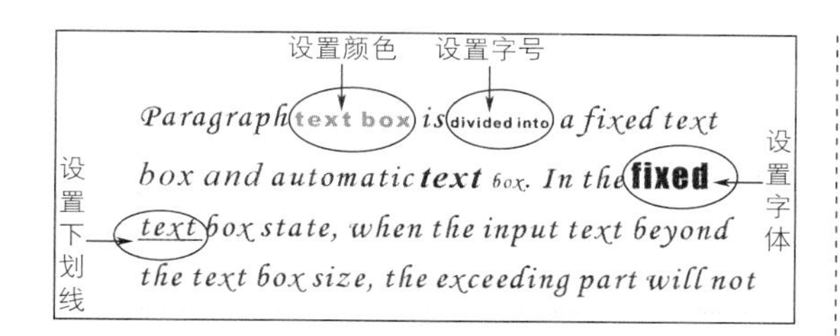

图7-13

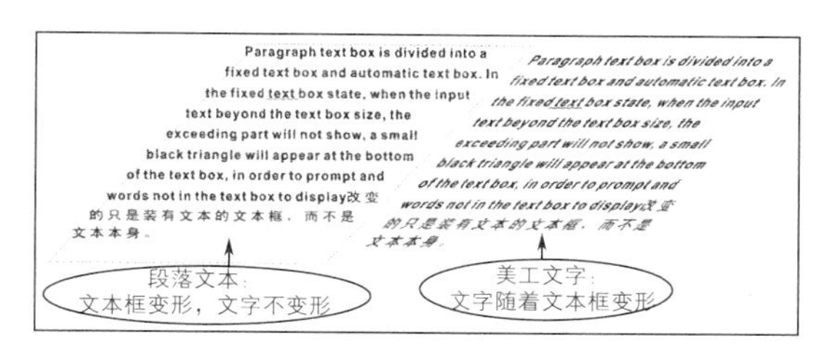

图7-14

（2）使用“选择”工具编辑文本

它可以对文本进行整体的缩放、拉伸、倾斜等，但不能改变文本中的任何内容。它的属性栏内容与“文本”工具的基本相同。

要注意的是，如图7–14所示，拉伸、倾斜段落文本时，无论文本框如何变形，里面的文字将不变形，而拉伸、倾斜美工文字时，文字将会跟随发生相应的变形。

（3）使用“形状”工具编辑文本

它可以改变文本中单行、单个字的位置和属性。如图7–15所示，在选择“形状”工具单击文本后，中间的文本是通过文本框左右下角的控制箭头分别向下和向右拖拉得到的行间距、字间距变宽的结果。右图是先用形状工具选中相关字符下角的空心小方块，然后再在属性栏或调色板中调整被选文字的相关属性。具体的一些调整方法如下。

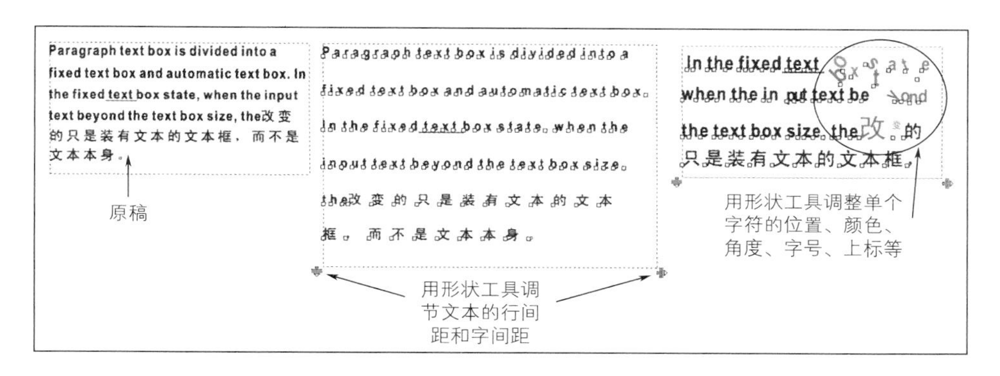

图7-15

① 为文本进行上标、下标。首先选择形状工具，然后选定要进行上标、下标设置的文字的节点，接着在属性栏中单击上标或下标按钮。

② 使字符旋转。首先选择形状工具，然后选定要进行旋转的文字的节点，接着在属性栏“旋转角度”框中设置旋转角度（旋转是按逆时针方向为正值转的）。

③ 移动字符的位置和更换字体字号。首先选择形状工具，然后选定要进行移动位置的字符的节点并拖动到合适的地方。如果要更换字体或字号，也是在选定节点后，再在属性栏上设置字体或字号。

除了使用上述三种工具来调整文字外，还可以通过“文本”菜单中的各种命令进行文本的处理。

（4）使用菜单命令“文本|文本属性”编辑文本

选择“文本|文本属性”（快捷键：Ctrl+T）后，可以打开如图7–16所示的“文本属性”泊坞窗，在这里面包括“字符”“段落”“图文框”三个不同的选项卡。

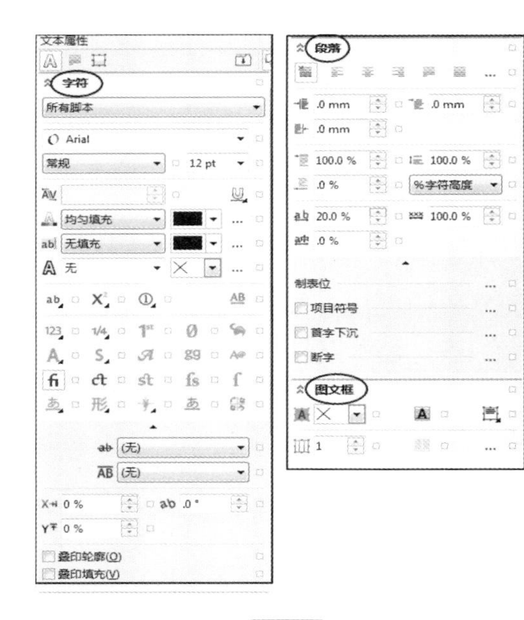

图7-16

① 字符。在这个选项卡中，可以为文字设置字体、字号、字符调整范围、字体颜色、背景颜色、文字轮廓线、旋转、对齐方式以及添加划线、删除线、上标、下标、字符位移、角度等各种参数。这其中，部分可以针对全部文字的改变（如字体、字号、颜色等），可以在选择工具选中文字状态下使用，但还有一部分，如调整文字间距、上标等都必须先用文本工具选中相应的文字后，才能使用相关的功能。

② 段落。在这个选项卡中，可以为段落文本设置对齐方式、设置行距、字距、首行或整段文本的左或缩进量等。

③ 图文框。在这个选项卡中，可以为段落文本设置垂直对齐文本的方式、分栏及设置、文本的方向，还可以为段落文本和美工文字设置背景颜色。

7.3 将文字填入框架

上述对文本的处理，都是文本处理中一些常用的处理方法，在很多软件中都有近似的功能。对于CorelDRAW而言，它在文本处理方面的独特之处在于它既可以让文本以“豆腐块”的形式展现在人们面前，还可以让文本装在如图7-17所示的各种形状各异的“容器”中。

（1）使文本适合框架

一般情况下，文本的编辑外观都是以“豆腐块”的形式出现，例如报纸上的文章。但是，有时，我们会遇到固定的版面大小因为要装进的文字内容多了一些或是少了一些，而导致一些文字装不下，显示不了，或是预留的版面还有空间，版面过空。在这种情况下，我们可以通过命令来让他们完整地装进去。将文字装进框架的方法有几种。

方法一：提前先建好另一个装文本的框子（可以是段落文本框，也可以是任何形状的有封闭空间的对象），当文本在一个框内无法装下时，在文本框下端就会出现一个带框的箭头，单击此箭头，用随后出现的大黑

图7-17

箭头单击另一个装文本的框子，则可以将无法显示的文字转移到新框中。

方法二：当发现一个文本框内无法装下所有文本或是还留有空间时，选择“文本|段落文本框|使文本适合框架”。此时，文本会自动根据框架的大小调整字号的大小，从而保证所有文字都能在框内显示并铺满框架。

方法三：这种方法是直接在封闭的对象中输入文字。具体方法是，当已存在一个封闭图形时，用文字工具在该图形外框边缘偏向内侧的地方单击，此时，其外框内缘会产生一虚线文本框及光标，直接输入文字即可。

（2）导入文本

使用“文件—导入”可将其他程序中的文本导入到CorelDRAW中来。而且，在当前面页无法放下导入进来的文本时，CorelDRAW会自动生成新的页面，以放置剩余文本。

此外，也可以先在另外的程序中复制文本，然后在CorelDRAW中选择本文工具，在页面上单击或建立文本框，然后再将复制的文字粘贴过来。

7.4 文字与路径匹配

文字除了可以被装进各种形状的闭合对象里面，还可以围着对象的外轮廓线输入文字。我们称之为文字与路径匹配。当文字匹配路径时，路径既可以是封闭的，也可以是开放的曲线。操作的方法主要有以下三种。

方法一：先建立一条路径（如一条任意曲线），然后选择文本工具，把光标移到曲线上，当光标变成一个下面有波浪线的图标时，单击一下路径，此时，文字输入光标自动跳到路径上与之契合，接着就可以输入文字了。如图7-18所示，文字将顺着路径的路线行进。

方法二：先建立一个文本串和一条路径，然后同时选择文本和路径，接着选择“文字|使文本适合路径”，文字就会自动跳到路径上与之相合了。

方法三：假如页面上已有一个文本和多条路径，先用挑选工具选择文本，然后选择“文字|使文本适合路径”，然后回到页面上，当鼠标指针接近页面中的任意一条路径时，文本就会自动跳到该路径上。

此外，要想得到最佳的效果，还需要配合属性条上提供的一些控制功能来进行设置，如图7-19所示，主要包括“文字方向、与路径距离、水平偏移、镜像文本”等选项。这其中，“文字方向”主要用来设置文字在路径上的方向，“与路径距离”主要用来设定文字离路径的距离，正值为向上向外远离，负值反之。“水平偏移”主要设置文字在路径上向右或向左整体移动量，向右为正值。“镜像文本”主要是用来选择文本是否要向右或向下镜像翻转。使用上述功能时，应先使用挑选工具选中对象，才能出现相应属性栏。

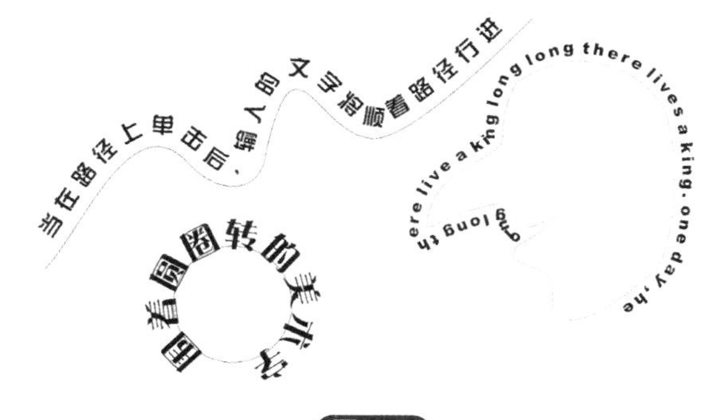

图7-18

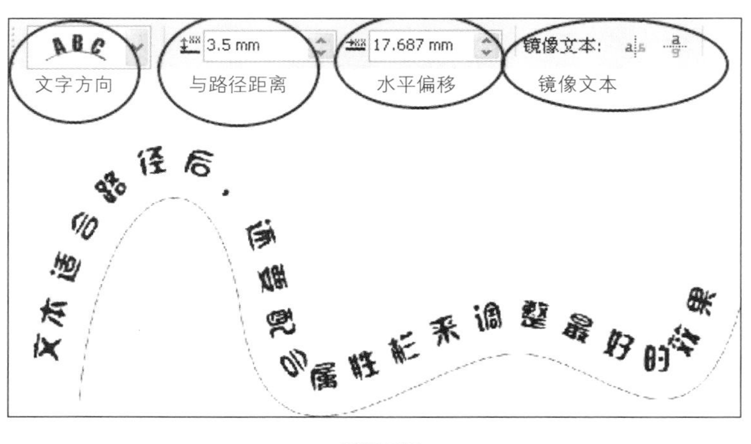

图7-19

7.5 文本绕图

所谓“文本绕图”，就是要当页面中有一个段落文本和一个对象时，当对象移动到段落文本中时，文本要能够环绕着对象自动让开。

要实现这个目标要注意几个要点。首先，文本必须是段落文本，美工文字不适用此功能。其次，对象必须是封闭的对象。第三，设定绕图功能的目标是将要让文本绕开的对象，而不是文本本身。下面我们通过一个实例来看看这个功能的使用方法。

如图7–20所示，假设现有四个独立的对象：黑色矩形、一个地球、一段段落文本和几个美术字，我们要将他们合成为一个完整的图形。

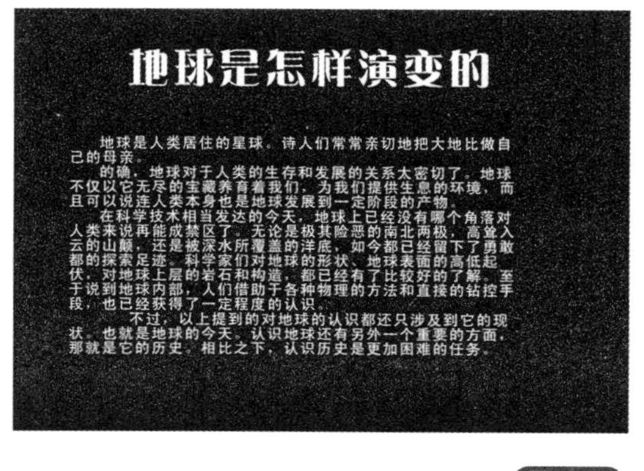

图7-20

首先来做准备工作。先利用整形的方法，将地球修剪为半个球体。然后，用“文本|文本属性”中的“图文框”将段落文本设置成有两个相等栏宽的文本。再接下来，使用“对象|对齐和分

布”的垂直居中命令将矩形、半个球体、段落文本、美术字居中对齐，排好位置，得到如图7-21所示的效果。

接下来就要进行文本绕图了。方法其实非常简单，用挑选工具选择地球，然后，单击属性条上右侧的“段落文本文绕图”图标，在下拉列表中选择“跨式本文”。此时，如图7-22所示，文本随即为地球留出一个空间，地球完全显露出来。这时，文本由于文本框变小，会又有一部分文字无法显示出来。选择“文本|段落文本框|使文本适合框架”，文本中的文字就会全部显示出来了。

图7-21

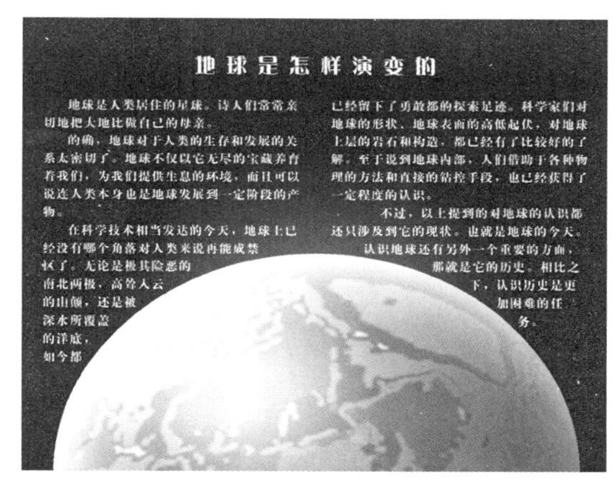

图7-22

> 小秘密：
>
> 其实，除了文本绕图的方法外，还有其它的方法也可以实现文本围着对象转。那就是使用封套工具。具体方法是：选择工具箱中的封套工具，然后单击已经分好栏的文本（这回是选文本，不是选地球了），此时，文本被装进封套。然后就通过调整封套的节点来改变封套的形状，从而达到让文本绕地球转的效果。

趁热打铁——任务26　统计表制作

任务要求：绘制如图7-23所示的班级及人数统计表。要求表中要能清晰地反映出该系一年级专业的结构、各班的男、女生数、总人数。

任务目标：加强对段落文本和美工文字的处理能力。

主要工具：矩形工具、挑选工具、手绘工具、文本工具、填充工具等。

主要命令：布局|页面背景、对象|顺序、对象|对齐与分布、编辑|重复等菜单命令及快捷键。

制作步骤：

① 打开CorelDRAW，新建一个A4大小、横向页面的文件，选择“布局|页面背景”。如

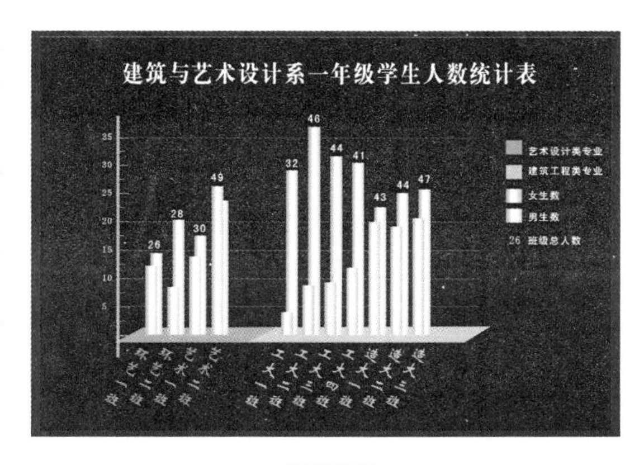

图7-23

图7-24所示，在打开的对话框架中点选“纯色”，然后单击其右的颜色块，在其中选“更多”，在打开的“选择颜色”对话框中，选择模型为“CMYK”，然后在“名称”下拉列表中选择“C100M100Y100K100”，按“确定”，为文件添加了黑色背景。然后，选择“文件|保存”，在打开的对话框中将文件名命名为“统计表”，按“确定”。

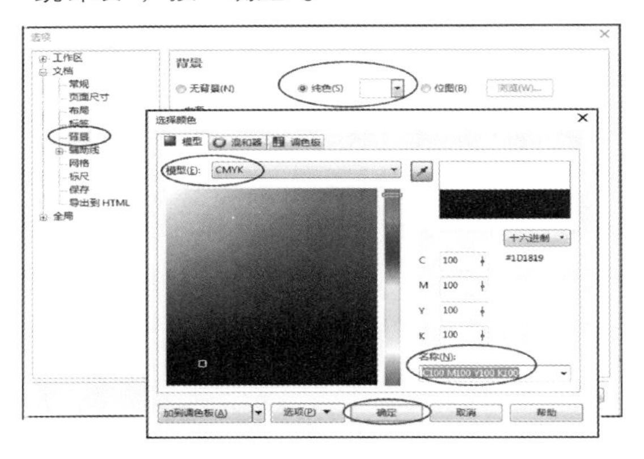

图7-24

② 打开“对象|变换|大小”泊坞窗，选择工具箱中的矩形工具，在页面的下部绘制一个长条矩形，然后在“大小”泊坞窗中设对象的宽度x为120mm，高度y为10mm，按下“应用”，接着再次输入x值为60，y值不变，设置“副本”为1，再按下“应用”，这样得到两个高度相同，宽度相差一半的矩形。用选择工具将小矩形移至大矩形的左侧。然后选中大矩形，按下Shift+F11，在均匀填充对话框中，设置颜色值为C84M22Y0K0，为矩形填充蓝色；用同样的方法为小矩形填充色值为C28M99Y0K0的品红色。结果如图7-25所示。

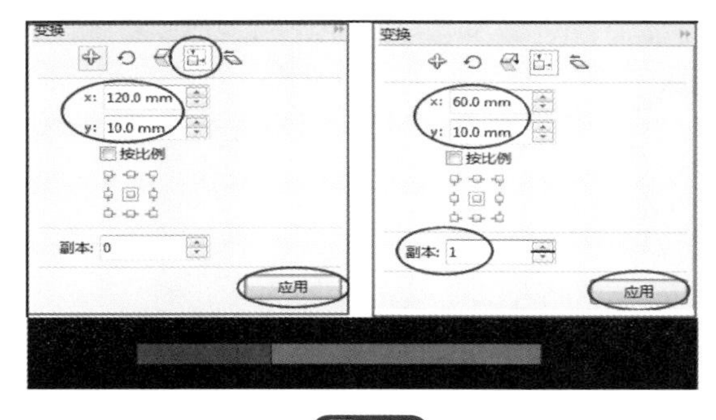

图7-25

③ 在“变换”泊坞窗中选择“倾斜”选项卡，选择蓝色矩形，为其设置水平倾斜角度为 -45°，然后按确定。用同样的方法将品红色矩形也水平倾斜 -45°。用挑选工具选中这两个矩形，按下Ctrl+G，将二者群组。结果如图7-26所示。

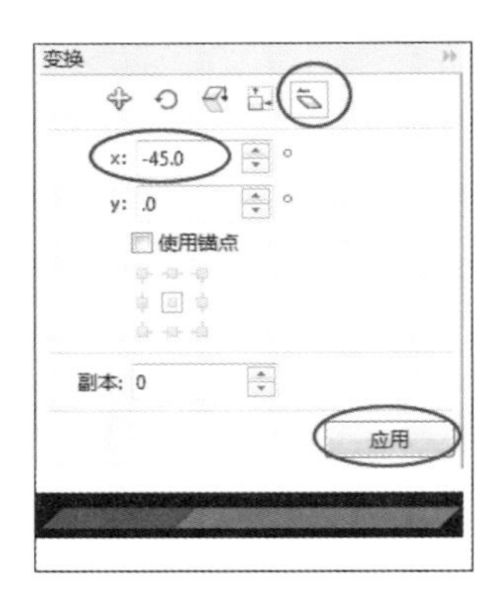

图7-26

④ 再次用矩形工具，以刚画的矩形的左下角点为起点，绘制一个细长条矩形。在调色板上名为“柔和蓝”的色块上单击左键，为其填充颜色。然后，选择文字工具，在下部输入数值5，在属性栏上设字体为Arial，字号为12号，然后在右侧调色板中为其填充白色。接下来，用选择工具选择5，按住Ctrl，将其向上垂直拖动一点距离，然后在松开左键之前按下右键，得到一个复制的5。然后按Ctrl+R共5次，将5等距离复制5份。再接下去，选择文本工具，依次单击刚复制的5，将它们分别修改为数字10、15、20、25、30、35，修改完成后，效果如图7-27所示。

图7-27

⑤ 在工具箱中选择手绘工具，按住Ctrl（为了画线时能保持水平状态），在数字5的位置单击确定起点，再到水平方向的另一边单击以确定终点，绘制出第一条水平线。在调色板中30%黑的色块上单击右键，设置线的颜色，再在属性栏上设置线的宽度为0.5mm。

⑥ 用选择工具，按住刚绘制的水平线向上拖动（拖动中按住Ctrl，保证线能够垂直向上移动），拖动到与数字10齐平的位置，先按下右键，再松开左键，复制一条直线。然后，反复按下Ctrl+R，将直线向上等距离复制，直到绘制出与数字35水平的几条线，效果如图7-28所示。

图7-28

⑦ 下面绘制柱状条。选择矩形工具，绘制一个长条矩形。然后按下F11，打开编辑填充对话框，如图7-29所示，在其中设置“类型”为线性，“角度”为0，“水平偏移”为10，然后在颜色条上单击右边的空心小方块，在打开的颜色框中设置颜色值为M60Y100。用同样的方法设置左侧的小方块。然后，再在颜色条中间的位置双击以增加一个色块，这个色块的位置应在33，色值为K10。按“确定”后，再去掉矩形轮廓线。接着用同样的办法再绘制一个蓝色渐变的柱状条，蓝色值为C40M40，其它不变。

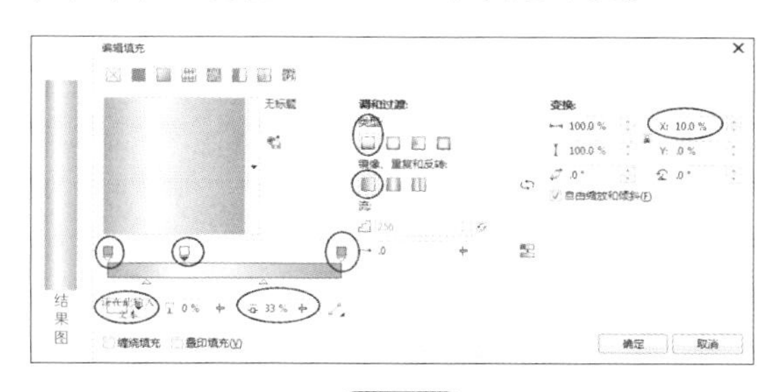

图7-29

⑧ 将两种颜色的柱状条反复复制，然后摆放成如图7-30所示的效果（注意，复制过程中，要注意后画的对象总是在先画的对象之上的，如果出现前后顺序不当，可以执行“对象|顺序”中的相关子菜单命令进行调整）。

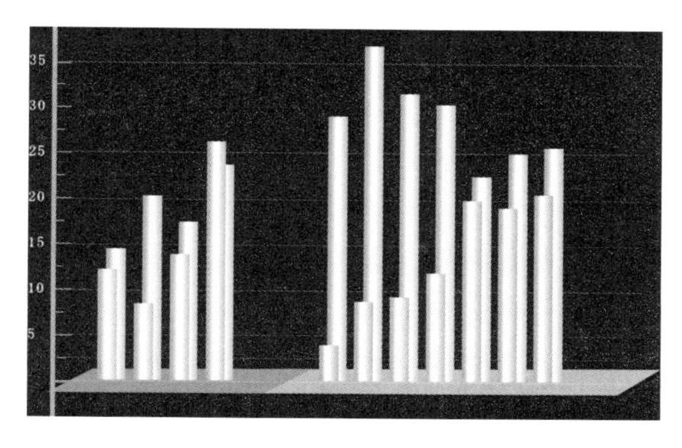

图7-30

⑨ 下面开始制作各班级名称。在选择文本工具字，然后在页面上单击并拖动，画出一个虚线的文本框。在属性栏上单击“将文本更改为垂直方向”按钮，然后开始依次输入“艺术二班、艺术一班、环艺二班、环艺一班”，每输入一个班，要按一下回车键以换行。结果如图7-31所示。

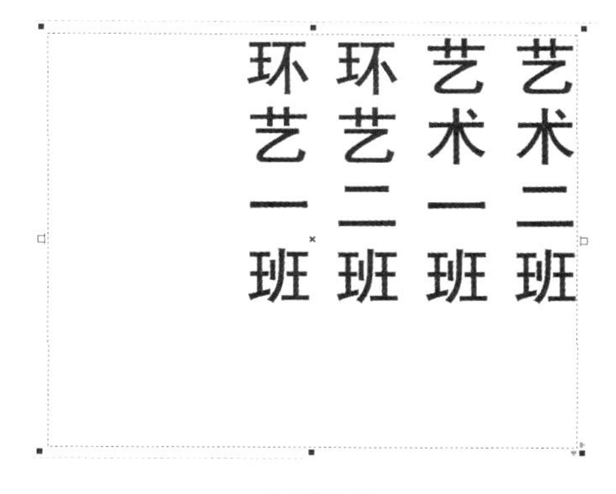

图7-31

⑩ 用选择工具选择文本，在属性栏中将文字的字体改为华文新魏。然后再次单击一下文本，使其处于可以斜拉状态，拖动顶部中间的控制箭头向右拉动，得到向右倾斜的文本。此时，文本虽然倾斜了，但是每行字的间距还显得过紧，没有与上面的柱体对齐。于是，选

择形状工具 ，按住右下角的控制柄向右拖动，以加大文本的行间距，效果如图7-32所示。接着，用选择工具选择文本，分别按下Shift+F11和F12，分别打开均匀填充对话框和轮廓笔对话框，在其中将文字的填充色和轮廓色都设为C28M99Y0K0。

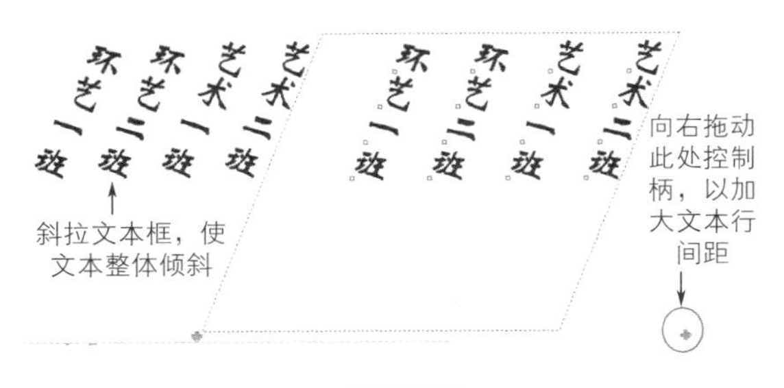

图7-32

⑪ 将文本对齐柱状图摆好位置后，艺术设计类专业的班级就制作好了。再用同样的方法制作出建筑工程类专业的班级，做好后的效果如图7-33所示。

⑫ 接下来就比较简单了。先用矩形工具在图表的右侧绘制两个小方块，分别填充C28M99Y0K0和C84M22Y0K0。再分别复制两个不同颜色的柱状各一个，缩小后放置在小方块之下。然后，就是选择文本工具，根据图7-34所示，添加相应的美工文字，设置好字体、字号、颜色后，作品就完成了。

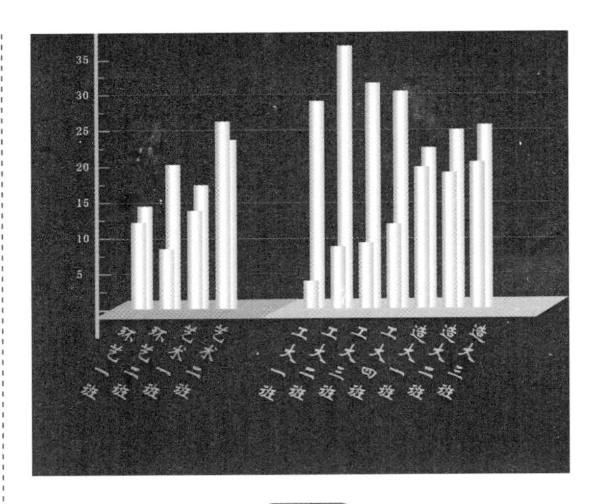

图7-33

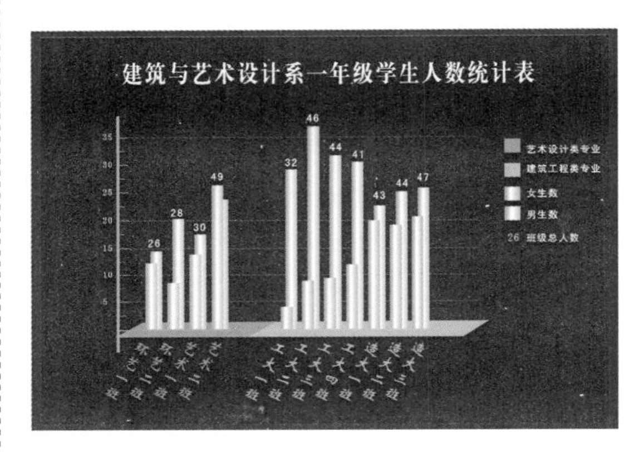

图7-34

举一反三——任务27 特效字制作

任务要求：按图7-35 ~ 图7-37所示，制作三种不同效果的特效字。

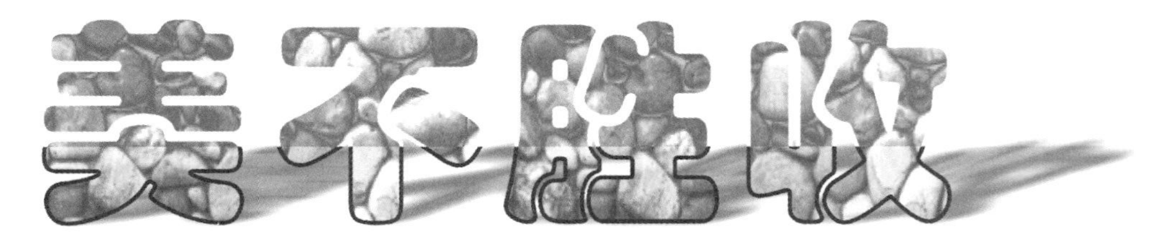

图7-35

图7-36

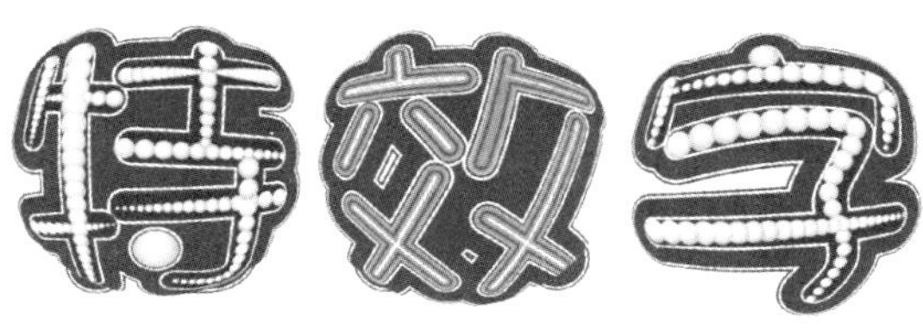

图7-37

任务提示：

特效文字的设计与制作是图形图像处理软件常做的工作，文字设计得当与否，对作品的质量影响很大。制作特效字，通常都是先以一种文字作为变化的基础，然后再通过文字转曲后，再对文字进行加工调整。因此，制作特效字必须要先选好合适的字体和字号。

①“美不胜收”制作过程提示如下。

第一步，用文本工具输入美工文字“美不胜收”，此处用的字体是华文琥珀，字号150。如果制作时，电脑里未安装这种字体，也可以选其它字体，但一定要选择比较粗壮的字体，制作效果才明显。同时要注意，不要选择华文彩云等一类字体，这类字体看似粗壮，实则为空心字，无法达到本例需要的效果。

第二步，导入一张位图图片。将图片放置于“美不胜收”几个字之下。

第三步，用挑选工具选择图片，选择“效果|图框精确剪裁|放置在容器中…”。然后用出现的大箭头单击文字，图片就放在文字中了。

第四步、用矩形工具在文字的上半部分绘制一个能完全框住文字的矩形。然后选择“效果|透镜”，打开“透镜”泊坞窗，在里面选择“热图”，然后在调色板上的去除颜色色块上点右键，去掉矩形的轮廓线。

第五步、选择工具箱中的阴影工具，为文字添加自下而上的阴影，并在属性栏上修改阴影的颜色。制作完成。

②“挖掘字”制作过程提示如下。

第一步，用矩形工具绘制一个矩形，选择填充工具中的底纹填充，在打开的对话框中，选择“样本7”，在里面选“混凝土”，为矩形填上底纹

第二步，用文本工具输入美工文字“挖掘字”，此处用的字体是华文隶书。然后选择挑选工具，再选择底纹填充工具为美工文字填充与矩形完全一样的底纹。

第三步，按Ctrl+C复制文字，再按两次Ctrl+V复制两个与文字完全重叠的副本。

第四步，按住Alt，用挑选工具单击一下文字，选中处于第二层的文字，在调色板上填充黑色。然后按键盘上的向下和向右箭头多次，可以看到文字黑色的阴影开始出现，文字正从混凝土中挖出来。

第五步，再次按住Alt，用挑选工具单击一下文字，选中处于第三层的文字，在调色板上填充白色。然后按键盘上的向上和向左箭头多次，可以看到文字白色的受光面开始出现，作品完成。

③“特效字”制作过程提示如下。

这三个字主要使用了一些特效工具和命令。其中第一和第三个字使用的是“调和”工具，第二个字使用的是“轮廓图”工具。至于外凸的效果，则是使用了“透镜”命令中的“鱼眼”效果。

大致步骤如下。

第一步，用文本工具输入三个字，选择一种较为粗壮的字体，如黑体，然后按Ctrl+K打散文

字，再分别按Ctrl+Q将文字转曲。

第二步是绘制第一和第三个字。先画一个圆，填充从橙到黄的椭圆形渐变，然后复制一个小一些的，接着就是依笔画，将这一大一小的圆放在一个笔画的头尾，再选择“调和”工具进行调和，调整调和步数和小圆的大小，只要多点耐心就可以了。最后再绘制一个圆，然后选择“透镜”命令中的“鱼眼”，得到外凸的效果。

第三步是绘制第二个字。先给文字填充红色，然后选择“轮廓图”工具，在属性栏上设置应用轮廓“到中心”，轮廓图偏移量适度、填充色为红色，渐变方式为顺时针渐变。最后同样使用“透镜”命令中的“鱼眼”效果。

微课助手

视频13　文本适合路径的使用技巧

视频14　文本绕图的使用技巧

CorelDRAW
技术与设计实战

第8章 位图运用篇

要领导航

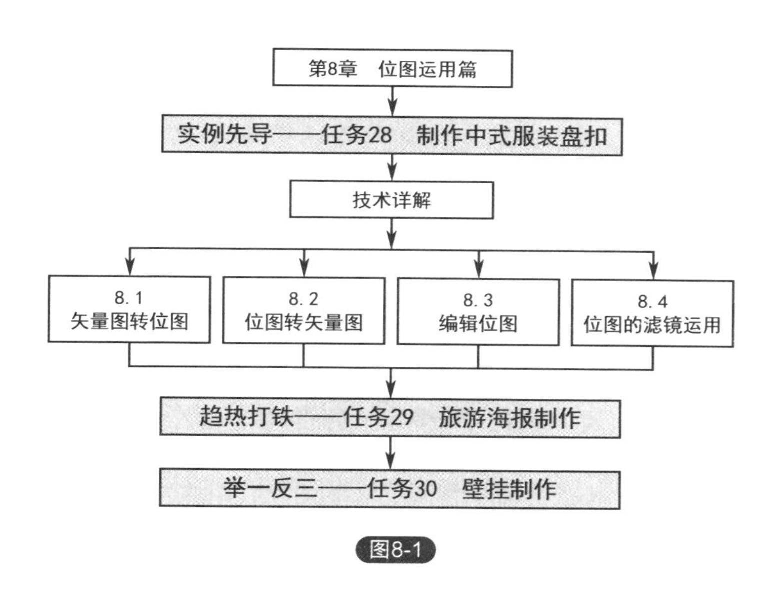

图8-1

学习导入

提问：CorelDRAW不是专门用来处理矢量图形的吗？为什么这章要学习位图的运用呢？

回答：CorelDRAW在处理矢量图形方面有着强大的功能，但是并不是面对位图就束手无策。在这个软件中，矢量图和位图之间是可以相互转化的。导入的位图可以转为矢量图，矢量图也同样能转换为位图，并且还能进行较为丰富的图像处理，让我们一起来看看它是如何转换并处理的吧。

实例先导——任务28 制作中式服装盘扣

任务要求：利用矢量图转换为位图的功能，制作如图8-2所示的中式服装上的盘扣。

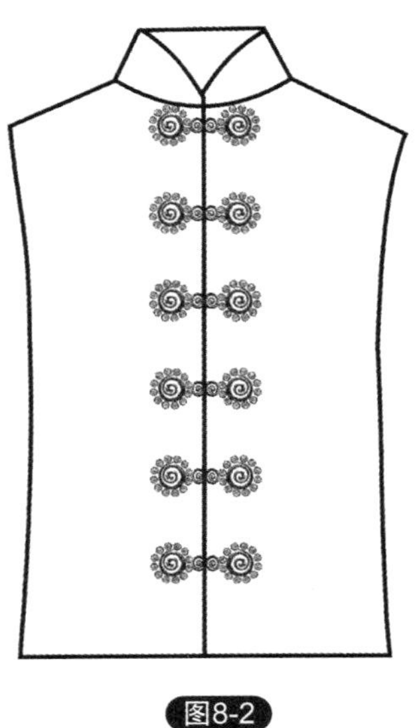

图8-2

任务目标：感受矢量图转换为位图的功能以及位图中的滤镜处理图形的能力。

主要工具：艺术笔触工具、形状工具、手绘工具。

主要命令：位图|转换为位图、位图|艺术笔触、位图|创造性等。

操作步骤：

① 打开CorelDRAW，新建一个文件。根据个人偏好选择工具箱中的手绘工具或是贝赛尔工具，先绘制出如图8-3所示的中式服装轮廓图。

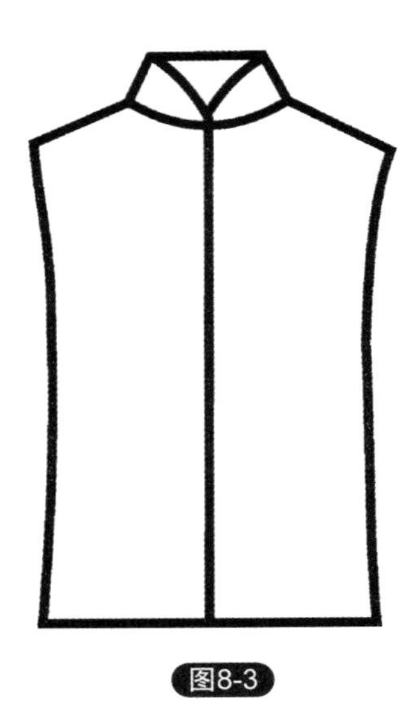

图8-3

② 选择工具箱中的艺术笔触工具，如图8-4所示，在属性栏中选择工具形式为“笔刷”、笔刷类别为“飞溅”，然后选好具体的笔触，在页面中绘制出相应的对象，绘制完后还可以根据需要在属性栏上调整笔触宽度值（注：如果一次未能绘制出符合需要的理想图形，可再选择形状工具，用以调整对象的形状。艺术笔触绘出的对象由两部分组成，其图形的走向都是由其中的一条控制线控制，用形状工具单击对象就可以看到这条控制线）。

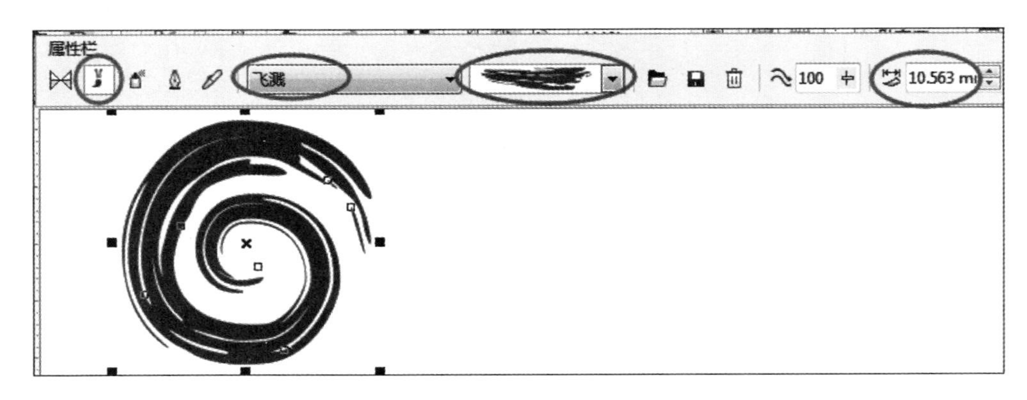

图8-4

③ 调整好形状后，选择“对象|拆分艺术笔组”，将刚画好的图形分解为一个群组对象和一条曲线两部分。用挑选工具选择其中的曲线，将其删除（注：这步如果跳过也是可以的，只是如果不做这一步，在下一步时，一定要先看选中的对象是艺术笔触对象，还是其中的曲线，如果选中的是其中的曲线，转换位图时会丢失艺术笔触绘制的对象）

④ 选择“位图|转换为位图”，如图8-5所示，在弹出的对话框中设置分辨率为300，颜色模式为RGB模式，并勾选“光滑处理”、“透明背景”选项，按“确定”，就可将刚绘制的矢量图转换为位图了。

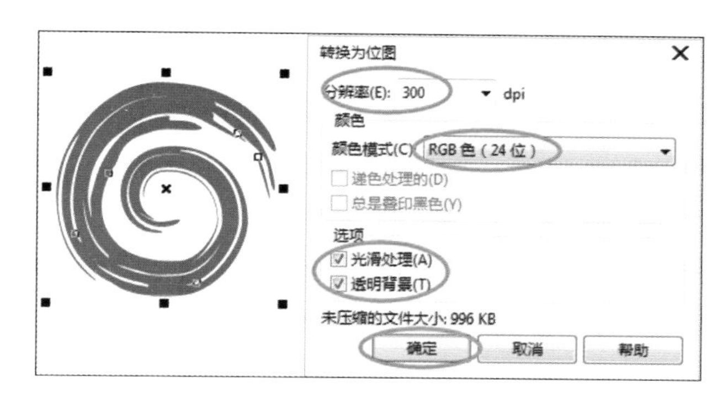

图8-5

⑤ 选择“位图|艺术笔触|木板画”，如图8-6所示，在弹出的对话框中选择“刮痕至颜色”，再根据实际需要设定密度和大小（注意，原始绘制的艺术笔触图形因未规定大小，所以后面的各项参数不一定与图中所示完全一致，可根据需要的效果自行设定，下同）。

图8-6

⑥ 再选择“位图|扭曲|旋涡”，如图8-7所示，在弹出的对话框中设置参数，调整效果，满意后按下“确定”。

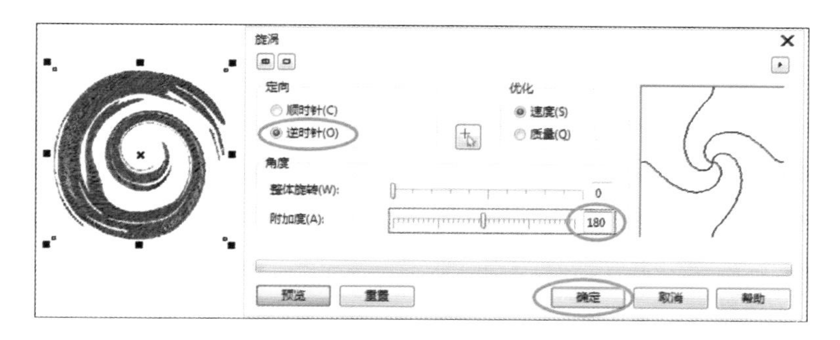

图8-7

⑦ 再选择“位图|创造性|工艺”，如图8–8所示，在弹出的对话框中将“样式”设为“弹珠”，其他参数根据情况设定，效果满意后按下“确定”。

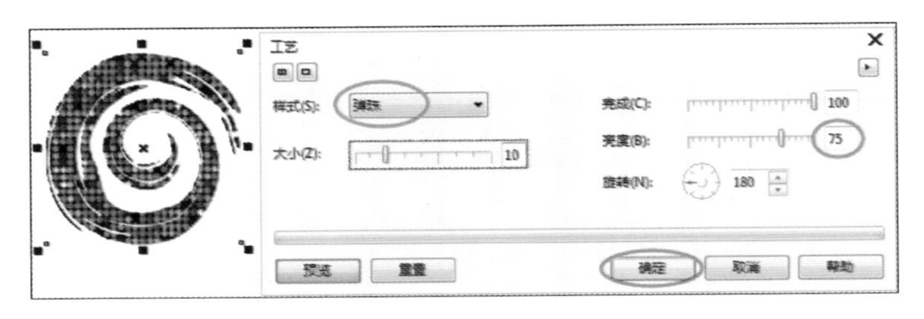

图8-8

⑧ 至此，一个基本形完成。然后，如图8–9所示，先用挑选工具将这个基本形缩小复制一份，围绕在大图的边缘。然后再单击一下这个小图，使其处于可旋转状态，将其旋转中心点拖至大图的中心，然后，按住Ctrl，拖动右上角的控制点向右下方移动，待看到一个满意距离的复制对象时，先按下右键，再松开左键，得到一个复制的对象。然后，反复按下Ctrl+R，直至复制出围满大图一圈的小图。用挑选工具框选所有对象，按Ctrl+G将它们群组。

⑨ 按住Ctrl，单击中心的大图，将其复制一个至群组对象的右侧，然后适当调整它的大小、比例，得出如图8–10的效果。

图8-9　　图8-10

⑩ 按住Ctrl，用挑选工具按住对象左侧中部的控制点向右拖动，待得到一个镜像的对称对象时，先按下右键，再松开左键，盘扣就完成了（图8–11）。将盘扣全部选中，然后按Ctrl+G，将它们群组。

图8-11

⑪ 将盘扣移动至服装上，调整好其大小和位置，然后将其复制出5个，如图8-12所示，作品就完成了。

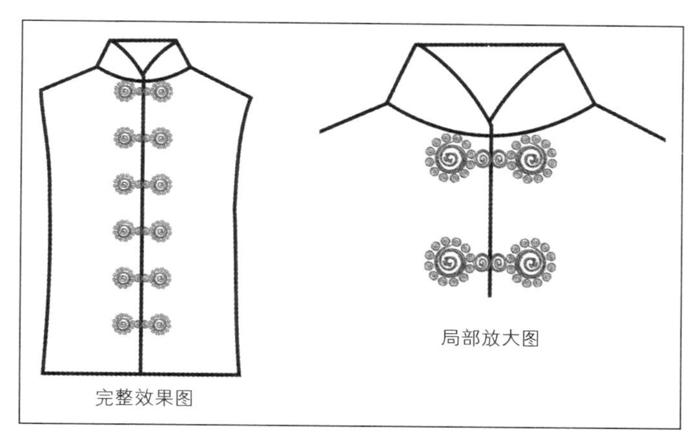

图8-12

技术详解

位图是由像素网格和点网格组成的，也叫点阵图。它与矢量图相比各有特色。如位图的图像的内容表现得更加真实；强大的位图滤镜能让位图作品瞬间华丽“变身”；当运用矢量图中某些特效工具时，可造成很大的文件，而转换成位图后可减小文件的大小……

位图和矢量图形是可以相互转换的。当位图转换为矢量图时，一些细节会被自动合并，图像的色彩更单纯，但所生成的新的单个对象可能会比较细碎（图8-13）。当矢量图转为位图时，图像的清晰度可能会受到一些影响。总之，二者各有优劣，使用时，重在合理选择它们的长处，努力扬长避短。

图8-13

8.1 矢量图转位图

要想将矢量图转换为位图，只需先选中矢量图，然后在菜单栏中选择“位图|转换为位图”，在弹出的对话框中设置即可。对话框中主要有以下选项。

① 分辨率。该表中选择转换后的图形的分辨率。CorelDRAW默认的分辨率为300，当转换为位图时，可根据需要重新选择或者输入自定义的分辨率值。

② 颜色模式。该表中选择矢量图转换成位图之后的颜色模式类型，共六种颜色模式。

③ 光滑处理。该选项是为了极力从位图图像中除去锯齿边缘，对那些低分辨率的点阵图效果较为明显。

④ 透明背景。当对象被转换成点阵图时，如果不勾选此项，转换时将自动为图像形状定义一个矩形的白色背景区域，该区域将与转换的对象合并为一个整体。当选择这一选项后，矩形的边框范围虽然仍在，但白色的背景色将随之消失。

8.2 位图转矢量图

位图可以通过三种转换类型转为矢量图。应先选中位图，然后在菜单栏中选择“位图|快速（或中心线、轮廓图）描摹”。当选择后两种类型时，都会打开如图8-14所示的对话框。通过选择

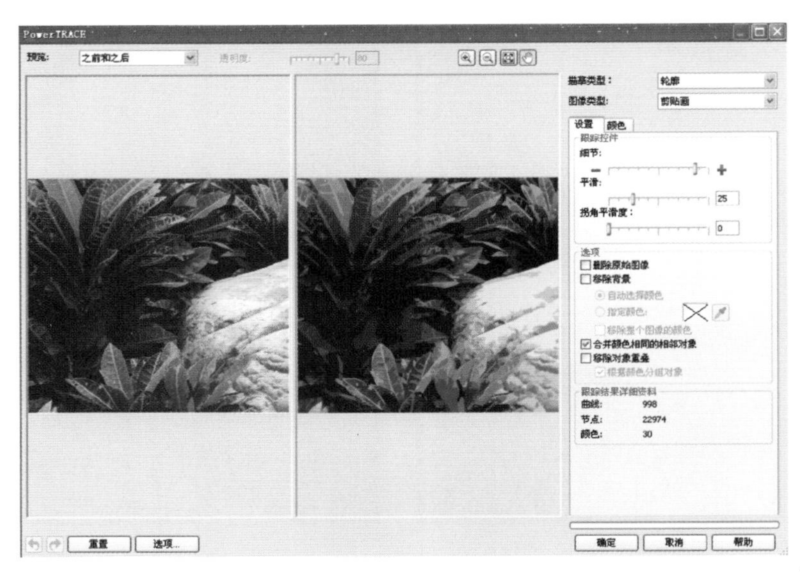

图8-14

不同的类型和参数的调整，可以得到不同效果的作品。当位图转换为矢量图形后，我们可以看到新生成的矢量图会由许多独立的对象群组而成。如图8-15所示，转换后，新生成的矢量图由998个独立的对象组成。

原始位图

转换后的矢量图
由998个对象群组而成

解除群组后移动其中
一些对象的结果

图8-15

8.3 编辑位图

对位图的编辑主要包括调整图像的色彩、色调；修改图像的分辨率、色彩模式；裁切位图；显示或隐藏位图的颜色等内容。这些命令除了在“位图”菜单内外，还有一些则在“效果”菜单中。

（1）图像色彩色调调整

① 位图|图像调整实验室。当选择这个命令后，就会打开如图8-16所示的对话框。在这里，可以对图像的色温、饱和度、对比度、明暗区域等方面进行调整。我们从图中可以看到，左边的图是原始图，后面的图是经过参数调整后的效果。在右下方，有“创建快照”。每调出一种效果后，就可以单击这里，就会在左下方生成一个当前效果的快照。这方便使用者多调几种效果，然后在其中选用一种效果，非常直观。

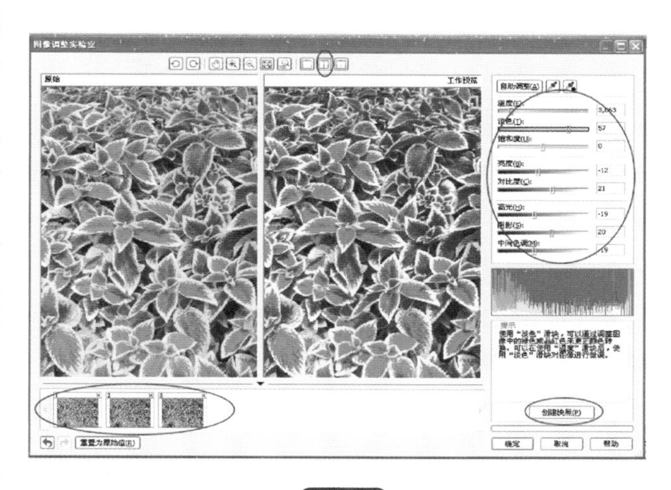

图8-16

② 效果|调整。在“效果|调整”子菜单里，包含了高反差、局部平衡、取样/目标平衡、调合曲线、亮度/对比度/强度、颜色平衡、伽玛值、色度/饱和度/亮度、通道混合器等共十二个命令，这些命令主要是用来调整对象的色彩与色调。其中，亮度/对比度/强度、颜色平衡、伽玛值、色度/饱和度/亮度既可

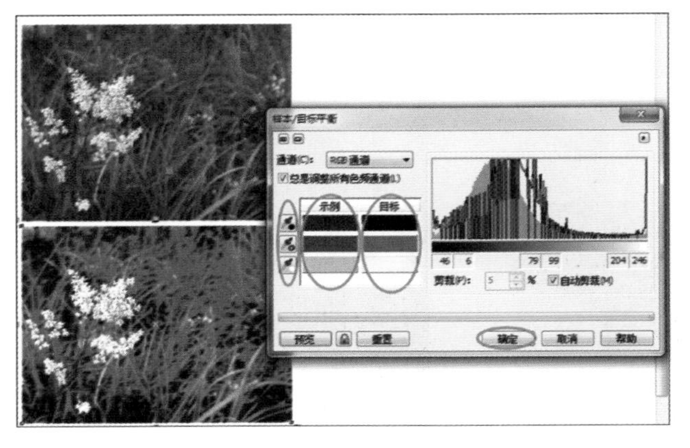

图8-17

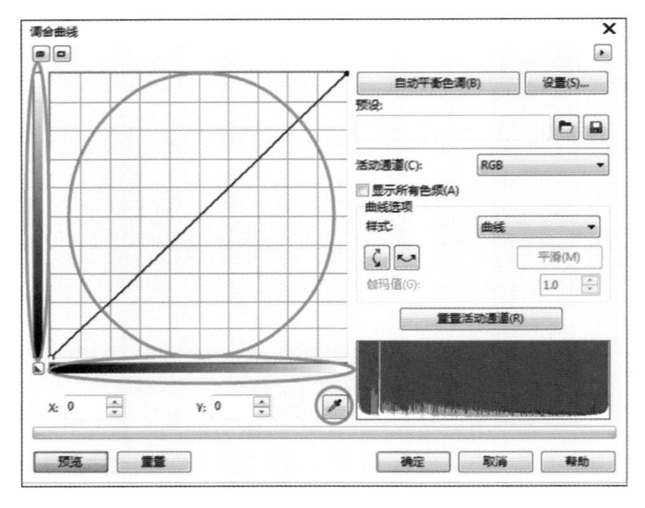

图8-18

作用于位图，也可以作用于矢量图，其余的命令则只能作用于位图。下面以取样/目标平衡、调合曲线为例进行示例说明。

“取样/目标平衡”可以用来对图像的暗部、灰部、亮部进行重新取样，以实现图像的色调和色彩的调整。如图8–17所示，在打开“取样/目标平衡”对话框后，可以看到右侧有一个直方图，图中从左至右依次显示当前图像中的暗部、灰部、亮部的分布量，可以看到这个图像的灰部比较多。在对话框的左侧，有“示例”“目标”两个色彩框和三个吸管。其中第一个吸管是代表暗部色调，第二个代表灰部色调，第三个代表亮部色调。“示例”是吸管吸取的颜色，“目标”是修改后的色调和色彩。现在，假设要将这个图像处理对比度加强，同时色彩偏红，可做如下操作。首先用暗色吸管在图像中接近最深的地方地方单击（图像中最上面的红色小方块处），以确定暗部示例色，然后，再单击目标色块，将需要的目标色设定为黑红色；接着，按上面的方法，依次确定灰部和亮部要改变的色彩和色调，然后按下“确定”，此时，便可以看到图像中的色彩和对比度根据给定的“目标”色而发生了相应的变化。

“调和曲线”可以用来调整图像的颜色和色调。如图8–18所示，这是“调和曲线”的对话框。左侧的坐标格上的曲线用来表示图像上各个部分的像素值。在曲线上单击可以添加控制点，或是使用下面的吸管到图像中单击，也可以在相应的位置添加控制点。坐标格底侧（X轴）和左侧（Y轴）各有一个灰度的渐变条，其中X轴代表原始图像的色调值，Y轴代表调整后的色调值。可以看到，在未调整前，如果在曲线上任意取一个点，这个点的X轴上的色调和Y轴上的都是一样的。当调整曲线后，这个点在X轴和Y轴上的色调将变得不一致，就可以反映出调整后的色调是更亮了或是更暗了。

以图8–19为例。在“调合曲线”对话框中，分别在亮部、灰部、暗部添加了三个控制点，其中，亮部、灰部的控制点都向上移动，暗部的控制点则向下移动至底部，这就意味着，图的亮部和灰部调亮了一些，而暗部则调得更暗了，因此，从调整后的结果可以看出，整个图像的对比度加强了。

③ 效果|变换。在“效果|变换”子菜单里，包含了去交错、反转颜色（反显）、极色化三个命令，如图8–20所示，“反显”是使图像产生影像负片的效果；“极色化”可为图像设置2 ~ 32个色阶层次，图中设置的层次为3，层次越少，图像的色彩的对比越强烈，色彩过渡越突兀。而交错化是用于从扫描或隔行显示的图像中移除线条。

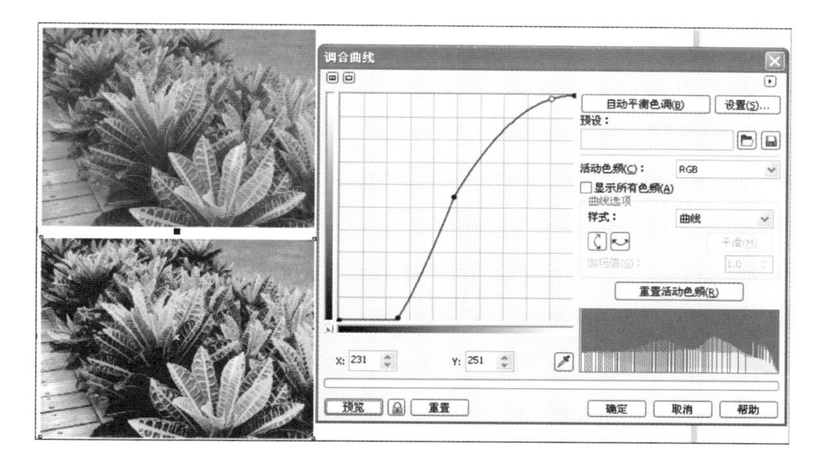

图8-19

图8-20

④ 效果|校正。“效果|校正”只有一个命令，即“尘埃与刮痕”。该命令通过调整“阈值”和“半径”来减少图像中的过度的细节或是色斑等，可以起到柔化或模糊对象，去除杂色的作用。如图8-21例所示，“半径”越大，细节丢失得越多，“阈值”越大，细节保留得越多。

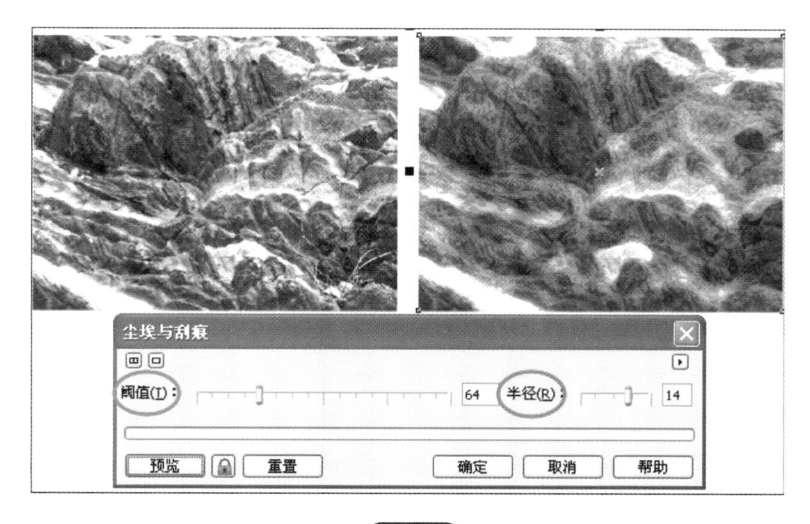

图8-21

（2）位图|编辑位图

虽然CorelDRAW可以较好地处理位图，但修改终将是有限的。因此，选择“位图|编辑位图”即可打开该公司开发的另一个位图处理软件PHOTO—PAINT，如图8-22所示，这就是PAINT X7的界面，在其中可以完成更多的位图调整和制作。要使用此项功能，需要在安装CorelDRAW软件包时安装了PHOTO—PAINT，否则该项将不可用。

图8-22

（3）位图|裁剪位图

对于位图，用户可以通过形状工具来编辑节点来达到修改、剪切点阵图的外轮廓的目的。还可以使用工具箱中的裁剪工具来实现同样的目标。但这两种方法完成的剪切，被剪切的那个区域实际还在那里，只是不可见而已，用户可执行反向过程把这个区域重新恢复过来。如果要想彻底地去除想要剪去的部分，可以选择“位图|裁剪位图”。

（4）位图|重新取样

使用这一命令，可重新设定图像的属性（大小、分辨率）。对于要将导入的过大图像变小些，这个命令不失为一个好帮手。但如果要将小图变大，使用时就要小心了。变大后，图像的实际像素并不会增加，所以，放到太大的话，图像会变得模糊不清。

（5）位图|模式

这一菜单命令，可以改变点阵图的颜色模式，包括黑白、灰度模式、双色、调色板色、RBG色、Lab色、CMYK色共七种模式。其中，调色板色模式也就是索引颜色模式，它最多可以显示256种颜色。双色调模式是采用2~4种彩色油墨混合来创建双色调（2种颜色）、三色调（3种颜色）、四色调（4种颜色）的图像。使用双色调的重要用途之一是使用尽量少的颜色表现尽量多的颜色层次，减少印刷成本。

（6）位图|位图边框扩充

包括自动和手动扩充两种命令。它可给位图添加白色的背景。

（7）位图|位图颜色遮罩

这个命令相当于给位图添加了一个过滤器，使图像按要求只显示某些颜色或将某些颜色隐藏起来。如图8-23所示，其中左图为原始图，右图为应用了遮罩后将一部分红色隐藏起来的效果。

图8-23

选择这一命令后，会打开一个泊坞窗，一般操作步骤如下。

① 在泊坞窗中选择“隐藏颜色”或是“显示颜色”

② 勾选一个黑色的颜色条，然后选择吸管，用出现的吸管在图像中某一需要显示或隐藏的部位单击以确定颜色，吸中的颜色将出现在黑色的颜色条中。

③ 如有多种颜色需要同时出现或隐藏，在另一个黑色颜色块上重复上面的步骤。

④ 输入“容差”值或调整“容差”滑块（注：容差值越大，所选择的颜色的范围就越宽）。

⑤ 单击“应用”。此时，图中被选中的颜色就被隐藏起来了。如果对象后面有其他的对象就会显示出来。

8.4 位图的滤镜运用

滤镜向来是一个神奇但又危险的地方。说它神奇是因为它变化丰富而让人充满惊喜，说它危险是它也可能因不当使用而给用户带来麻烦。这里，共有十二大类菜单项，每类之后又有几项子菜单。此外，除了软件自带的内置滤镜外，还有许多效果丰富的第三方开发的外挂式滤镜，可以在将其安装后使用。

① 三维效果。这里一共有七种菜单命令，它通过模拟三维图像的效果，使二维的平面位图能够产生一种三维的空间立体效果。图8-24显示的是其中的“卷页”和“球面”两种效果。

原始图

卷页效果

球面效果

图8-24

② 艺术笔触。这里共有十四种艺术绘画的效果，如炭笔画、单色蜡笔画、立体派、印象派、调色刀、钢笔画、木版画、素描等。它们可以产生各种类似于用不同绘画工具、不同绘画风格、不同绘画种类绘出的图形。图8–25显示的是其中的“水彩画”效果。

图8-25

③ 模糊。共有十条命令。如定向平滑、高斯式模糊、锯齿状模糊、动态模糊、放射式模糊等。通过这些命令可使图像看上去更柔和、光滑、朦胧，有时也能将图像变成完全不同的效果。图8–26显示的是其中的“放射状模糊”效果。

图8-26

④ 相机。共有五条命令。如着色、扩散、照片过滤器、棕褐色色调、延时。它主要是模拟相机的一些功能产生的各种效果。图8–27显示的是其中的“着色”命令，使用后对象变成了单一的蓝色调效果。

图8-27

⑤ 颜色转换。共有四条命令，是为位图的颜色提供一种色彩的转变模式，从而改变位图的颜色。图8–28显示的其中的“梦幻色调”的效果。

原稿　　梦幻色调

图8-28

⑥ 轮廓图。通过三条命令，力图将位图的轮廓线尽量显示出来。图8–29显示的是其中的“查找边缘”的效果。

⑦ 创造性。通过多达十四种的命令，给设计者带来很大的想象和设计空间。如不同材质、不同气候、不同环境下不同的表现效果。图8–30显示的是其中的“虚光”和“彩色玻璃”的效果。

原稿　　查找边缘　　原稿　　虚光+彩色玻璃

图8-29　　图8-30

⑧ 自定义。它包括Alchemy和凹凸贴图两个命令。通过它们，可以为图像添加不同笔触效果以及底纹图案的效果。图8–31显示的是其中的“虚光”和“彩色玻璃”的效果。

图8-31

⑨ 扭曲。通过十种命令，以特定的方式改变一些位图的形式，形成如波浪或涡流等的效果。图 8-32 显示的是其中的“龟纹”的效果。

图8-32

⑩ 杂点。共六种命令，第一种用以增加图像中的杂点；其它五种用以去除杂点，净化图形，但同时却会导致图像的清晰度降低。

⑪ 鲜明化。即锐化。共五种命令，用来强化图像中的像素。

⑫ 底纹。包括鹅卵石、折皱、蚀刻、塑料、浮雕、石头六种命令。可以产生不同质感的效果。图 8-33 显示的是其中的“塑料”和“浮雕”的效果。

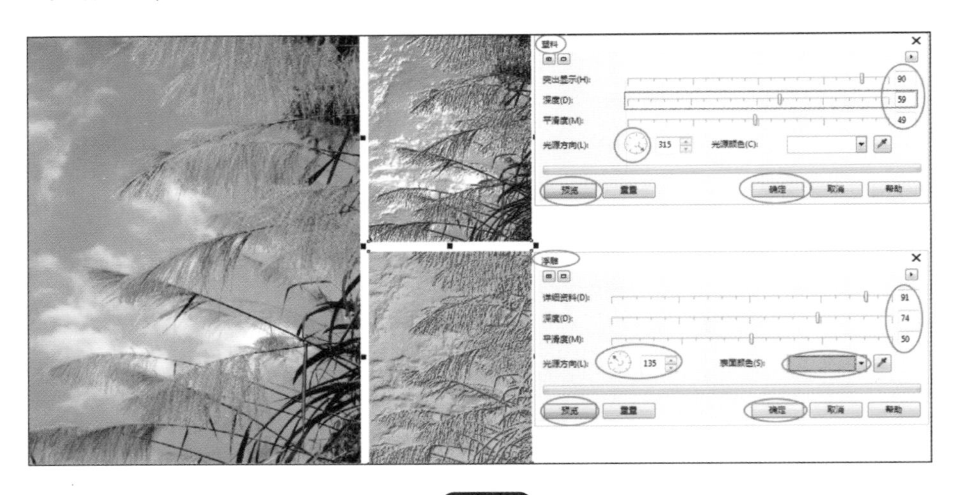

图8-33

趁热打铁——任务 29　旅游海报制作

任务要求：利用提供的照片素材，制作如图 8-34 所示的三种不同效果的旅游海报。

任务目标：感受位图和矢量图的区别，感受位图处理图像的方法，使用位图转矢量图、矢量图转位图的功能制作海报作品。

主要工具：矩形工具、形状工具、文本工具、交互式填充工具等。

图8-34

主要命令：文件|导入（Ctrl+I）、位图|自动调整、位图|轮廓描摹、排列|锁定对象、排列|解散群组（Ctrl+U）等。

制作步骤：

① 新建一个A4大小文件，按“文件|导入”（快捷键：Ctrl+I）导入图8-35所示的素材图，从页面左上角顶点向右下角端点拖动出一个矩形，使导入的图形尺寸符合A4大小。

图8-35

② 选择“位图|自动调整”；再选择“效果|调整|亮度/对比度/强度”，将参数调整为：亮度-20、对比度50、强度50，得到图8-36的效果。

图8-36

③ 选择“位图|轮廓描摹|剪贴画”，在对话框中勾选“删除原始图像”，其余参数不变，得到如图8-37所示的图形。此时，位图转变为矢量图形。

图8-37

④ 双击工具箱中的矩形工具，得到一个和页面一样大小的矩形，为其填充洋红色。选择“对象|锁定|锁定对象”，锁定矩形，以免制作其上部对象时，被误选中而影响操作。

⑤ 对矢量图形进行边缘形状修正和归纳。选择刚转换过来的矢量图形，按下Ctrl+U解散群组，然后通过删除色块、改变颜色和用形状工具调整部分轮廓的方法，效果与图8-38的效果近似即可。

注意：

该步骤主要目标是对转化过来的矢量图形进行形状和色彩的归纳整理，要达到边缘轮廓和色彩简洁清晰的目的。中间部分的色彩和形状可不做大的调整。

在调整过程中可注意一些小技巧。如用形状工具调整边缘时，因图形中的节点过多，可先通过框选的方法，去除掉一部分多余的节点，并将其余节点转换为直线性质，这样便于边缘轮廓线的调整。

⑥ 对矢量图形的色彩进行归纳。根据图形中的房间的结构和色彩进行色彩归纳和色彩调整，基本将图像中的色彩归为四类：黑色、棕色、绿色、黄色。效果与图8-39所示近似即可。

图8-38

图8-39

⑦ 用选择工具框选图形左下部分的黄绿相间的色块，将其复制一份，然后环绕着图形边缘进行全部或部分的粘贴，并进行拉伸、压缩、加减等变化，最终得到图8-40的效果。

⑧ 选择文本工具，在图像右下方拖出一个文本框，添加段落文字“春天来了，天暖了、草绿了、花开了，心也动了，让我们——踏青去”，字体为华文隶书，字号16。然后，

图8-40

选择属性栏上的“将文本更改为垂直方向”按钮▥，使文本变为竖向排列。接着，用选择工具单击文本，使其处于可斜拉状态，向拖动右侧双向箭头，斜拉文本，使其符合图形（图8-41）。

图8-41

⑨ 如图8-42所示，继续使用段落文本形式，用上面相同的方法输入上方的文字，字体为黑体，字号为16。

图8-42

⑩ 再次使用文本工具，在页面上单击，输入美工文字“相约凤凰、赞美春天”，字体为华文隶书，字号为48。按下F12，如图8-43所示，设置轮廓线颜色为黄色，宽度为7mm，并勾选“填充之后”，效果如图8-44所示。

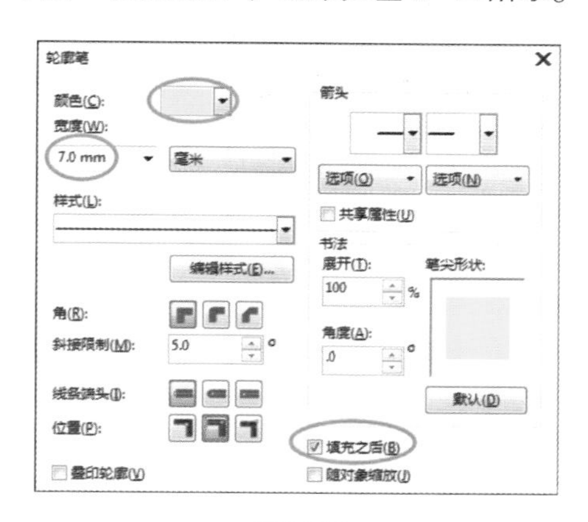

图8-43

图8-44

⑪ 选择“对象|锁定|解锁对象”，解除对洋红色矩形背景的锁定。选择工具箱底部的交互式填充工具，在属性栏中选择“渐变填充”“椭圆形渐变填充”，然后设置颜色为从黄色向洋红（C33M98Y6K0）的渐变。以图中屋子右上方的屋檐角为起点单击并稍拖动一点，绘制出光晕的效果，如图8-45所示，即完成全部制作。

图8-45

⑫ 接下来通过使用位图的滤镜功能为作品添加几种效果。使用Ctrl+G将作品中的所有对象分为两个组进行群组，一个组是所有图像部分，另一个组是所有文字部分。然后如图8-46所示，选择“布局|再制页面”，在弹出的对话框中勾选“在选定的页面之后”“复制图层及其内容”，将作品复制到第2页中。

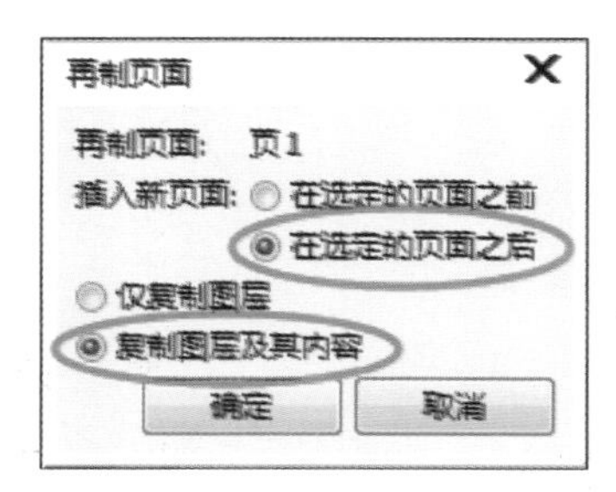

图8-46

⑬ 用挑选工具将文字组拖出对象放置在一旁，然后选中图像部分，选择“位图|转换为位图”，在弹出的对话框中进行如图8-47所示的设置。

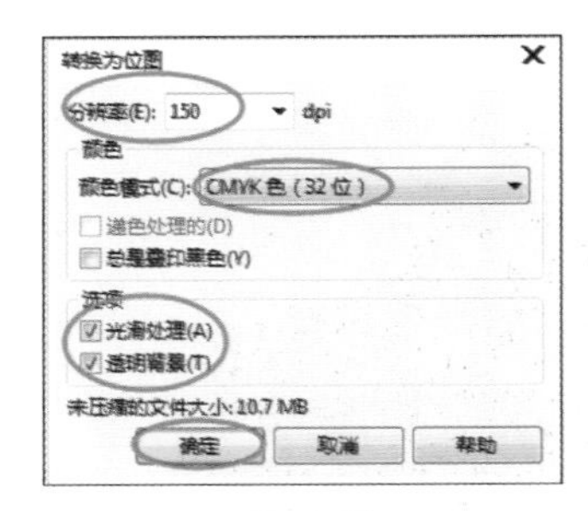

图8-47

⑭ 依次选择“位图|扭曲|涡流”、“位图|三维效果|卷页”。如图8-48所示，进行参数设置，得到如图所示的效果。其中，“卷页”对话框中的“颜色”，是使用吸管工具在画面中单击所吸引的颜色。

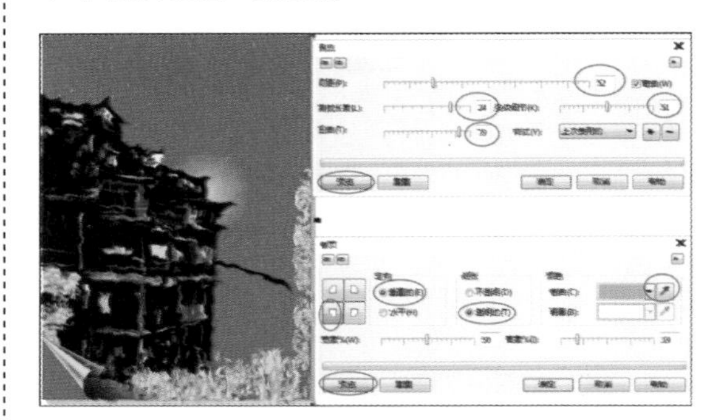

图8-48

⑮ 用挑选工具将文字移到图像中，如图8-49所示，完成第一种效果的制作。

图8-49

⑯ 用上述相同的办法，再从页1复制一个页3，然后为图像部分选择“位图|艺术笔触|波纹纸画”，之后再选择“效果|调整|亮度/对比度/强度”，在其中设置亮度-10，对比度20，强度20，结果如图8-50所示。

图8-50

⑰ 选择“效果|调整|替换颜色”，在弹出的对话框中，用“原颜色”右侧的吸管在图像中的粉色背景区域单击，以吸取背景色，然后在“新建颜色”的色块上单击，在出现的调色板上选择蓝色，之后“颜色差异”的四个选项的参数分别设为-90、-25、-60、30，便得到如图8-51所示的效果。

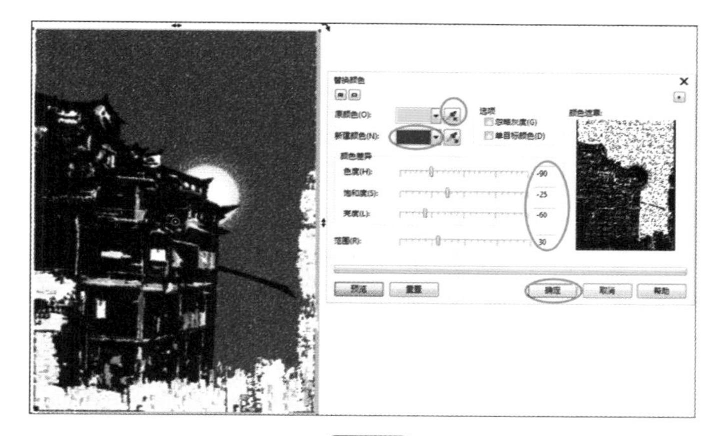

图8-51

⑱ 用挑选工具将群组的文字置于处理后的图像中，此时会发现，由于背景色中有一些杂点，所以黄色的小字受到一些干扰，所以需要再处理一下。选择“位图|模糊|放射状模糊”，在弹出的对话框中，设置“数量”为1，然后如图8-52所示，选择右侧的小箭头按钮单击图像中月光旁的屋顶，以确定放射中心点，然后按“确定”。如图8-53所示，这样文字后面的杂点就会模糊些，对文字的干扰就小了很多。第二种效果制作完成。

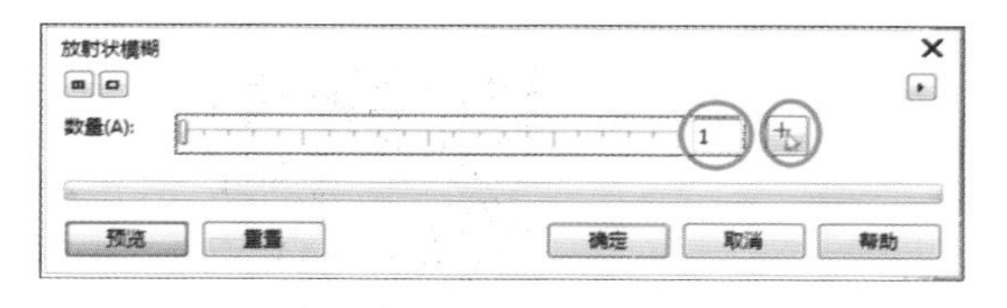

图8-52

图8-53

举一反三——任务30　壁挂制作

任务要求：利用矢量图转位图的功能及位图中的滤镜功能，制作如图8-54所示的壁挂。

图8-54

任务提示：

① 该项任务的制作并不复杂，关键在于织物质感以及一定的厚重感的体现。制作前的准备工作就是先准备好一幅位图的画面。建议画面内容不要太过复杂，以便于在通过滤镜处理后还能够持看得出大致的内容。

② 制作过程提示如下。

第一步，绘制一个矩形，然后在其中填充一种深蓝色，接着将矩形转换为位图。

第二步，使用“位图|创造性|工艺”为矩形添加样式为“糖果”的织物效果。

第三步，导入一张位图，调整其大小，使其比上面绘制的矩形略小一些，放置在矩形之上，与上一步一样，使用“位图|创造性|工艺”为导入的图形添加样式为“糖果”的织物效果。

第四步，绘制壁挂底部的挂穗。使用艺术笔工具，选择属性栏上的“笔刷”选项，选择一个合适的笔触形式和大小，一次一笔地绘制出挂穗，并做适当的大小、长短等的调整。

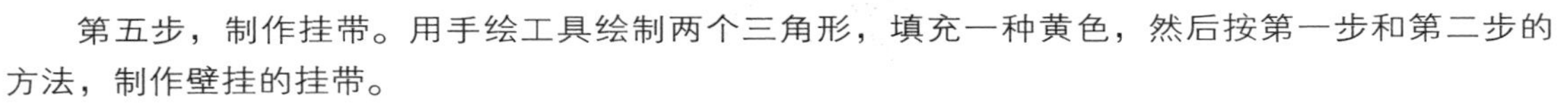

第五步，制作挂带。用手绘工具绘制两个三角形，填充一种黄色，然后按第一步和第二步的方法，制作壁挂的挂带。

第六步，制作木质墙钉。用椭圆形工具绘制一个正圆，然后使用填充工具为其填充合适颜色的射线渐变。然后将其转换为位图，给予“位图|艺术笔触 ”等合适的滤镜效果。

第七步，用挑选工具将所有对象选中，然后使用工具箱中的阴影工具，为图像添加阴影，制作完成。

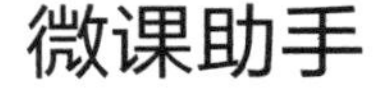

微课助手

视频15　为什么“裁剪位图”有时可以使用，有时无法使用？

视频16　“颜色遮罩”的使用方法

第9章 设计实战篇

要领导航

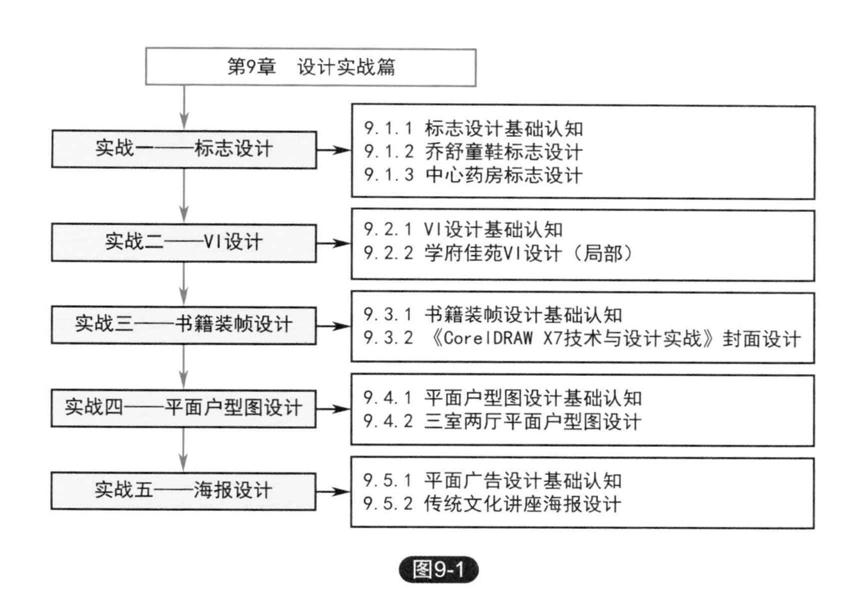

图9-1

学习导入

提问：CorelDRAW在实际工作中最常用于哪些工作？

回答：CorelDRAW因为以矢量图形的设计与绘制而见长，同时也可以对位图做出适当的处理，所以，凡是需要绘制图形的一些设计工作都常用得到，比如标志设计、VI设计、书籍装帧设计、平面户型图设计、广告海报设计、插画设计、工业造型设计、图案设计等等，都可以用得到。下面我们就通过一些工作中的实例来展现一下CorelDRAW的魅力吧。

9.1 实战一——标志设计

9.1.1 标志设计基础认知

标志对于一个企业、单位或是某一产品、活动等而言，就好比是人的姓名，是用以区分个体的符号。如果设计的标志与企业形象、特点贴切，通过广泛的推广使用，便成为企业形象和品牌的代表。设计一个好的标志，首先要考究其内涵寓意是否符合设计对象的需求，其次要确定其表现的形式，并通过恰当的表现手法将其表现出来。

（1）标志的价值

标志是现代生活中不可或缺的设计产品，是用来区分一个对象与另一个对象的最为直观的象征性符号。标志，也称为标识，指特定的机构（如企业、组织等）、个体为了使自身（如单位、产品、活动等）为公众所认可，树立形象、提振声誉、扩大影响，加强记忆等而使用的特定符号。当这种符号反映在商品上时，称之为商标，反映在非商品上时，称之为标志。

（2）什么样的标志才是优秀的标志

一个好的标志作品，最主要的就是要满足“适用”的要求，要与设计对象相契合。好的标志至少应该遵循以下原则：传导性、延展性、可视性、独特性、时代性。

传导性是要让公众能够很快地从标志中捕捉到设计对象的特质，且又不至于和其他的信息相混淆。因此，传导的信息一定要准确，并且应有自己的特色，而要避免通用的特征。

延展性是要求设计的标志应能适用于多种传播媒介平台和能在不同的使用环境中使用。

可视性是指标志在传达设计对象各种信息的同时，也要同时满足审美的需要。要能有效地刺激人的视觉感观，令人印象深刻，心情愉悦地接受它。

独特性是指标志所创符号首先必须要是唯一的，只能代表一个设计对象；其次还应该是独特的，即不与别人的作品有过多的相近之处，以防受众者的认知被混淆。

时代性是说尽管这是一个百花齐放的时代，但是标志的时代感依然会影响到受众者的接受度。无论是历史悠久的设计对象（如老字号企业）还是新兴的设计对象，与时俱进地表现出时代的烙印，以符合当代人特别是主要受众者的审美特征都是非常重要的。

（3）标志的形式构成

如图9-2所示，标志的外部形式通常包括字母数字型、汉字型、图形型、图文混搭型。

① 字母数字型标志，是以设计对象的首字母、字母全称、关键字母或是以某一个或几个数字等作为标志的创意出发点，在此基础上再进行字母的深加工，以构成符合设计对象需要的标志，它是当今标志领域中最为常见的一种标志形式。

② 汉字型标志，通常是在设计对象的名称中取一个或是几个关键字作为设计基础，通过文字的变形、装饰、组合，字体的变化等来进行标志设计。主要包括书法型和美术字型。以汉字作为设计元素，首要的好处就在于文字的可读性使其本身便能传达出设计对象的一些信息。在汉字标志的设计过程中，文字的塑造与变化有时是舒展大气，以字为主，能从中看到明显的书法或是美术字的痕迹，也有时是将文字与图形相融，形成图形化文字标志。

③ 图形型标志，就是通过一些具象的或是抽象的图形，经过设计塑造，赋以其一定的含义，使其与设计对象所要表达的内涵紧密关联。图形型标志可以是高度概括、简练、具有一定造型规律的图形，也可以是造型复杂、缺乏造型规律甚至是信手涂鸦效果的图形。近现代在经历了由繁至简的标志造型变化历程后，当代标志繁简相宜，各自有着自己的宽阔的表现空间。

④ 图文混搭型是指图形与文字共同一起构成标志。图文合置一处时，二者可以相辅相成，互相成为对方的注解，也就是说透过文字可以明白图形要表达的对象，通过图形可以使文字更深层的含义得到释放，二者互相辅助，便可以使标志的寓意、内涵得到很好的表现和提升。图文混搭型一般包括图文合一型和图文相辅型。

图9-2

9.1.2　乔舒童鞋标志设计

任务要求：完成如图9-3所示的乔舒童鞋的标志设计。

任务目标：掌握CorelDRAW在标志设计中的实用技巧。

主要工具：椭圆工具、贝塞尔工具、形状工具、文本工具等。

主要命令：结合、合并、打散等命令及其快捷键。

操作步骤：

图9-3

① 选择椭圆工具，按住Shift+Ctrl，在页面中拖动绘制出一个小的正圆；然后按住Shift，再按住正圆右下角控制点向外拖动一点，得到一个稍大的圆，在松开左键之前先按下右键，便得到了一个复制的同心圆。依照同样的方法，再向外复制绘制两个同心圆，得到如图9-4所示的四个圆。

图9-4

② 选择选择工具，按住Shift，从里向外依次选择里面的两个小圆，然后按下Ctrl+L，将两个小圆结合，再填充绿色（C55，M0，Y100，K0），得到如图9-5所示的效果（本标志后面所有的颜色都设置为与此相同的颜色值，后面不再赘述）。接着用同样的方法选择外层的两个圆并结合它们，填上与上面相同的绿色，如图9-6所示。

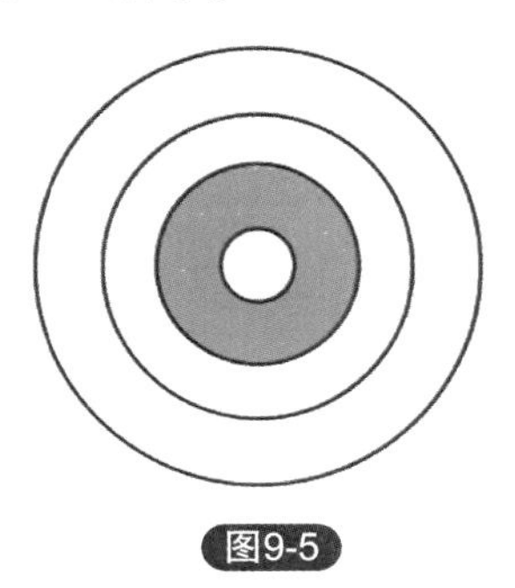

图9-5

图9-6

③ 选择贝塞尔工具，如图9–7所示，在大圆外面画一个S形。根据圆环的宽度在属性栏中更改轮廓线宽度，使其宽度与圆环的宽度相同，如图9–8所示。

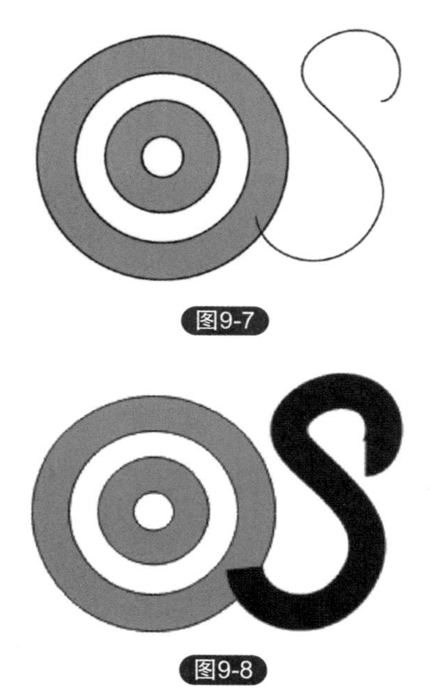

图9-7

图9-8

④ 选择“对象|将轮廓转换为对象”，并给转换后的S形填充与圆环相同的绿色。如图9–9所示。

图9-9

⑤ 在工具箱中选择形状工具，调整S形的轮廓节点，得到如图9–10所示的形状。

图9-10

⑥ 在工具箱中选择选择工具，按住Shift，依次单击大圆环和S形，以使两个对象一起被选中。然后选择“对象|造型|合并”，如图9–11所示，使二者融合为一个对象。

图9-11

⑦ 选择形状工具，在如图9–12所示的1号红点处单击，然后在属性栏上单击断开曲线按钮，将此处的线段断开。接着用同样的方法，将2号红点处也断开。

图9-12

⑧ 断开后，如图9–13所示，用形状工具分别轻移断开处的节点，将闭合的路径变为开放的路径，可以得到如图所示的四个节点。

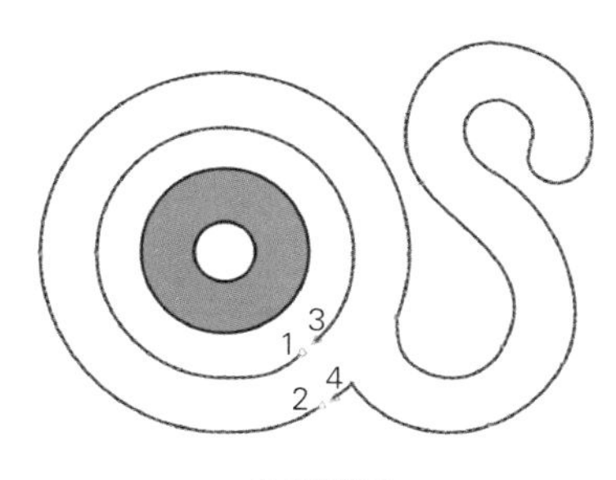

图9-13

⑨ 按住Shift，依次单击1和2号节点，然后在属性栏上单击连接节点按钮，将两个点连起来并做适当的形状调整。接着用同样的方法将3和4号节点也连起来并调整路径形状，最后得到如图9–14所示的效果。

图9-14

⑩ 如图9–15所示，用贝塞尔工具绘制、用形状工具调整，得到圆环顶部的“耳朵”。

图9-15

⑪ 选择工具箱中的选择工具镜像复制“耳朵”，并用形状工具进行适当的形状调整。最后，用选择工具框选所有图形，单击属性栏上的合并按钮，将所有的对象焊接为一个对象，再在调色板中右键单击顶部的☒，去掉所有轮廓线，标志就完成了（图9–16）。

图9-16

⑫ 接着来做品牌的标准字体。首先选择字体工具，在页面中单击以确定输入点，然后在属性栏上选字体类型为 Arial Narrow，字号可根据实际情况自定。接着在输入点后输入文字：OIAOSHU。

⑬ 用选择工具在文字上点右键，在弹出的菜单中选择“转换为曲线”（Ctrl+Q）。这时文字的外形虽然没有变化，但所有文字的属性已转换为曲线。然后用选择工具缩放文字，使其与前面做的标志大小比例相匹配。

⑭ 选择“对象|拆分曲线”（Ctrl+K）。此时原来是一个整体的文字成为可以单独选择的字母，同时封闭的对象部分被填为实心（图9–17）。

●IA●SHU

图9-17

⑮ 用选择工具围着第一个字母O框选该字母（注意，此时不要用点选的方法，因为看起来是一个圆的下面实际上还有一个小圆，一定要用框选的方法，框住整个圆），然后再选择“对象|合并”，便可以重新得到一个空心的圆。然后用同样的方法修正后面的A和O，以使其填实的部分挖空。

⑯ 选择形状工具，通过对文字的节点和路径进行增、删、调整，对文字的形状加以修改，并填充与标志相同的绿色，去除轮廓线，直至得到如图9–18所示的效果。

图9-18

⑰ 选择工具箱中的椭圆工具，按住Ctrl，然后绘制一个正圆，用选择工具调整圆形的大小，并将其移至文字中第一个O的右下方（如图9-19所示）。

图9-19

⑱ 接着，用与12 ~ 16步相同的方法制作品牌汉字“乔舒”。即先用文字工具输入文字（尽量选一种与最终字体相近的字体，如幼圆体、黑体等），再通过文字转曲、文字打散等方法将每一个字转化为独立的曲线，最后再用形状工具和其他工具（如用椭圆工具画“舒”字左边的圆）配合修改曲线，得到需要的字形，最后填充与标志相同的绿色，去除轮廓线，作品便完成了，结果如图9-20所示。

图9-20

9.1.3 中心大药房标志设计

任务要求：完成如图9-21所示的中心大药房的标志设计。

图9-21

任务目标：掌握CorelDRAW在标志设计中的实用技巧。

主要工具：椭圆工具、形状工具、矩形工具、贝塞尔工具、文本工具等。

主要命令：转换为曲线、合并、相交等命令及其快捷键。

操作步骤：

① 打开软件，在“创建新文档”对话框中将文件命名为“药房标志”，其它选项采用默认值不变。

② 选择椭圆形工具，在页面中绘制出一个椭圆。然后，选择“对象|转换为曲线”（Ctrl+Q），将椭圆的属性转为普通曲线，此时椭圆形的上下左右共出现了四个节点。

③ 在选择形状工具，分别双击曲线中部左右两侧的节点，使节点被删除。然后再框选曲线顶部和底部的节点，单击属性栏上的“使节点转为尖突按钮”，将两个节点的属性变成尖角属性。然后，分别调整上下两个字节的控制柄，以改变图形的外形。调整完成后的叶子图形效果如图9-22。然后给图形填充酒绿色（C40Y100）。

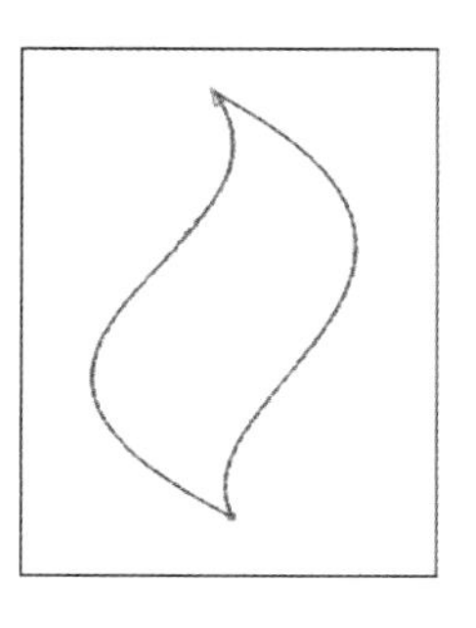

图9-22

④ 选择矩形工具，在页面中绘制一个竖向的长方形，然后，旋转长方形90°，复制出一个横向长方形。接着用选择工具框选中两个长方形，在属性栏上单击“合并”按钮，将二者合为一个十字形，然后给十字形填充酒绿色（C40Y100）（图9-23）。

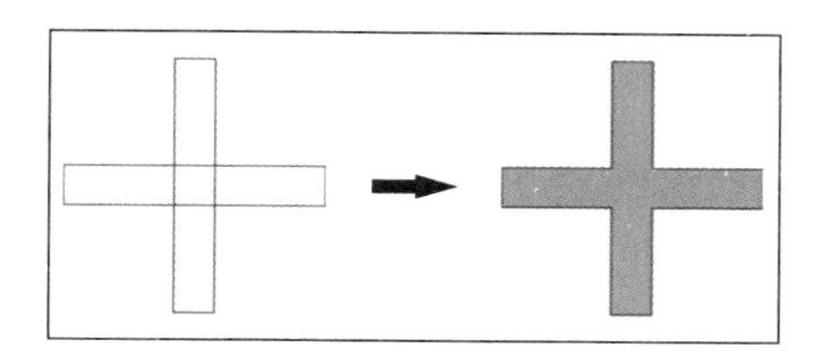

图9-23

⑤ 将十字形放置于叶子图形的右下方合适的位置，用选择工具同时选中叶形和十字形，然后选择“对象|合并”（Ctrl+L），然后去除轮廓线，便可得到如图9-24所示的效果。

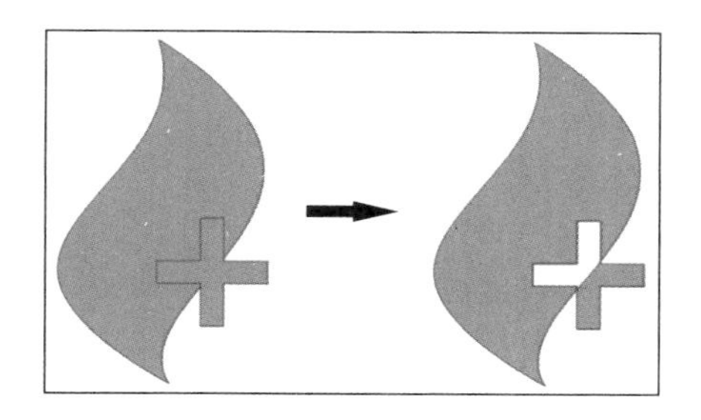

图9-24

⑥ 绘制小叶子。先用椭圆工具绘制一个比较长的椭圆形，并填充酒绿色。然后用贝塞尔工具绘制叶脉，并根据图形的大小，设置合适的轮廓线宽度，颜色为白色。然后按Ctrl+G群组小叶子和叶脉（注意：设置轮廓线宽度应勾选轮廓笔对话框中“随对象缩放”按钮，以免因缩放叶子导致轮廓线宽度与图形的比例关系发生改变）。然后，将小叶子复制一份，并分别放置于大叶形状的两侧（图9-25）。

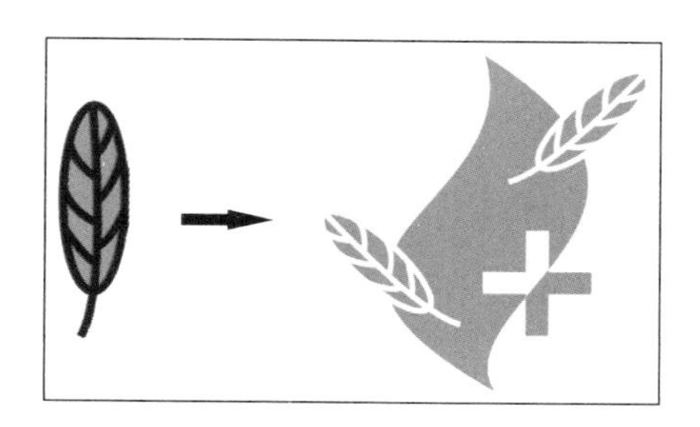

图9-25

⑦ 用手绘工具在叶形的底部绘制出一条直线，设置合适的线宽，颜色为酒绿色。然后在其上部输入文字“中心大药房”，字体为经典综艺体，颜色为酒绿色，如图9-26所示，标志的制作完成。

图9-26

9.2 实战二——VI设计

9.2.1 VI设计基础认知

（1）VI是什么？

VI是英文Visual Identity的缩写，意指视觉识别。VI是CI（企业形象策划）中最直观的一个子

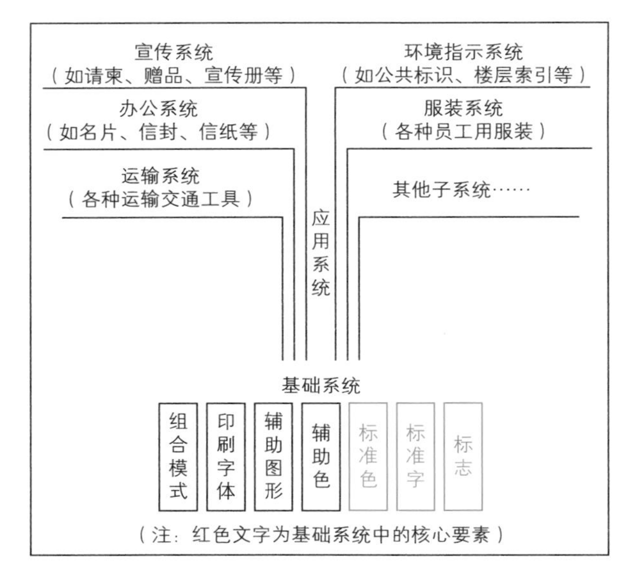

图9-27

系统。它通过一整套的静态识别符号，通过一整套视觉作品通达至企业的各个角落，传达企业理念，为企业行为活动贴上企业标签，使公众一目了然。它在整个企业识别中传播力与感染力最具体、最直接、项目最多、层面最广，是企业对外的形象装束，企业的气质、企业的情怀、企业的目标和企业的文化都可以通过这些装束体现出来。对于设计人员而言，在CI这个大系统中主要承担的就是VI的设计工作。

企业形象并不是像人的长相一样可以一目了然的。一开始时，它是存在公众心中的一种模糊、朦胧的感觉，是存于脑中记忆的片断。企业为了加深这种印象，使其能够持久地影响公众的知觉，强化公众对企业信心，就要设计出能适当表现、代表这些记忆、感觉的符号。以这些符号为媒介来启发或打开这种感情，记忆、认知的程度愈深，就愈能加强信赖感。

VI包括基础系统和应用系统两方面，其二者的关系，如图9-27所示，就像树根与树枝的关系。其中，基础系统是树根，应用系统则是树上的果实。基础系统为应用系统提供足够的可使用符号，如标志、标准字、标准色等。应用系统则是将这些视觉符号根据不同的需要通过精心的设计分别应用于企业所需要的各个地方。二者之间是相互依存的关系，如果没有应用系统，基础系统就会失去其作用，设计出来的各种视觉符号将找不到可以使用的地方；而如果没有基础系统，应用系统就失去了设计的依据，没有了统一的标准印记，会导致各自为政的面貌，也就无法让企业形成统一的“装束”，自然也就无法发挥其为企业树立形象的作用了。

（2）VI基础系统设计

如图9-28所示，VI的基础系统是指以标志、标准字、标准色的设计为核心，以辅助图形、印刷字体、吉祥物、企业口号等的设计为辅助，并围绕着它们如何规范使用所开发出的一套静态识别标准。这套标准开发的成功与否，将直接关系到VI应用系统的设计。

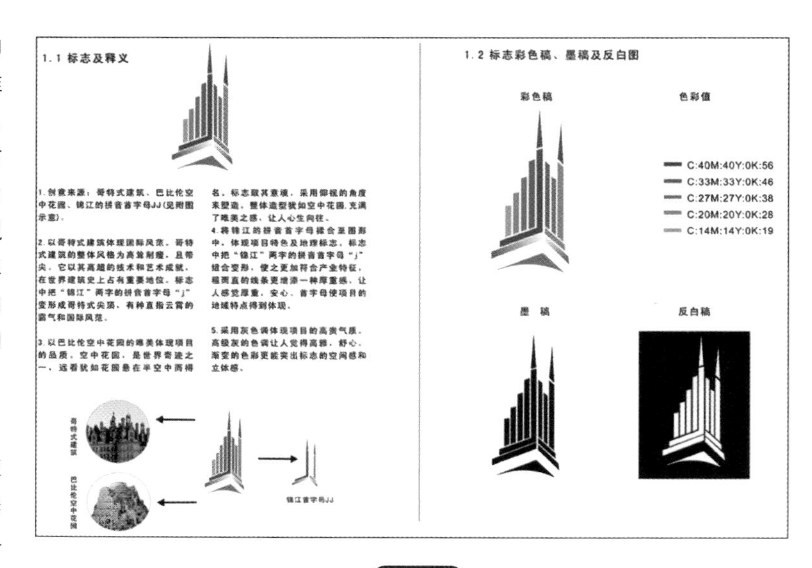

图9-28

（3）VI应用系统

如图9-29所示，VI应用系统是指在基础系统的基础上，针对企业形象中的具体应用要素设计项目，将基础系统里的要素应用于名片、信封、车辆、建筑、指示牌、服装等各种具体应用项目上去。在开发设计之前，首先应对其需要开发的具体应用项目进行确定；其次应对其客观的限制条件和依据做出必要的确定，以避免设计项目虽然很美但不实用的问题。

图9-29

9.2.2 学府佳苑VI设计（局部）

任务要求：完成如图9–30所示的学府佳苑的标志以及名片、信封、纸杯、指示牌的制作。

任务目标：初步理解VI设计的基础系统中的核心内容和应用系统的内容，掌握CorelDRAW在VI设计中的实用技巧。

主要工具：多边形工具、手绘工具、形状工具、矩形工具、文本工具等。

主要命令：本例尽量使用一些命令的快捷键，以帮助学习者适应多个快捷键的工作方式，以提高工作效率。主要用到的快捷方式包括新建、填充颜色、结合、群组、打散、对齐、文字转区、修剪等。

操作步骤如下。

图9-30

9.2.2.1 学府佳宛LOGO制作

（1）新建文件

① 打开CorelDRAW，按Ctrl+N，在弹出的对话框中，将文件名称命名为“学府佳苑VI”，其它参数不变，然后按“确定”（图9–31）。

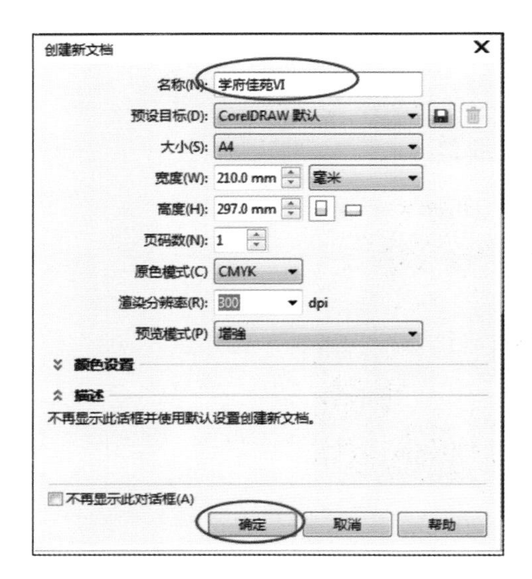

图9-31

② 如图9–32所示，在软件窗口左下角的页面指示区“页1”处点右键，在弹出的菜单中选择“重命名页面”，将页1命名为“标志”。

图9-32

（2）制作标志外轮廓

③ 选择多边形工具（Y），在属性栏上设置边数为6。按住Ctrl+Shift，在页面中绘制一个正六边形。再按住Shift，将鼠标指针置于右下角控制点处，按下左键并向左上方稍做移动，使正六边形复制至合适位置，在松开左键之前先按下右键，便得到一个与第一个正六边形同心的小正六边形（如图9–33）。

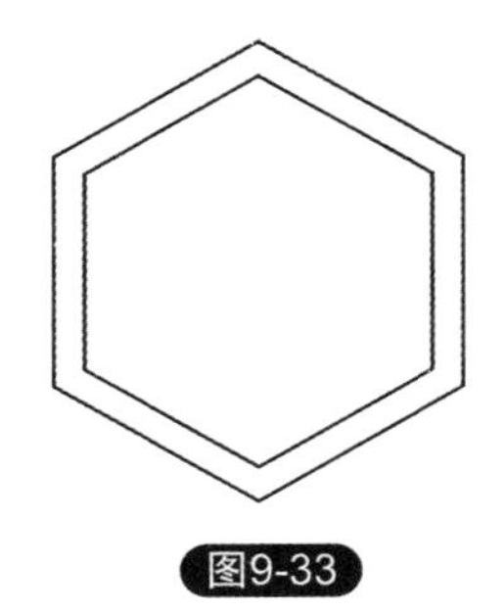

图9-33

④ 用选择工具选中里面的小正六边形，按小键盘上的“+”，在原处复制一个并移动已画的两个正六边形外面。按下F11，打开渐变填充编辑对话框，如图9–34所示进行参数设置（其中，右侧红色的颜色值为C42M92Y75K2），中心为16%，按“确定”，得到填充了渐变色的正六边形。然后右键单击调色板顶部的删除按钮☒，去掉对象的轮廓线。

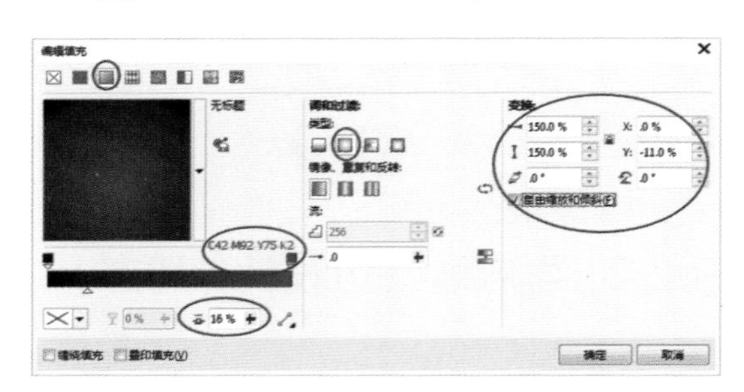

图9-34

⑤ 制作标志边框。用选择工具框选两个同心的正六边形，然后按下Ctrl+L，将两个同心形结合，得到一个如图9–35所示的空心的六边形（为便于理解，先任意为其填充一种颜色）。

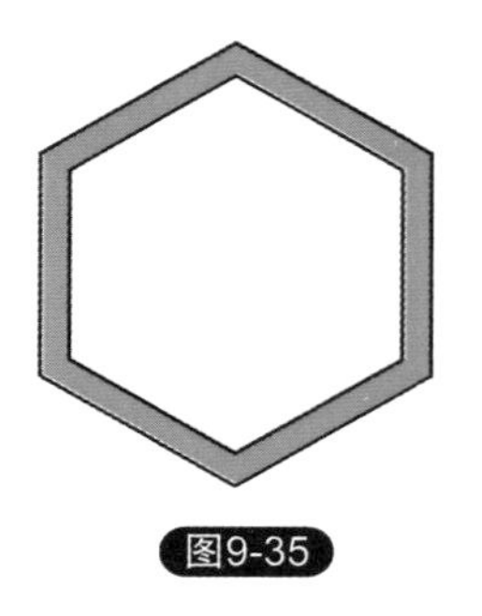

图9-35

（3）制作标志主体图形

⑥ 用矩形工具（F6）在页面中绘制出一个长方形，然后按下Ctrl+Q，将矩形的属性转化为曲线。接着使用形状工具（F10）调整矩形的形状似一本打开的书页。接着再绘制一个窄一些的矩形，用同样的办法绘制出另一个似书页的形状，先任意给两个图形填充一种颜色，结果如图9-36所示。接下来用选择工具框选刚绘制出的两个图形，按属性栏上的合并按钮⧉，将两个图形焊接为一个整体的对象。

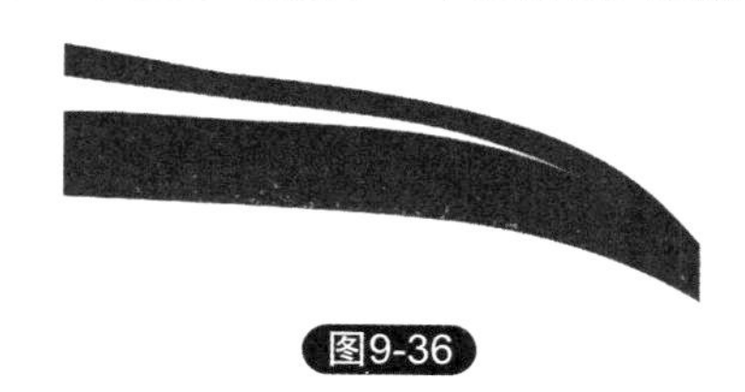

图9-36

⑦ 用选择工具选中上面的对象，然后按住Ctrl键，用拖动复制的办法，得到如图9-37所示的一个对称的对象。

图9-37

⑧ 将该图形放置于第③步绘制的六边形下部，使二者相吻合（二者边缘要有一定的重合，以方便后面的焊接）。然后，用矩形工具在“书页”上绘制一个矩形，按下Ctrl+Q将矩形的属性转化为曲线。接着，用选择工具从上侧的标尺向下拖出一条辅助线至矩形的顶部对齐，单击一下辅助线，使其处于可旋转状态，然后将旋转的中心点拖置于矩形右上角的顶点，在属性栏上设置旋转角度为30°（图9-38）。

图9-38

⑨ 使用形状工具（F10）选择矩形左上角的节点向下垂直拖动至与辅助线所形成的角度相吻合（即形成60°夹角），即可完成此图形的绘制。然后再用同样的方法绘制出其他三个形状（图9-39）（提示：这里绘制出的四个对象的底部既要与“书页”相重叠，但又要注意不要与“书页”的空白处有重叠，否则后面的焊接将会出现麻烦）。

图9-39

⑩ 为标志主体图形填色。前面所有对象填充的颜色均为随意填的任意色（第②步填充的六边形除外），因为最后这些对象马上将会被焊接为一个对象，并进行重新填色。现在，用选择工具框选所有对象（第②步绘制的六边形除外），按下属性栏上的合并按钮⧉，即可将所有对象焊接为一个整体。接着，按下快捷键F11，打开渐变填充编辑对话框，如图9-40所示进行参数设置（其中左侧色块的颜色值为C38M60Y99，中间色块的颜色值为Y20，右侧色块的颜色值为C40M59Y100），按“确定”，得到如图9-41所示的填充效果，然后右键单击调色板顶部的删除按钮☒，去掉对象的轮廓线。

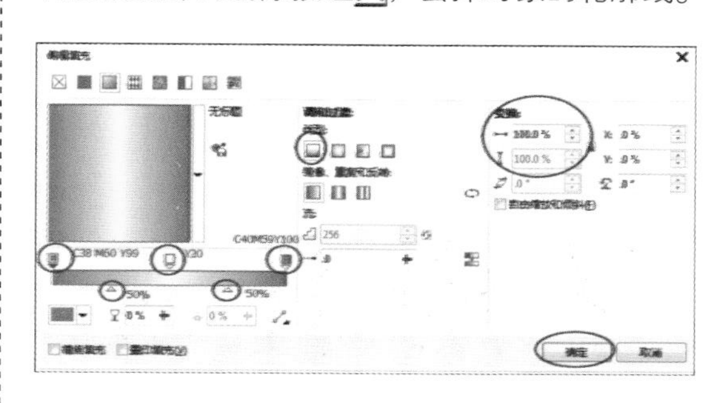

图9-40

图9-41

⑪ 组装标志图形与标志背景。用选择工具将刚绘制好的对象和前面绘制的填充了渐变颜色的六边形一起选中，然后选择“对象 | 对齐和分布 | 水平居中对齐”和“对象 | 对齐和分布 | 垂直居中对齐”（C、E），将二者居中对齐，标志的图形部分就完成了（图9–42）。

图9-42

（4）制作品牌文字

⑫ 制作中文字。选择文字工具（F8），输入“学府佳苑”。在属性栏上选择字体为经典粗宋简，根据标志的大小选择与标志大小匹配的字号。然后用选择工具将文字向上向左做一点压缩。随后，如图9–43所示，用形状工具，按住右下角的控制箭头向右拖动，拉大一点文字的间距。按下Ctrl+Q，将所有文字转化为曲线。然后，为文字填充C50M100Y80K20。最后，用选择工具将文字拖置于标志之下合适的位置。

学府佳苑

向右拖动此处

图9-43

⑬ 制作拼音字。选择文字工具，输入“xuefujiayuan”，在属性栏上选择字体为Hancock。然后用上面同样的办法，适当将文字调整一下。接着，按下Ctrl+Q，将所有文字转化为曲线（图9–44）。然后，在文档调色板中找到和汉字一样的颜色，为拼音填充颜色。

xuefujiayuan

图9-44

（5）制作装饰线，完成作品

⑭ 绘制装饰线。选择矩形工具（F7）在属性栏上设置一定矩形的圆角值，然后绘制一个长方形，按下Ctrl+Q，将矩形的属性转化为曲线（图9–45）。接着，用形状工具，将圆角矩形中多余的节点删除（重点要删除右侧圆角两端的节点，只留右侧中间的节点），然后，选择右侧中间的节点，单击属性栏上“曲线转换为直线”按钮，将上边的曲线转换为直线；再选择左侧下端的节点，同样单击属性栏上的相同按钮，将曲线转换为直线。这样，一个左圆右尖的针状图形就绘制好了。接着再用椭圆工具，在刚画的图形左边分别绘制一大一小两个小圆，如图9–46所示，一侧的装饰线就绘好了。

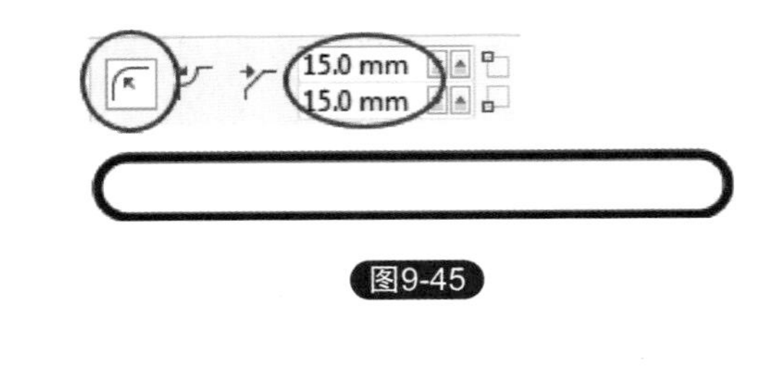

图9-45

图9-46

⑮ 用选择工具框选刚绘制的三个对象，按Ctrl+G将其群组。接着按住Ctrl，向右拖动复制，得到一个镜像对象。接着，用选择工具将第⑪步绘制的对象如图所示排列在文字的下面，全选所有内容，按Ctrl+G将它们群组，标志就完成了（图9–47）。

图9-47

9.2.2.2 学府佳宛应用项目——名片制作

（1）添加页面

如图9-48所示，在左下角的页面指示区单击加号按钮，为文件添加一个页2，在页2上点右键，选择重命名页面，将页面命名为“名片”。

图9-48

（2）绘制1 ： 1大小的名片

用矩形工具绘制一个矩形，然后在属性栏上设置宽度为90mm，高度为50mm ，按回车键，设定好名片的尺寸。接着按下Shift+F11，在弹出的颜色编辑填充对话框中设置颜色值为C60M100Y80K20，为名片填充好底色。

（3）将标志复制至名片页并修改颜色

单击“标志”页面，用选择工具选中标志，按Ctrl+C，将标志复制，然后，回到“名片”页面，按Ctrl+V，将标志粘贴到页面中。接着，按住Ctrl，单击标志中的汉字（这样可以在群组状态下选中群组内的对象），按下Shift+F11，在弹出的颜色编辑填充对话框中设置颜色值为M20Y60K20，将文字颜色填充为金色。用同样的办法将拼音和装饰线填充为金色（图9–49）。

图9-49

（4）缩小标志、调整标志位置

用选择工具将标志拖放于名片上，并缩小至合适的大小（图9–50）。

图9-50

（5）输入名片上的文字

选择文本工具，如图9-51所示输入相应的文字内容。每输入一行，按回车，即可换行进入到下一行。输入完成后，选择选择工具，然后按下Shift+F11，在弹出的颜色编辑填充对话框中设置颜色值为M20Y60K20，将文字颜色填充为金色。在属性栏上将文字字号设为6号。

代用名·销售经理
Mob : 18612346888
Add：长沙市岳麓区中南大学新校区南面后湖路旁
Tel ：0731-88888888
QQ :123456789
开发商：长沙福泉置业有限公司
长沙市最好的教育楼盘

图9-51

（6）设定文字的字体与字号

按下Ctrl+K，使文字每一行成为一个独立的对象。用选择工具选择第一行，在属性栏上设置字体为经典粗宋简，字号为7号；接着选择第二行和第四、五行的数字行，设字体为Arial，字号为6号；再选择第三行和第六行，设置字体为黑体，字号为6号。最后选择第7行，设置字体为方正黄草简体，字号为6号。此外，每行在设置了字体与字号后，都还需选择形状工具，通过向左拖动控制柄，以适当缩小文字间的距离。

（7）设置文字对齐和行距

用选择工具框选所有文字，将它们移动于名片之上，然后按下“对象 | 对齐和分布 | 左对齐”（L），将所有文字向左对齐。然后，用选择工具从上至下分别选中各行稍做移动，以调整每行之间的行间距。最后再选择所有文字，移动至名片上的合适位置，完成名片制作，结果如图9-52所示。

图9-52

9.2.2.3 学府佳宛应用项目——纸杯制作

（1）添加页面

① 与添加名片页面的办法相同，在左下角的页面指示区单击加号按钮，为文件添加一个页3，在页3上点右键，选择重命名页面，将页面命名为“纸杯”。

（2）绘制纸杯基本尺寸构架

② 选择手绘工具，在页面中单击，然后按住Ctrl（目的是为了约束绘制的线能够水平或垂直）在水平位置的另一处单击，绘制出一条水平线段。同样的办法绘制出另外一条水平线和一条垂直线，三条线摆放成一个“工”字形框架（图9-53）。

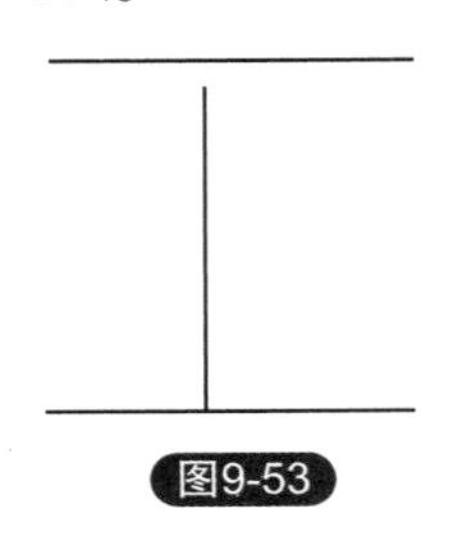

图9-53

（3）绘制纸杯的平面展开图

③ 选择“对象 | 变换 | 大小”，打开“变换”泊坞窗。接着选择第一条水平线，在泊坞窗窗口中输入水平值75mm，按回车键，便将第一条水平线的具体尺寸设定好了。依照同样的方法，设定第二条水平线的水平值为53mm，垂直线的垂直值为90mm。将三条线的位置放好，用选择工具框选三条线，按下C键，将三者垂直居中对齐（图9-54）。

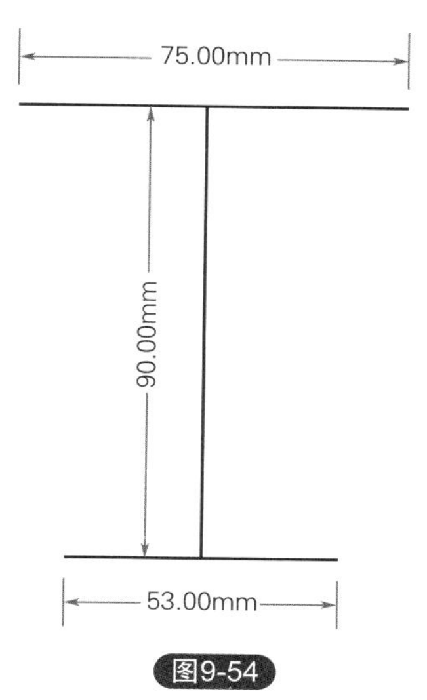

图9-54

④ 如图9-55所示，用手绘工具在第一条水平线的左端单击确定线段的起点，然后在第二条水平线的左端单击确定终点，得到一条连接上下两条水平线的左侧的线段；用同样的方法绘出右侧的线段。用选择工具框选除垂直线以外其余4条直线，将其拖动至旁边的位置，在松开左键前按下右键，得到复制的四条线，再按Ctrl+G将这四条线群组。这个复制的对象将用于在后面制作纸杯的立体效果图。

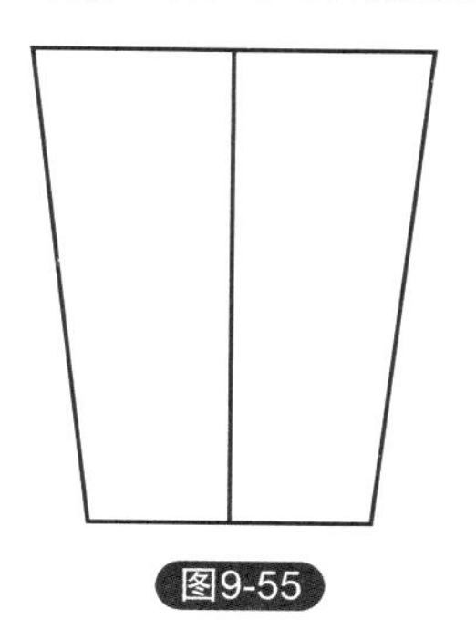

图9-55

⑤ 用选择工具在标尺上拖出一条辅助线至第一条水平线上，再在辅助线上单击一下，使其处于可旋转状态，将旋转的中心点拖至水平线的左端，然后旋转辅助线，使其与第二条水平线的左端相接。用同样的办法绘制第二条辅助线与两条水平线的右侧端点相接。这样可在对象下面将形成一个辅助线的相交点（图9-56）。

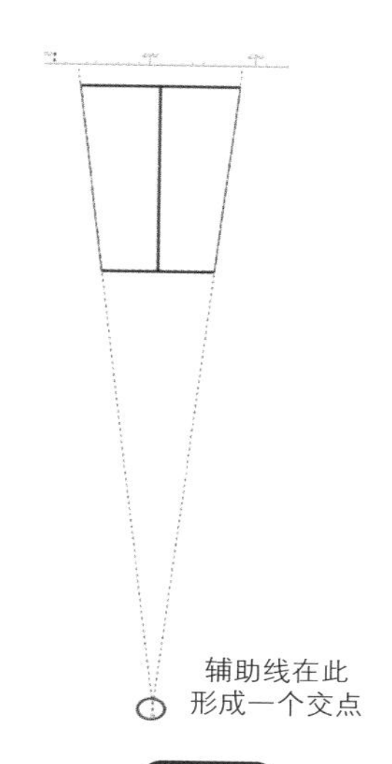

图9-56

⑥ 如图9-57所示，选择椭圆形工具，以两条辅助线的交叉点为圆心，以圆心点至第二条水平线的一个端点的距离为半径，按住Shift+Ctrl，绘制出一个正圆，与第二条水平线两端相切。再用同样的方法绘制出与第一条水平线两端相切的另一个正圆。用选择工具同时选择两个圆，按Ctrl+L，将两圆结合，得到一个圆环。

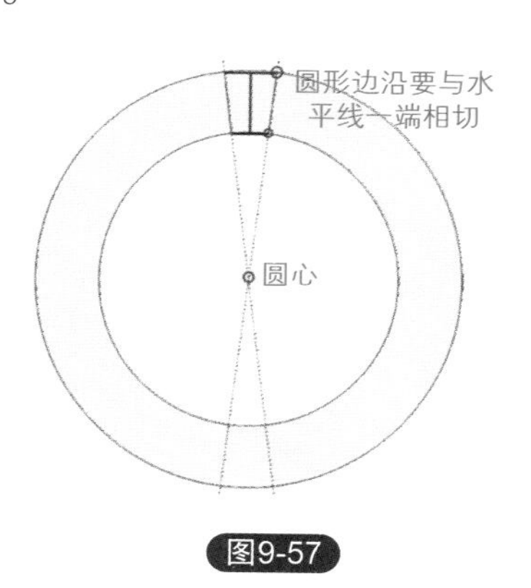

图9-57

⑦ 用手绘工具绘制出大圆的直径（水平状态），用度量工具量出其长度（长度为613mm）。用公式“杯口直径÷大圆直径×360”（即75÷613×360≈44）计算出一个数值44。然后用选择工具选择大圆的直径，按键盘上的“+”，将直径复制一份，然后在属性栏中输入角度值为44°（图9-58）。

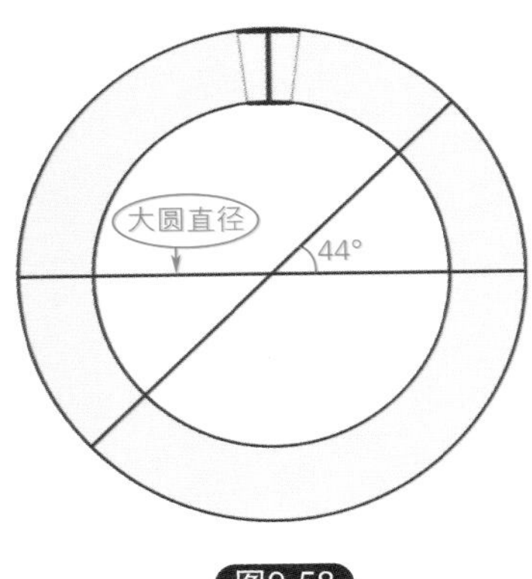

图9-58

⑧ 在工具箱中选择智能填充工具，在如图9-59所示的区域内单击，得到一个新的填充对象，这个对象就是我们需要的纸杯的平面展开图（注：如果单击时，整个圆环都被填充了，说明待填充区域的密封状态不佳，可用形状工具将两条直径线向右侧稍拉长，使之与圆环处缘完全相切即可）。

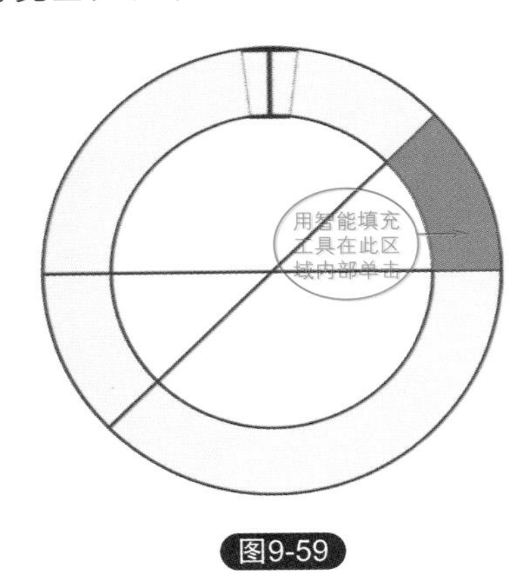

图9-59

⑨ 用选择工具选择刚填充好的对象，再次单击，使对象处于可旋转状态。将旋转中心点移至对象的左下角角点处，然后逆时针旋转对象至图所示的状态，纸杯的平面展开图结构就做好了（图9-60）。

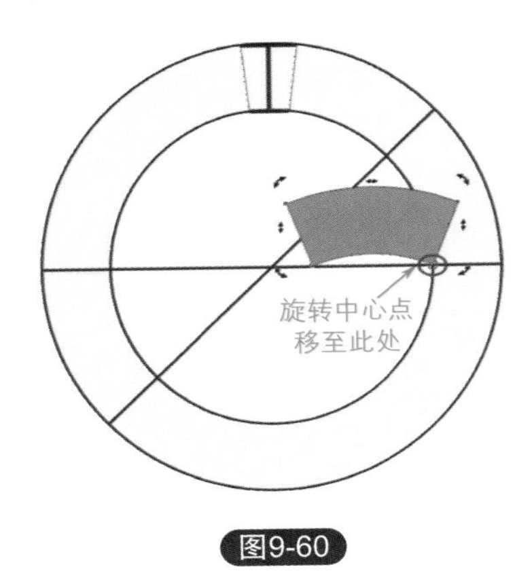

图9-60

（4）绘制平面展开图内部的图形

⑩ 用选择工具选中除平面展开图以外的所有其他对象，按键盘上的“Delete”键，将它们删除，然后为平面展开图填充上白色。用手绘工具在纸杯平面图上绘出一条水平线，移至合适的位置，然后用形状工具在水平线与纸杯相交处分别添加两个节点。之后，用形状工具将这两个节点之间的线段调整为如图所示的弧线段。再选择智能填充工具，在属性栏上设置填充颜色值为C60M100Y80K20，然后再用智能填充工具在相应的区域单击，得到一个新的填充对象（图9-61）。然后用选择工具选中弧线段，将其删除。

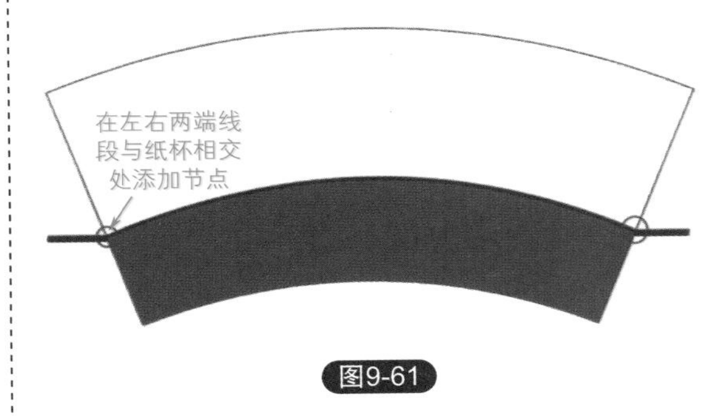

图9-61

⑪ 用选择工具至“标志”页面选择标志，按Ctrl+C将其复制，再回到“纸杯”页，按Ctrl+V将标志粘贴进来。合理缩放标志大小，再放在纸杯上。然后，选择文字工具，在标志下方输入“岳麓山下 学府华宅”，选择合适的字体字号，填充相应的颜色。

接着，要来制作成如图9-62所示的杯身下部两行弧形文字。用文字工具分行输入电话号码和项目地址。然后按Ctrl+K将两行打散成两个独立的对象。然后，用手绘工具和形状工具绘制出两条大小、弧度合适的线。用选择工具选中其中一条线和电话号码，选择“文本｜使文本适合路径”，电话号码即可自动按弧线给定的路径排列了，再选择文字，调整字体、字号，填充金色，待调整完成后，用选择工具选中它，按Ctrl+K打散弧线和文字，然后删除弧线即可。用同样的方法完成项目地址的制作。

图9-62

图9-63

（5）绘制纸杯的立体效果图

⑫ 用选择工具选择图9-55所示的纸杯立面图移动至平面展开图旁边。按Ctrl+U解散群组，然后在属性栏上按下结合按钮，将四条线焊接为一个整体。不过此时四条线还没有真正变为一条线。接着选择形状工具，框选左上角的角点，在属性栏上按下连接两个节点按钮 ，将两条线连为一条线。再用同样的方法连接其他三个角点。此时，纸杯才成为一个真正的封闭对象。按下F11，打开渐变填充对话框，如图9-63所示设置渐变色为由10%黑至白再到10%黑的渐变色，点“确定”按钮，为纸杯填充底色。然后右键单击调色板中30%黑的颜色块，为轮廓线设置颜色。

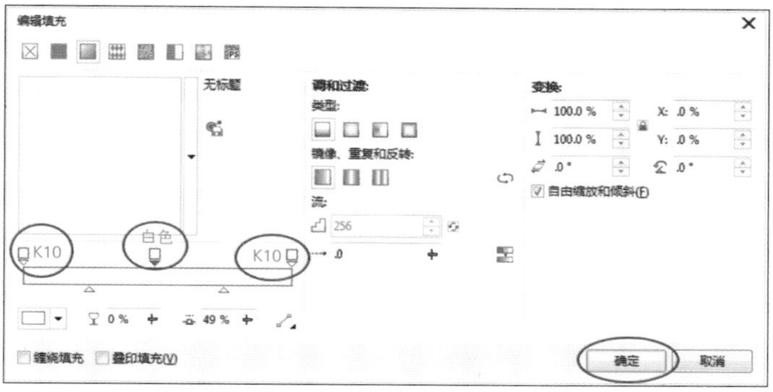

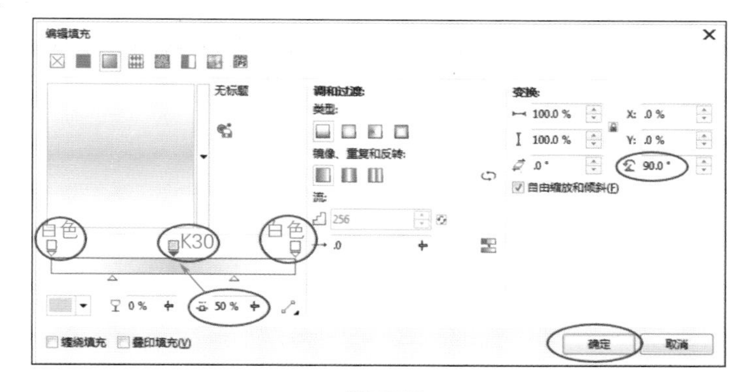

图9-64

⑬ 下面绘制杯口。选择矩形工具，在纸杯的顶部绘制出一个矩形，在属性栏上设置转角半径为1.5mm，按回车键，使矩形成为圆角矩形。然后按下F11，打开渐变填充对话框，如图9-64所示设置渐变色为由白色至30%黑再到白色的渐变色，点“确定”按钮，为纸杯口填充渐变色。

⑭ 用选择工具选择杯身，按键盘上的“+”键，将杯身复制一份，然后选择形状工具，将杯身上侧的两个节点分别向下移动调整，在杯身下部形成一个与杯身形状相契合的倒梯形。然后按下F11，如图9-65所示进行参数设置（其中左侧色块的颜色值为C60M100Y80K20，中间色块的颜色值为C44M99Y94K5，右侧色块的颜色值为C60M100Y80K20），按“确定”，得到如图9-65所示的填充效果。

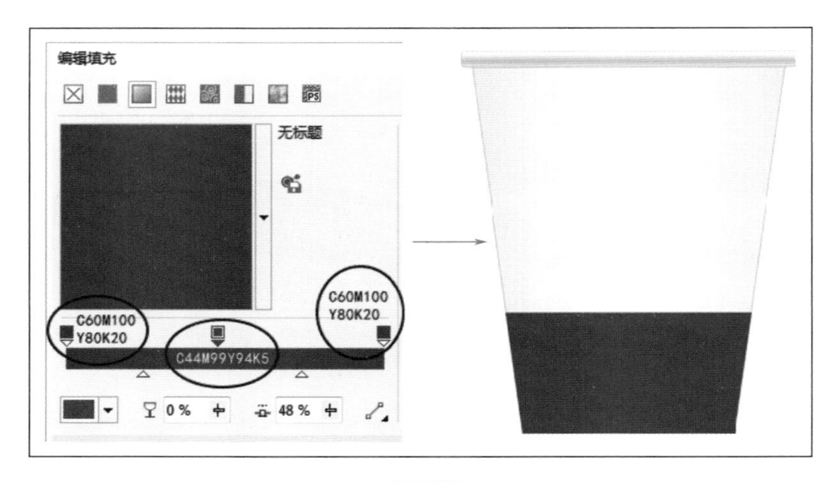

图9-65

⑮ 最后，如图9-66所示，将纸杯平面展开图上相关的标志、文字复制至纸杯立体效果图上来，调整好位置后，再用文本工具输入电话和项目地址，调整字体和字号、色彩，作品就完成了。

图9-66

9.2.2.4　学府佳宛应用项目——指示牌制作

（1）添加页面

① 与添加名片页面的办法相同，在左下角的页面指示区为文件添加一个页4，并将页面命名为“指示牌”。

（2）绘制指示牌形状

② 在工具箱中选择形状工具，绘制一个矩形，在调色板中选择10%黑进行填充，然后去除轮廓线。

③ 再绘制一个更长一些的矩形，在窗口左下角的文档调色板中找到并单击色值为C60M100Y80K20的颜色块，为矩形填充上颜色并去除轮廓线。然后按Ctrl+Q，将矩形转为曲线，选择形状工具，如图9-67所示，将矩形左侧调整为弧线形。

图9-67

④ 接着绘制第三个小矩形，置于前面画的两个对象的底部，填充20%黑色。最后，在工具箱中选择椭圆形工具，按住Ctrl，绘制出一个正圆。在文档调色板中同样找到并右键单击色值为C60M100Y80K20的

颜色块，为正圆的轮廓线填充上颜色，再给圆形的内部填充白色。然后，在属性栏中设置合适的圆形轮廓线宽度，指示牌的形状就做出来了（图9–67）。

（3）为指示牌添加内容

⑤ 将纸杯平面展开图上相关的标志、文字复制至纸杯立体效果图上来，调整好位置。然后选择工具箱中的文本工具，在指示牌相应位置单击，然后在属性栏上单击“将文本更改为垂直方向”按钮，再输入文字“营销中心”，设置合适的字体、字号，为文字填充白色。

⑥ 绘制箭头。先用椭圆形工具绘制一个圆，填充白色，在工具箱中的多边形工具组中选择“箭头形状工具”，在圆上绘制出一个大小与圆形相匹配的箭头。然后用选择工具选中圆和箭头，按下键盘上的“E”键，使二者水平居中对齐。接着按属性栏上的“移除前面的对象”按钮就可以把箭头从圆形中移除并同时在圆形中剪出一个镂空的形状来。调整好位置，作品就完成了（图9–68）。

图9-68

9.3 实战三——书籍装帧设计

9.3.1 书籍装帧设计基础认知

（1）书籍装帧设计不等于封面设计

平时说到书籍装帧设计，不少人都会首先想到书籍的封面设计。而书籍装帧设计并不是简单的等同于封面设计。封面设计是书籍装帧设计中的一个最为重要的部分之一。封面设计可以理解为整个书籍装帧的“脸”，当众多的书籍摆在架上时，如果一本书“脸上无光”，里面的内容再精彩，可能也会因为引不起读者的注意力而明珠暗投、无人能识。如图9–69所示，完整的书籍装帧设计的内容大致包括封面、扉页、版式、插图、护封等内容。

① 封面。封面设计主要包括封面、封脊、封底三个部分。这是书籍装帧设计的重点，设计时要根据书籍的具体内容和形式来进行设计。

② 衬页、扉页。是在封面至正文的过渡。扉页内容主要包括书名、作者、出版社等；衬页则主要起到衬垫、保护书籍正文部分的作用，多用较为结实的纸张。色彩多简洁、庄重。

③ 版式与插图。版式是除封面设计之外的另一个重要的设计部分。一本好书，光有漂亮的颜面是不够的，读者最终是否能顺利、舒畅地去阅读一本书，更多地取决于版式设计。版式设计是对正文部分的编排设计，包括字体、字号、字距、行距、版面的整体形象与色彩等。合理的版式设计能让读者阅读时轻松、愉悦；不合理的版式设计会让读者感到阅读困难、容易造成视觉和心理疲倦。插图是位于书籍各章节中的一些与作品内容相符的绘画作品。它有助于帮助读者更好地理解书籍内容、调节书籍的节奏、丰富书籍的形式，是一本书籍中很好的增味剂。

④ 其它附件。包括护封、腰封、封套等内容。这些附件的主要作用是起到保护封面和书籍的作用。

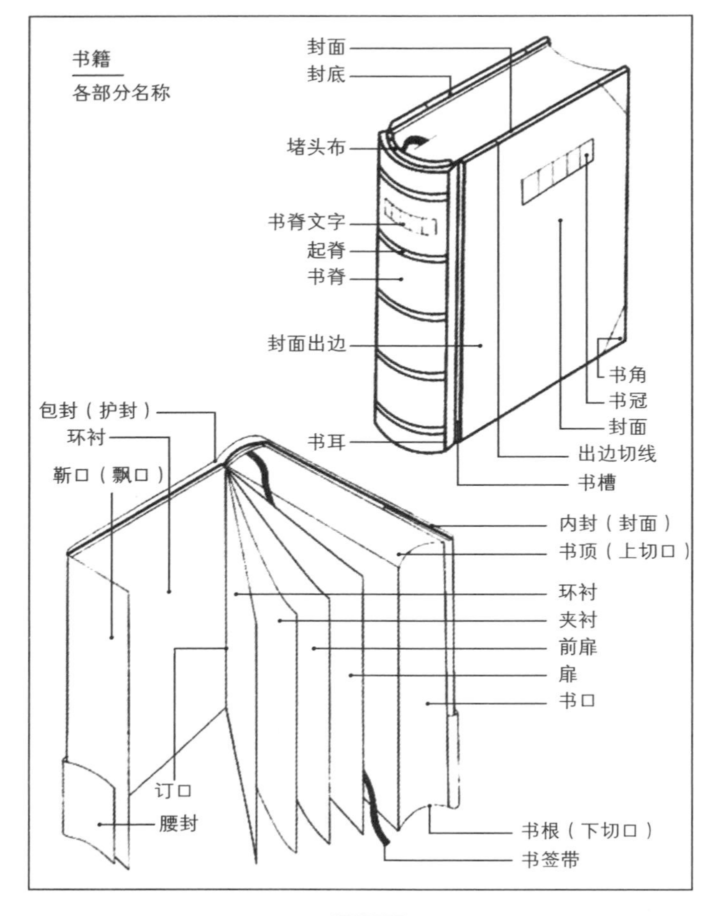

图9-69

（2）封面设计的构成

① 封面的内容构成元素。

封面的内容：主要包括书名、作者（或编者）、出版社等信息，它决定书籍的整体风格。

封脊的内容：主要包括书名、作者（或编者）、出版社等信息。

封底的内容：相对来说，封底的内容可灵活些，一般可以包括书名、作者（或编者）、出版社、责任编辑、美术编辑等工作人员名单以及书籍的定价、条形码、书号、内容简介、其他出版信息等，封底设计要注意和封面设计风格的一致，切不可各自为政（图9-70）。

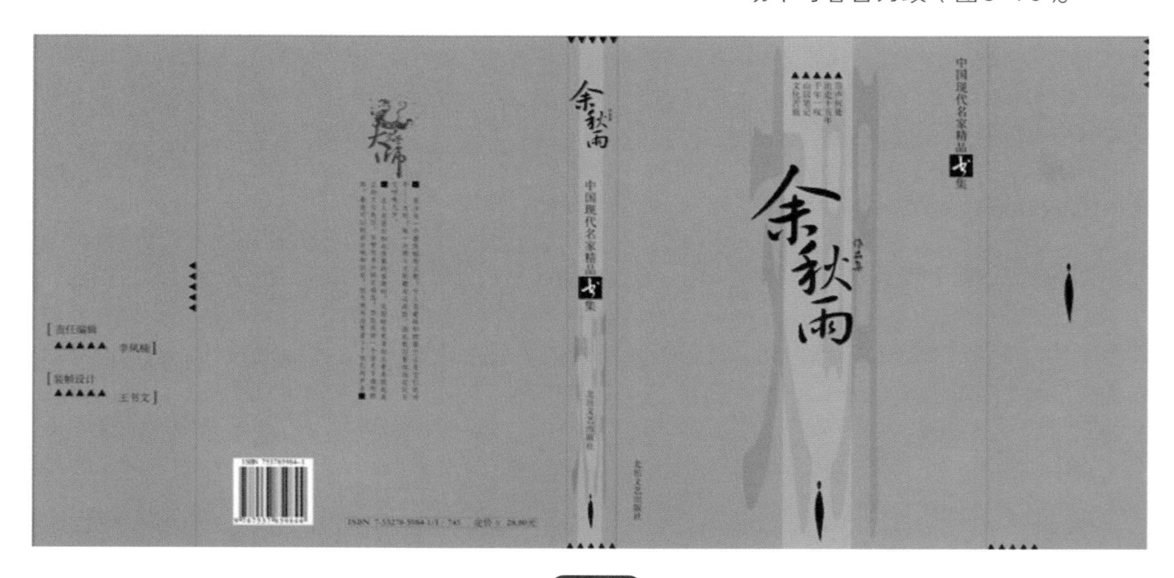

图9-70

② 封面的设计构成要素。

图形：封面中的图形要能比较准确地反映书籍的主要内容和内涵。图形的处理在具象与抽象、内容与形式、定位与意境等方面有较好的把握。通常不同类型的书籍会有不同的风格体现，如艺术类书籍和工科类科学书籍就会有很大的不同。

文字：封面中的文字处理上一定要认真对待，不可随意选用字体。文字不仅仅具有识别的作用，同时它还是整个封面构成元素中的一个重要组成部分。文字就像封面这张脸上的眼睛，设计恰当能起到画龙点睛的作用，反之，字体、字号如果选择不当，常常会造成对封面效果的破坏。

版式：有好的图形、文字并不能产生好的封面，还必须要有好的版式设计将图形、文字等元素合理地进行组织，使相互之间能相辅相成，互补互助才能成就引人入胜的效果。版式要从整体的角度去考虑，既要讲求艺术美，更要注重实用性。

9.3.2 《CorelDRAW X7技术与设计实战》封面设计

任务要求：完成如图9-71所示的《CorelDRAW X7技术与设计实战》的封面设计的平面展开图和立体效果图。

图9-71

任务目标：初步认识和理解书籍装帧设计中的封面设计包括哪些内容，掌握CorelDRAW在书籍装帧设计中的实用技巧。

主要工具：矩形工具、文本工具、立体化工具等。

主要命令："视图 | 设置 | 辅助线设置"、"排列|变换"、"文本" 菜单下的段落格式化、栏、段落文本框、使文本适合路径、"效果 | 透镜"、"效果|图框精确剪裁"、"编辑 | 插入条形码"、"位图 | 三维效果" 等。

操作步骤如下。

(1) 绘制书籍平面展开结构图

① 打开软件，新建一个默认大小的文件，然后在属性栏上对文件尺寸进行设置上，设置宽度为391mm、高度为266mm。然后选择 "文件|保存"，将文件命名为 "书籍装帧设计"，版本为14（图9-72）。

② 选择菜单 "工具|选项"，在打开的 "选项" 面板中的左侧选项栏中选择 "文档|辅助线|水平"，在右侧的参数栏中输入第一个数值3，单位为毫米，然后单击 "添加" 按钮，即可在图形中添加一条水平辅助线，接着再以相同的方法输入第二个数值263，为图形添加第二条水平辅助线（图9-73）。

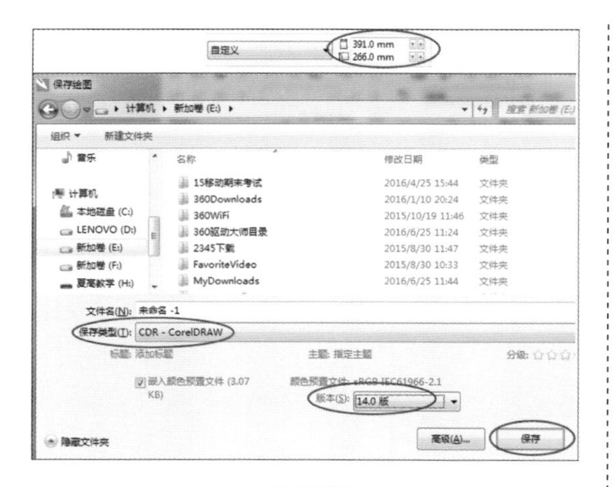

图9-72

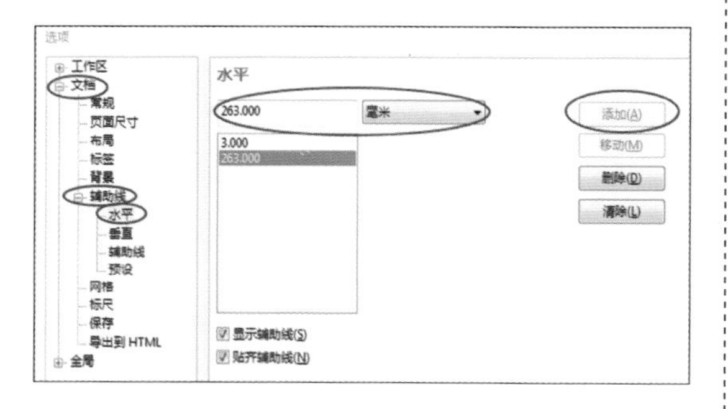

图9-73

③ 如图9–74所示，用与第2步相同的方法设置垂直辅助线，各辅助线数值依次为3，188，203，388。所有辅助线设置完毕后，按“确定”按钮，可看到页面上已添加了数条辅助线（图9–75）。

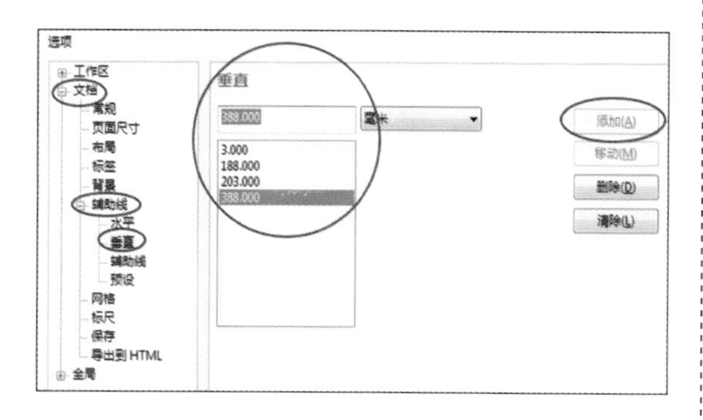

图9-74

图9-75

④ 选择矩形工具，在页面中绘制一个任意矩形，如图9–76所示，在属性栏中设置对象大小，水平值为188，垂直值为266（注意要去掉对“锁定比率”选择）。然后，选择“对象|对齐和分布|对齐与分布…”，如图9–77所示，在打开的对话框中，设置向上、向左对齐，对齐对象到页边，然后按“应用”，使矩形与页面的左上角对齐。接着，为矩形填充黑色（C100M100Y100K100）。

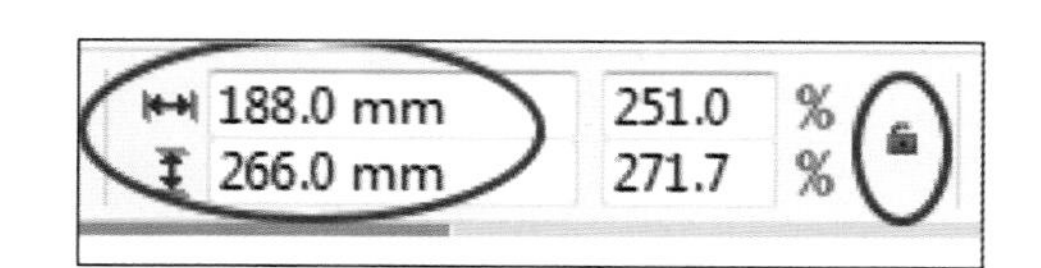

图9-76

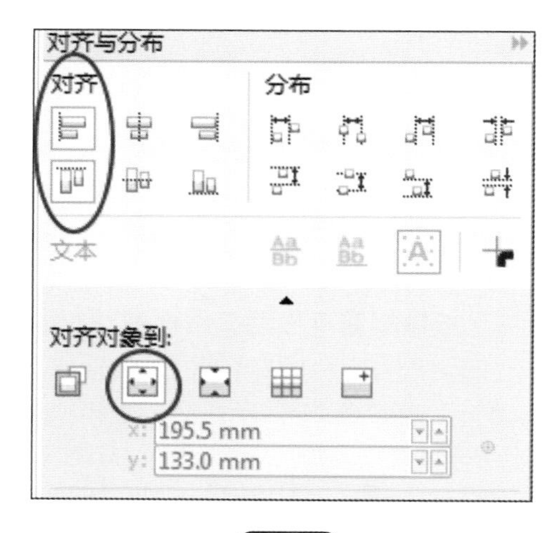

图9-77

⑤ 用拖动复制的办法将矩形向右复制一份。然后选择“对象|变换|大小”，在打开的泊坞窗中设置水平值为15，垂直值不变，锚点设为左中，然后按“应用”（图9-78），得到作为书脊的矩形。

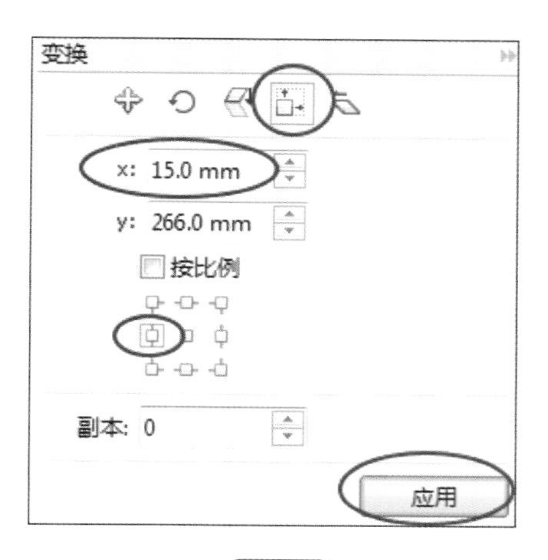

图9-78

⑥ 如图9-79所示，继续在泊坞窗中设置水平值为-188，锚点设为右中，副本为1，然后按“应用”，便可得到书籍的封面了。如图9-80所示，书籍从封底至封面的平面展开结构图便完成了。一起选择三个矩形，选择“对象|锁定|锁定对象”，将矩形锁住，避免在后面的制作过程中不小心移动它们。

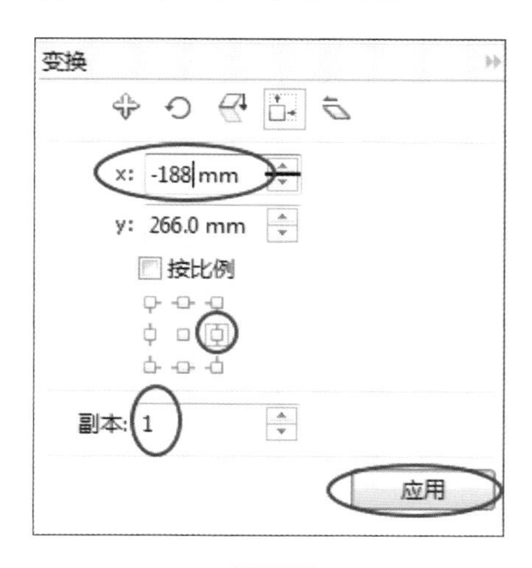

图9-79

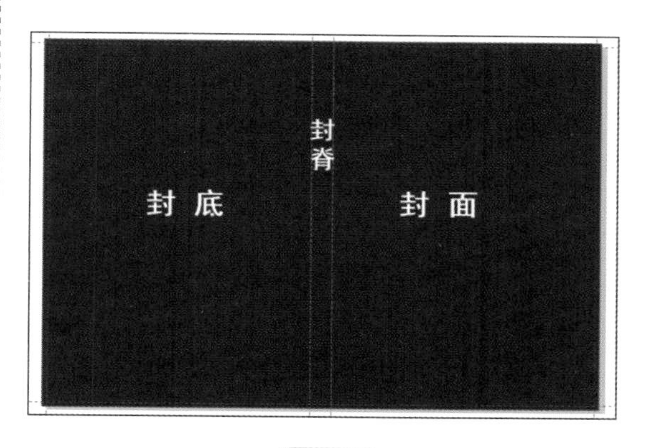

图9-80

（2）绘制编辑各个矩形

⑦ 选择矩形工具，如图9-81所示绘制出7个大小不同的矩形，并分别填上紫色（C20M80Y0K20）、红色（C0M100Y100K0）、黑色（C100M100Y100K100）和白色，去除所有矩形的轮廓线。

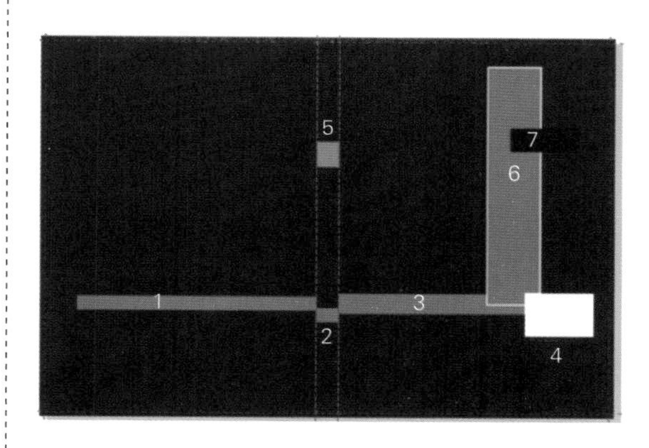

图9-81

⑧ 用选择工具选择6号矩形，选择工具箱中的立体化调和工具，在矩形上单击并向后少量拖动。然后，在属性栏上如图9-82所示先设置立体化的颜色为从紫色到20%灰色渐变，再如图9-83所示设置斜角修饰边参数，深度为5，角度为45，为矩形添加斜角修饰效果。

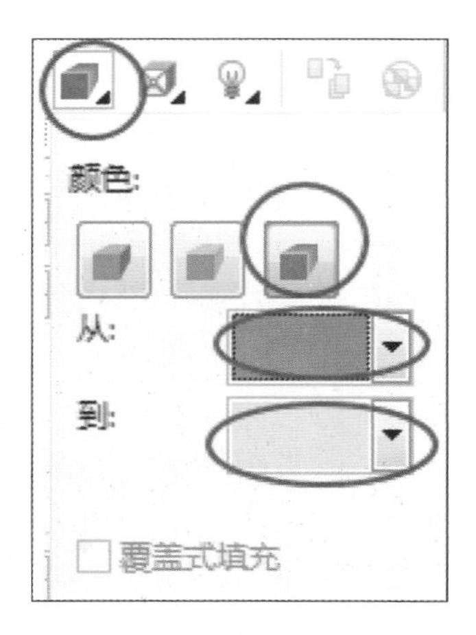

图9-82

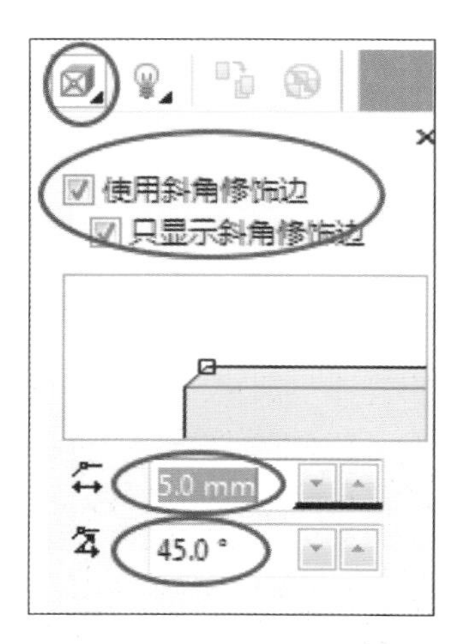

图9-83

（3）绘制彩条、加入图片并添加透镜效果

⑨ 在6号矩形的上部用矩形工具绘制一长条矩形，填充红色，并去掉轮廓线。按住Ctrl，然后用选择工具移动复制。接着多次按下Ctrl+R，共得到6个复制的矩形。再依次为这些复制的矩形填充不同的颜色（图9-84）。

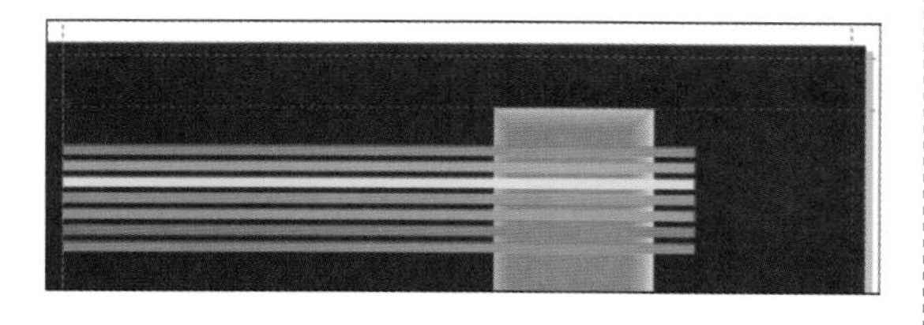

图9-84

⑩ 打开名为"荷花"的素材文件，用选择工具选中图形，按下Ctrl+C，然后再回到正在制作的图形中，按下Ctrl+V，将图形复制过来并调整图形的位置（图9-85）。

图9-85

⑪ 如图9-86所示，绘制两个矩形、一个正圆。

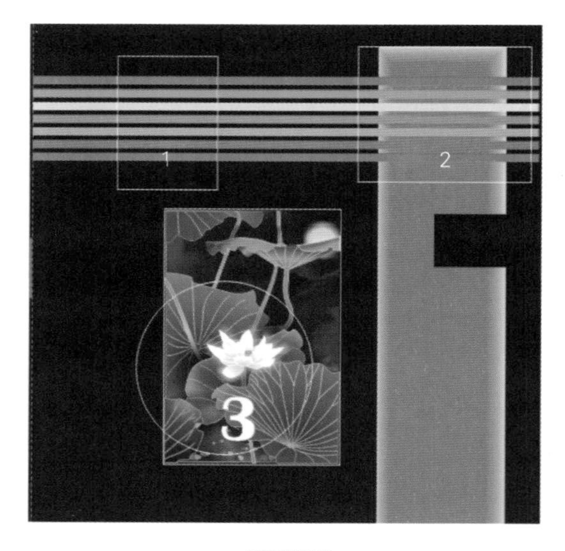

图9-86

⑫ 选择"效果—透镜"，在屏幕的右边打开透镜泊坞窗，在其下拉列表中选择"鱼眼"（图9-87）。

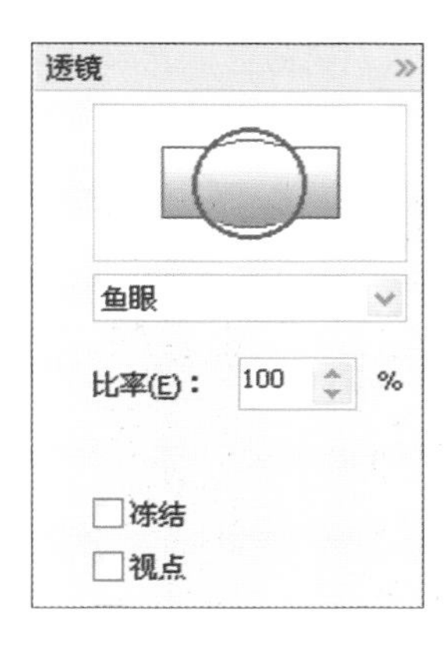

图9-87

⑬ 用选择工具选择1号矩形，在“比率”中输入-200；再选择2号矩形，在“比率”中输入200；接着选择3号圆形，在“比率”中输入200，同时，勾选“冻结”选项。然后将冻结后的3号圆形放置于荷花图形左下角。接着，将三个图形的轮廓线都去掉。效果如图9-88所示。

图9-88

（4）绘制页边纹理

⑭ 选择文本工具，在页面输入文字CorelDRAW。然后用选择工具选中文字，将文字颜色设为紫色（C20M80Y0K20），并在属性栏中设置文字的字体为华文琥珀，字号为48号。然后，通过复制的方法，得到多个文字，并沿页面边缘进行排列。接着选中全部文字，按Ctrl+G将它们全部群组，效果如图9-89所示。

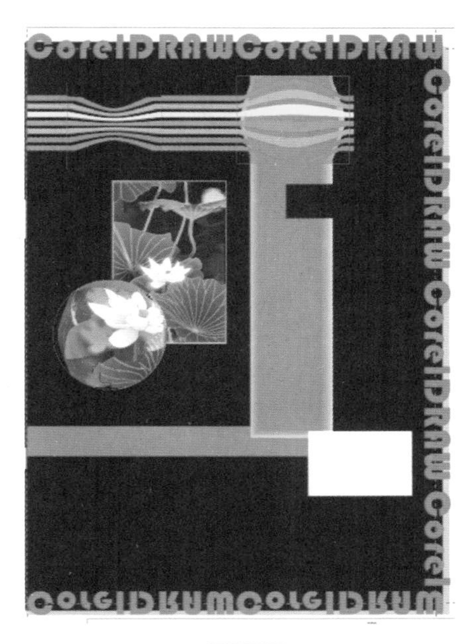

图9-89

⑮ 将群组的文字向左镜像复制一份置于封底的位置待用。选择“对象|锁定|解锁对象”，将原来锁定的封面和封底解锁。用选择工具选择文字，再选择“对象|图框精确剪裁|置于图文框内部…”，用随后出现的黑色箭头单击黑色的矩形封面，将文字置入矩形中（图9-90）。

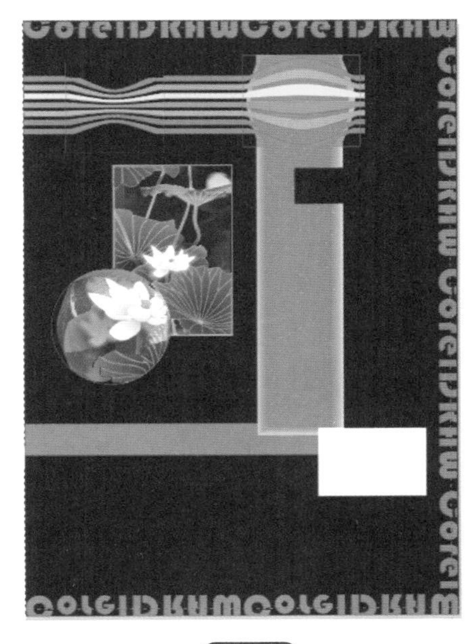

图9-90

⑯ 用选择工具选择镜像的文字，然后用与第16步相同的方法，为封底制作页边效果。完成后封面与封底的效果如图9-91。

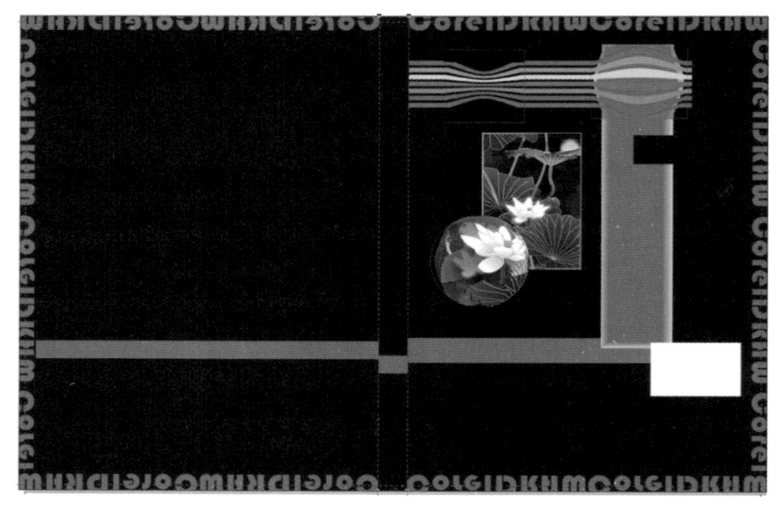

图9-91

（5）添加书名、作者、出版社等文字

⑰ 选择文本工具，在封面、封底、封脊的相应位置单击并输入相应的文字。文字的色彩、轮廓线均设为白色，并按下表设置好字体和字号。

封　面			
文字内容	字体	字号	其他设置
CorelDRAW	Times new Roman	42	粗体、斜体
X7		72	
技术与设计	经典综艺简	46	
实战	华文琥珀	60	
高高编著	黑体	18	

封　脊			
文字内容	字体	字号	其他设置
CorelDRAW	Arial	24	粗体、斜体
X7	Times new Roman	36	粗体
技术与设计实战	经典综艺简	20	
高高编著	黑体	14	

封　底			
文字内容	字体	字号	其他设置
CorelDRAW	Times new Roman	40	粗体、斜体
X7		48	粗体
技术与设计	经典综艺简	40	
实战	华文琥珀	48	无轮廓线
责任编辑……	黑体	12	

⑱ 添加出版社名。按Ctrl+I，导入名为“化学工业出版社”的PNG文件，然后选择“位图|轮廓描摹|高质量图像”，打开如图9-92所示的对话框后，勾选“删除原始图像”，其它默认值不变，可以看到文字被描摹为由15个曲线对象组成的矢量图，单击“确定”，便可得到矢量图形的出版社文字。将文字复制一份放于封面的下部。

此时，封脊还需要竖排的出版社名。选择另一份出版社名字的文字，按Ctrl+U，打散文字，然后用选择工具逐个框选每个字，通过Ctrl+G使每个字的笔画群组。然后用选择工具将文字竖排好，由于目测不够精确，可以使用快捷键C来垂直对齐文字，使用“对齐和分布”命令来保持字间距的均匀。最终的添加好文字的作品效果如图9-93。

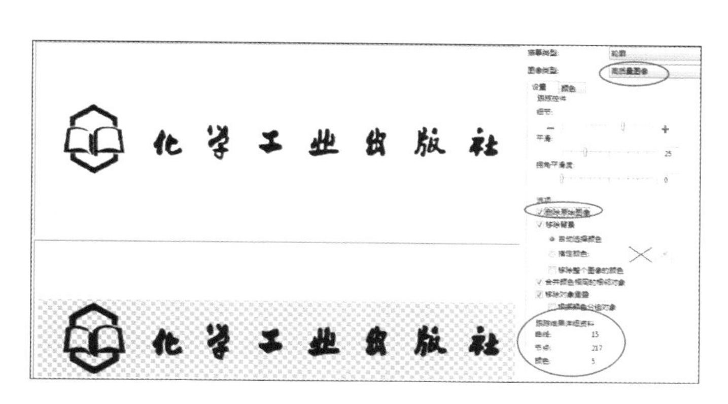

图9-92

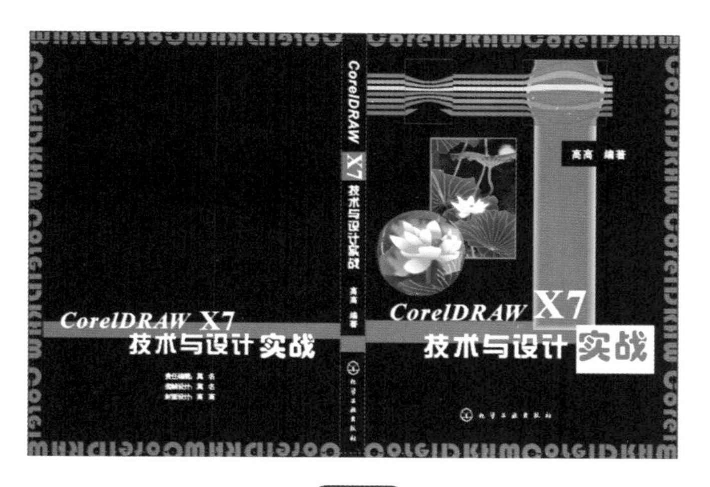

图9-93

（6）添加封底图片和条形码

⑲ 添加封底图片。按Ctrl+I，找到文件“封底图片”，在页面中单击，将图片导入到文件中。然后用选择工具适当地移动图片至封底合适位置，完成封底图片的设置（图9-94）。

⑳ 添加条形码。选择“对象|插入条码”，在弹出的对话框中输入一些数字，然后根据提示按“下一步”，后面参数不变，至设置完毕（图9-95）。便可在页面上看到模拟的条形码效果（图9-96）。至此，书籍的封面展开图便完成了。用选择工具框选所有对象，将所有对象群组。

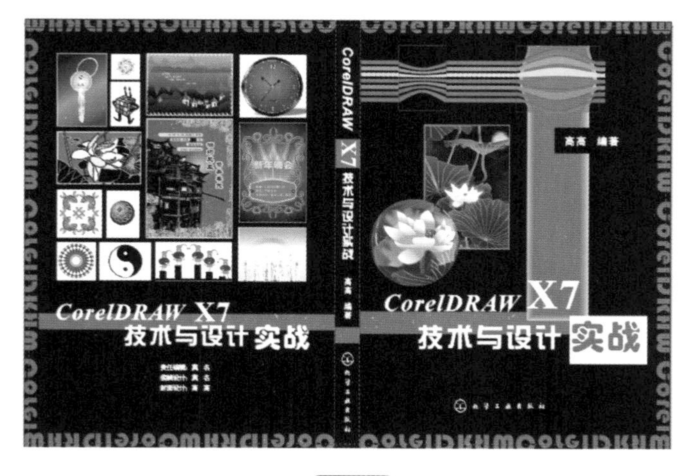

图9-94

图9-95

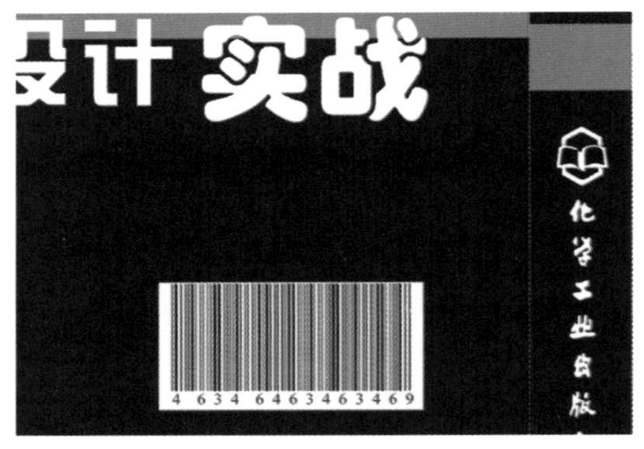

图9-96

（7）制作书籍立体效果图

㉑ 添加页面。在底部的页面指示区右键单击“页1”，在弹出的对话框中选“再制页面”，如图9–97所示进行点选，然后按下“确定”，便将页1复制为页2了。右键单击页2，选择对话框中的“重命名页面”，将页2名字改为“立体效果图”。

㉒ 在工具箱中选择矩形工具，封面左上角的辅助线交点处向右下角的交点处画矩形，画出一个与四条辅助线相重叠的矩形（注：因为辅助线以外的图形是属于出血部分，在最终印刷为成品后将被裁切掉，这样画的目的是为了要得到一个裁切后的封面效果）。

㉓ 用选择工具选择封面，按小键盘上的“+”号键，复制一份完全重叠的对象，然后再选择“对象|图框精确剪裁|置于图文框内部…”。随后，用出现的箭头单击刚画的矩形，将封面放置于矩形中，再去掉矩形的轮廓线，将剪裁的对象移至一旁。

㉔ 选择“位图|转换为位图”，如图9–98所示进行设置，将剪裁得到的图像转换为位图。

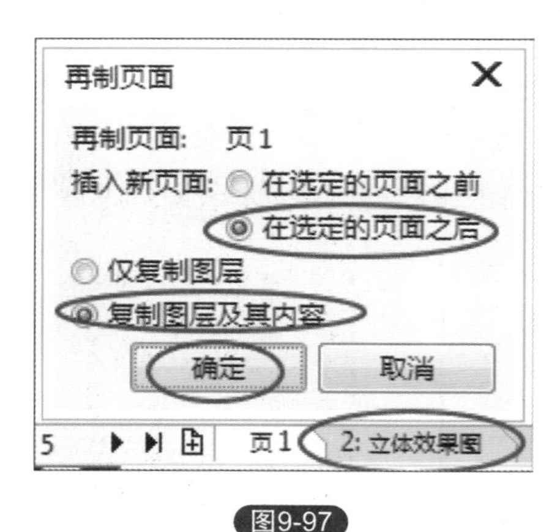

图9-97

图9-98

㉕ 用选择工具选择封底，用与㉒ ~ ㉔步相同的方法，将封底进行剪裁并转为位图。

㉖ 用选择工具选择封面，选择“位图|三维效果|透视”，如图9–99所示，在对话框左侧的图示中将右上角的角点向下拖动一点，并将“类型”设为透视，单击“预览”，可以看到封面产生透视效果。然后单击“确定”。

㉗ 按住左侧中部的黑点向左稍做适度移动，如图9–100所示，使封面产生良好的透视感。

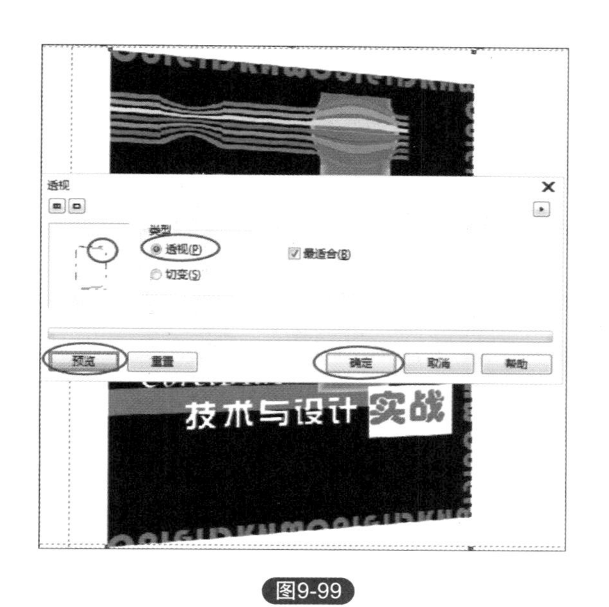

图9-99

图9-100

㉘ 用选择工具选择封底，用与㉖、㉗步相同的方法使封底产生透视效果。

㉙ 接着来制作封脊的透视效果。制作封脊也可以使用上述方法。但我们在这里换一种方法。先同样用矩形工具沿着封脊部分的辅助线绘制一个围住封脊矩形，然后选择“效果|透镜”。如图9-101所示，在泊坞窗中选择“放大”，“数量”为1，勾选“冻结”。之后用选择工具移动冻结好的书脊至一边，并按键盘上的“+”复制一份。分别将两个冻结好的书脊放至前面制作好的封面和封底旁。

㉚ 选择一个封脊，然后选择“效果|添加透视”，按住Shift和Ctrl，拖动一个角点，则可看到如图9-102所示的效果，然后稍稍将书脊的厚度压薄一点即可。用同样的方法完成另一个封脊的制作，如图9-103所示，立体效果图的制作完成。

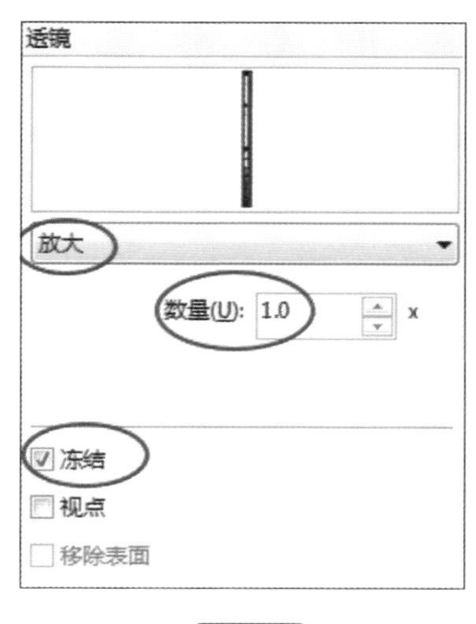

图9-101

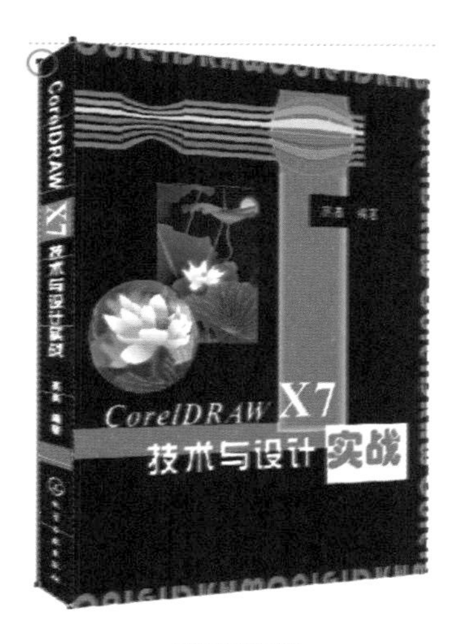

图9-102

图9-103

9.4 实战四——平面户型图设计

9.4.1 平面户型图设计基础认知

平面户型图一般用于房产开发商在楼盘的开发推广过程中，是为了帮助客户快速了解房型、感知房间的布局、体会楼盘的品质的一种从房间顶部向下观察的俯视平面图。

平面户型图设计时，既要让客户能直观、快速地了解房间的整体格局、房间朝向与分布、开窗采光等信息，还要通过一些简单的家居用品布置、地板铺设等设计与表现，使客户对房屋的品质、使用效果等形成良好的心理预期。好的户型图设计对于房产的销售将起到良好的助推作用。

绘制过程中，要注意尺寸比例关系，如果有户型图的标准制图，可导入进来作为底图。如果没有标准制图，绘制时也一定要注意各个空间的比例要得当，家具的尺度也要符合空间的大小，这样才能让业主更好地感受到房屋的真实面貌。

9.4.2 三室两厅平面户型图设计

任务要求：完成如图9-104所示的三室两厅平面户型图的结构、家具等的设计制作。

任务目标：初步认识和理解平面户型图是什么以及它的基本设计方法与制作要领，掌握CorelDRAW在平面户型图设计中的实用技巧。

主要工具：手绘工具、矩形工具、图纸工具等。

主要命令：文件|导入、排列 | 锁定对象、视图 | 贴齐辅助线、排列 | 造型等。

图9-104

操作步骤如下。

（1）绘制平面户型图的框架结构

① 打开CorelDRAW X7，新建一个A4大小、纸张方向为横式、文件名为“平面户型图设计”的文件。

② 按下Ctrl+I，打开“导入”对话框，在列表中找到名为“平面户型图素材”的JPG文件，选择“导入”。返回页面后，在页面左上方单击，得到如图9-105所示的户型框架图。然后按下Ctrl+S，将文件保存在电脑中合适的位置。

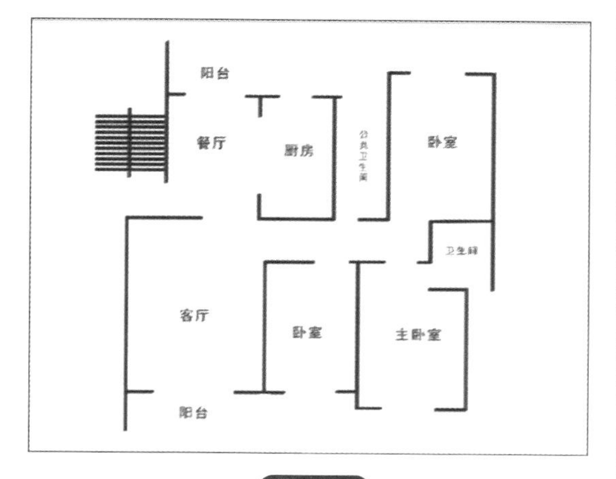

图9-105

③ 选择“对象|锁定|锁定对象”，将导入的框架图锁定。然后，分别从水平和垂直的标尺上向图中拖出若干辅助线，再选择“视图|对齐辅助线”。这样做的目的是使后面画的房屋的墙线能够顺利地与草图相合（图9-106）。

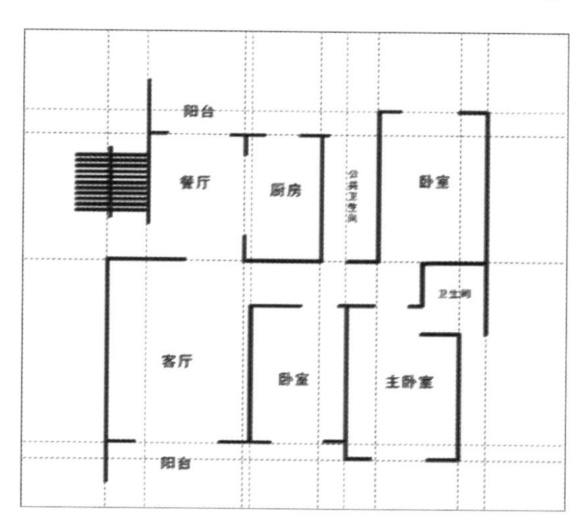

图9-106

④ 选择手绘工具，在属性栏上设置轮廓线宽度为2mm，设置后会弹出一个对话框，选择“确定”（图9-107）。之后，再用右键单击调色盘的中某一种浅色，如洋红色，同样对弹

出的对话框选“确定”（这样就更改了轮廓线的默认设置，后面每次画出的轮廓线都将自动变为宽度为2mm，色彩为洋红色。这样做是为了画出来的线不和草图相混淆）。

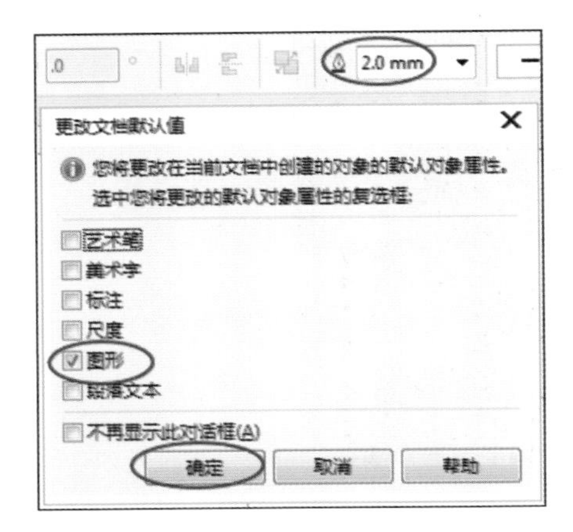

图9-107

⑤ 用手绘工具开始按草图所示绘制墙线。绘制时可先绘制相对完整的长线和折线，再绘制短而碎的线。（图9-108）（用手绘工具绘制直线，只需单击起点和终点即可。如需绘制折线，则需在转折处双击。此外，绘制过程中按住Ctrl，可以使绘出来的线保持水平或垂直）直至全部绘制完所有的墙线。然后选中所有的墙线，按下Ctrl+G，将墙线群组。再在调色板中的黑色色块上按下右键，将墙线描黑（图9-109）。

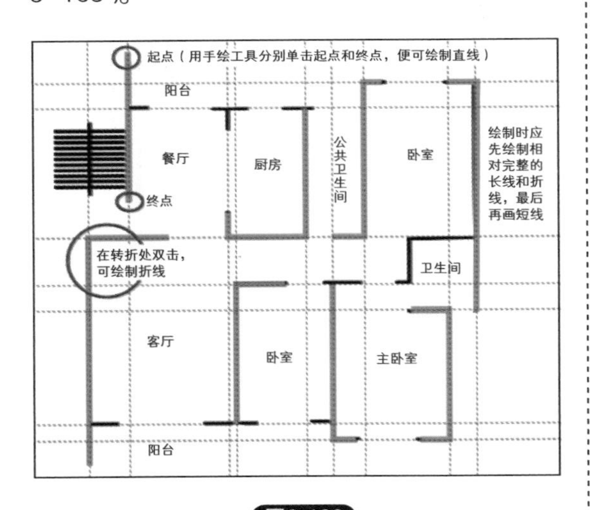

图9-108

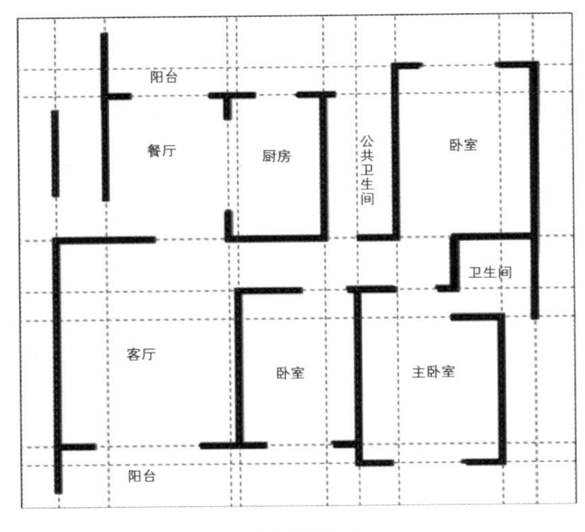

图9-109

⑥ 取消对所有对象的选择，然后选择手绘工具，在属性栏中将轮廓线宽度改为0.2mm。

⑦ 绘制楼梯线。选择手绘工具，按住Ctrl，在草图左侧的楼梯线处画出第一条水平楼梯线，然后在属性栏中将这条线的宽度改为1.0mm。接着，选择选择工具并按住Ctrl，使用移动复制的办法，得到一条复制的水平线。接着，反复按下Ctrl+R，得到多条复制的水平线。选中所有楼梯线按Ctrl+G将其群组，并将其颜色设为黑色。楼梯线便绘制好了（图9-110）。

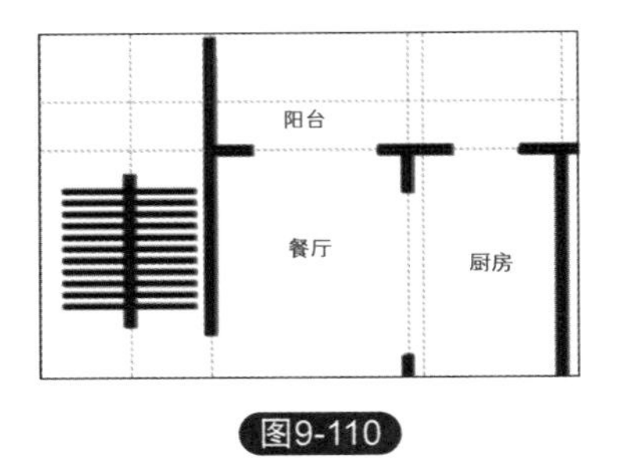

图9-110

⑧ 绘制阳台线。用手绘工具在两个阳台的位置以绘制折线的方法，分别绘制一条折线。然后在属性栏中将这条线的宽度改为1.0mm，接着按下Ctrl+Shift+Q，将轮廓线转换为对象。然后，用选择工具选中两个对象，在调色盘中左键单击30%黑色，右键单击黑色。这样就完成了对阳台线的绘制（图9-111）。

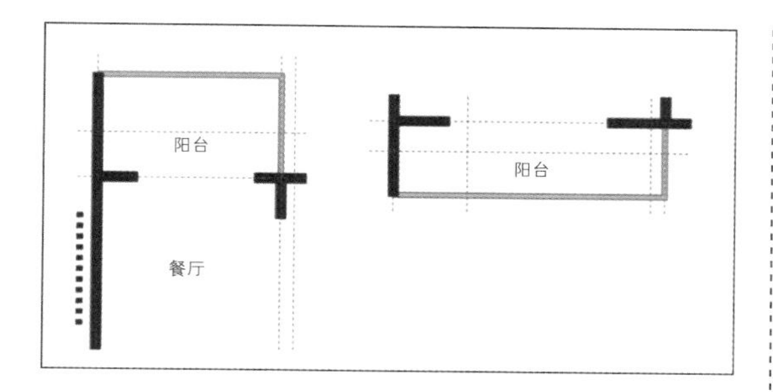

图9-111

⑨ 绘制窗线。窗线的绘制比较简单。如9–112所示，就根据草图在相应的位置绘制直线或折线即可。绘制完成后，分别进行群组，并将线的轮廓色改为黑色。至此，户型的结构部分完成。选择“对象|锁定|对所有对象解锁”，解除对框架图的锁定，然后按下键盘上的Delete，将框架图删除。

为了不影响视觉，选择“视图|辅助线”，将辅助线隐藏起来。然后，按下Ctrl+A，全选所有图形，按Ctrl+G群组。

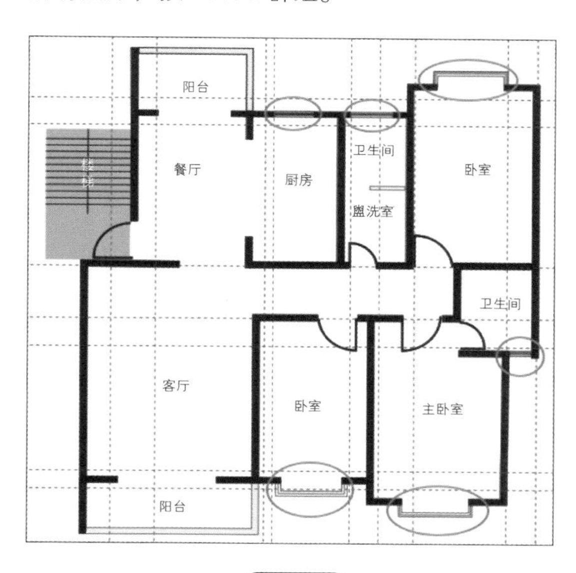

图9-112

（2）铺装地板

⑩ 铺装客厅、餐厅、走廊地板。按下Ctrl+I，导入素材“客厅地板”，在客厅位置单击，将素材导入。按下Shift+PageDown，将素材置于图像的最底层，然后适当调整素材的位置，使其左下角与客厅的左下角对齐（图9–113）。

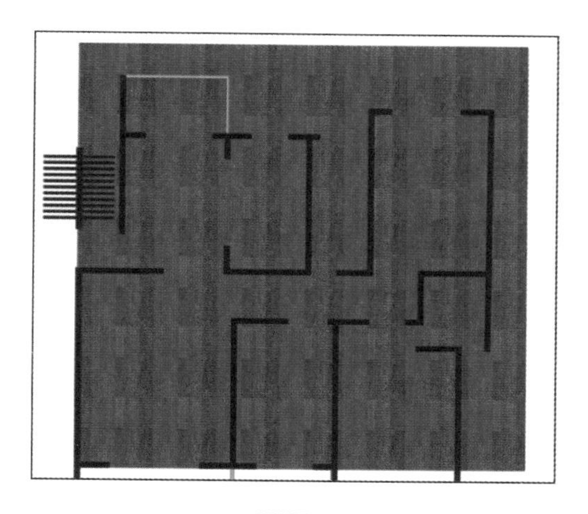

图9-113

⑪ 选择矩形工具，如图9–114所示绘制一个矩形。然后用选择工具，按住Shift，再单击客厅地板素材，使素材和矩形同时被选中。接着，单击属性栏上的“移除前面”按钮，如图9–115所示矩形下面的素材便被删减掉了。

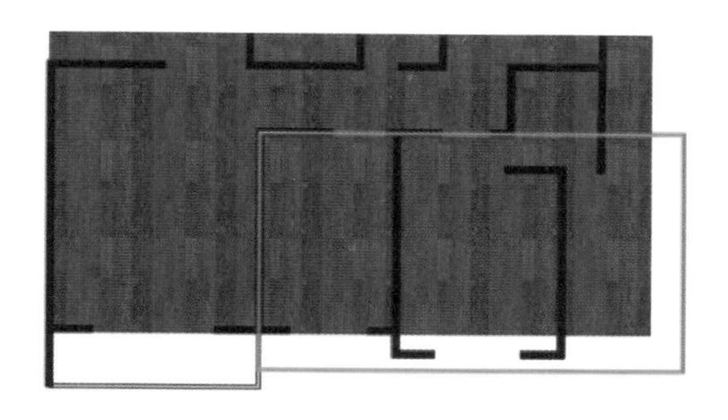

图9-114

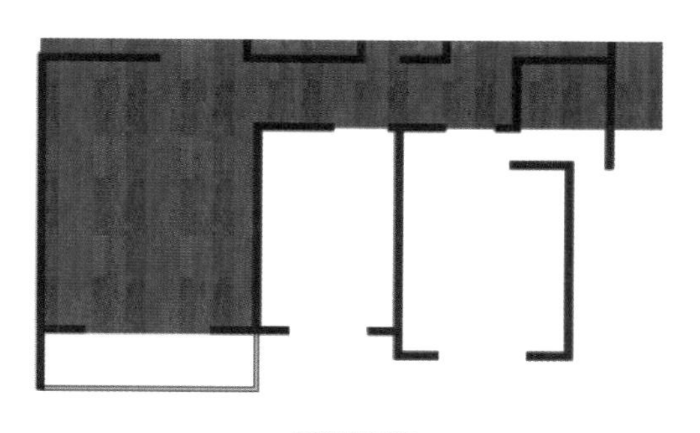

图9-115

⑫ 用与第⑩步相同的方法，根据需要绘制多个矩形并按需要删除底下的素材，最终如图9-116所示，得到客厅、餐厅和走廊的地板铺装（也可以一次绘制多个矩形，再加选素材，然后一次剪切成形）。

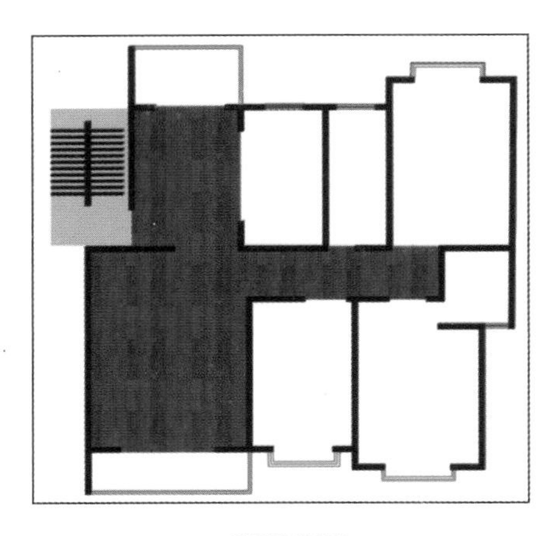

图9-116

⑬ 铺装卧室的地板。按第⑩～⑪步的方法，导入名为“卧室地板”的素材，并进行修剪，得到卧室地板铺装（图9-117）。

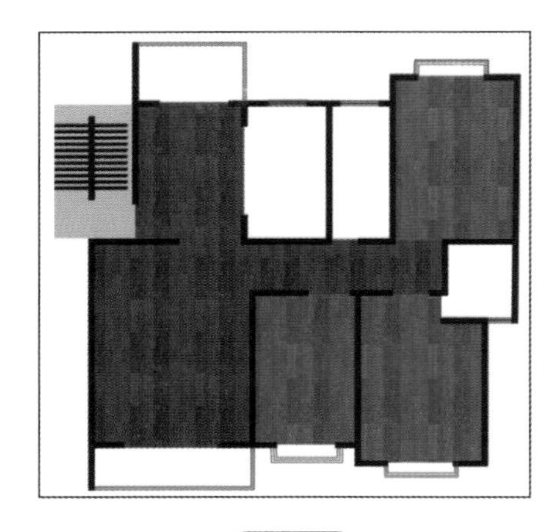

图9-117

⑭ 铺装阳台和厨房、洗手间地板砖。选择工具箱中的图纸工具（该工具在多边形工具组中），在属性栏上设置图纸的行数为5、列数为9。然后在上方的阳台上绘制出与阳台大小相同的地板砖格，在调色板中将轮廓线填为30%的黑色（图9-118）。最后，按下Shift+PgDn，将方格置于墙线之下。

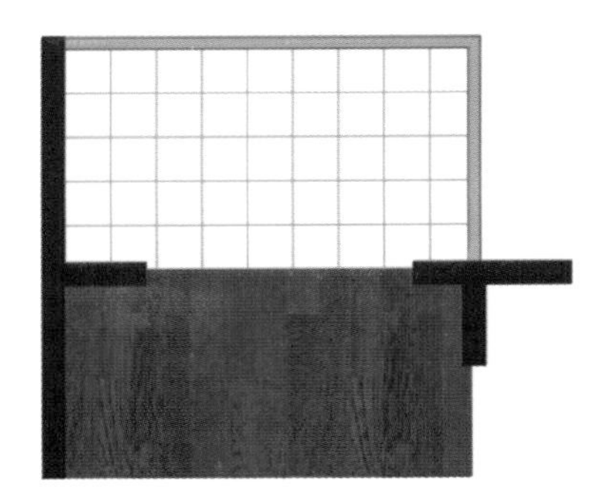

图9-118

⑮ 以同样的方法，根据不同的空间大小，分别设置合适的图纸行数与列数，为另一个阳台、厨房、洗手间分别铺设地板砖。结果如图9-119所示。为了后面制作过程中不影响已完成绘制的内容，按下Ctrl+A全选对象，再选择“对象|锁定|锁定对象”，将对象全部锁定。

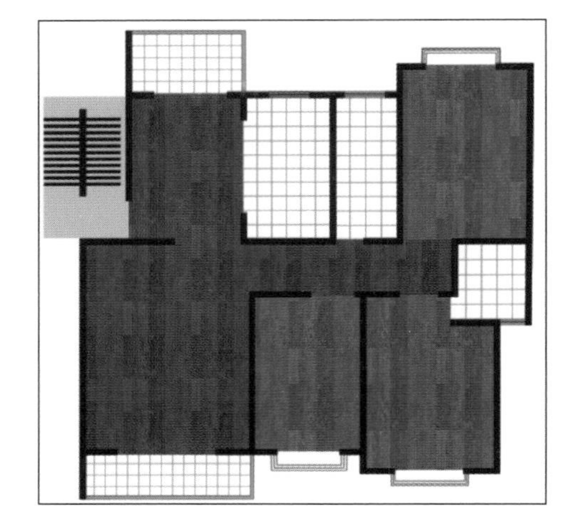

图9-119

（3）绘制卧室家具

由于前面在绘制户型结构时将轮廓线默认值改为了洋红色，此时先将轮廓线颜色改回默认的黑色。首先，取消对所有对象的选择，然后，右键单击调色板中的黑色。当弹出“轮廓颜色”警告对话框后，选择“确定”。此时，默认设置就已经改回来了。

下面开始绘制卧室家具。卧室家具主要包括床、床上用品、柜子、桌子等用品。

⑯ 绘制床及床上用品。用矩形工具绘制一

个矩形作为床，然后选择交互式填充工具，在属性栏上选择向量图样填充，并选择好自己喜欢的图样（如在“私人”选项中选择“乐谱”），接着在填充的图样上调整控制柄，使图样大小缩放到合适的大小（图9-120）。接下来绘制被子，先用选择工具选中床，将其缩小并复制一份，然后将复制的矩形转换为曲线（Ctrl+Q）。接着，用形状工具，制作被子的折角形状。接下来，在属性栏上选择“转换直线为曲线”按钮，将线的属性转为曲线属性，然后，分别对几条边向外稍稍拖动，绘制被子的略鼓样子。接着，再选择手绘工具，在右下角处绘制一个三角形，用形状工具稍做调整后，绘制成被角翻起的样子（图9-121）。然后再参照被子的绘制方法，绘制两个枕头，完成床及用品的绘制。想更细致些的话，还可以用阴影工具适当添加些阴影效果（图9-122）。

图9-120

图9-121

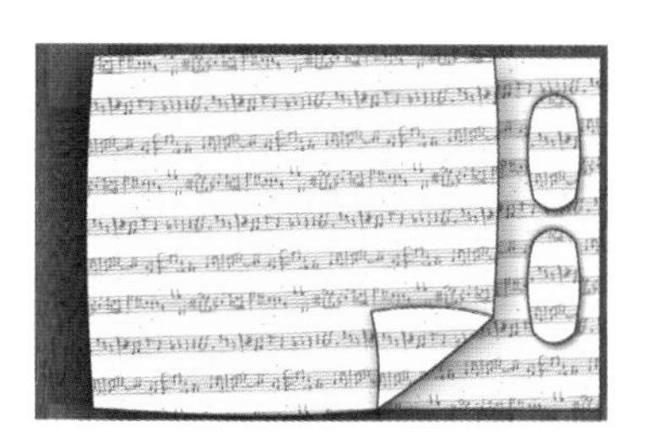

图9-122

⑰ 绘制床头柜、台灯、衣柜。这几样东西的绘制方法都很简单，参考绘制床的方法完成即可，完成后的效果图如图9-123。

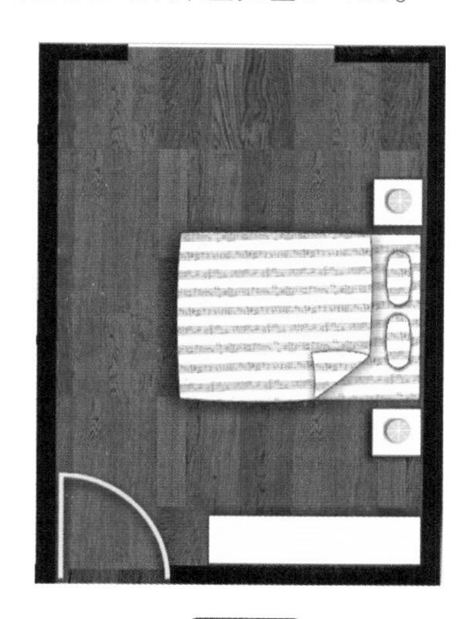

图9-123

⑱ 用复制的方法，将家具复制到其他几间卧室中，并稍做增减和调整，达到图9-124的效果。

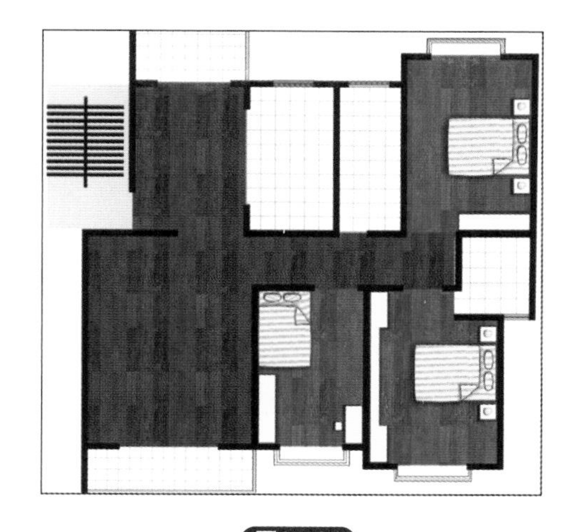

图9-124

（4）绘制客厅、餐厅家具

客厅、餐厅家具的绘制方法与卧室家具绘制方法差不多。重点是家具的尺度要适宜，摆放的位置要合理。客厅家具主要包括沙发、茶几、地毯、电视机柜、电视机、空调等。餐厅家具则主要是餐桌和餐椅。

⑲ 先绘制基本形。如图9–125所示，选择矩形工具，根据客厅的空间尺度把家具的大致形状和位置绘制出来。

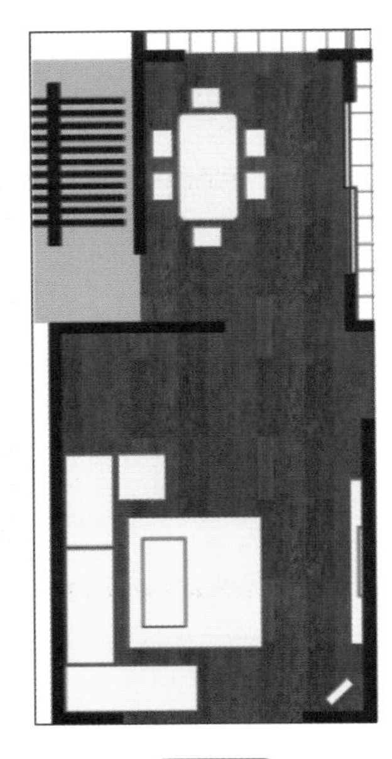

图9-125

⑳ 在基本形的基础上进行图案、色彩、形状的一些修饰。这里不再具体解释制作方法，可参考图9–126绘制的结果图进行绘制。

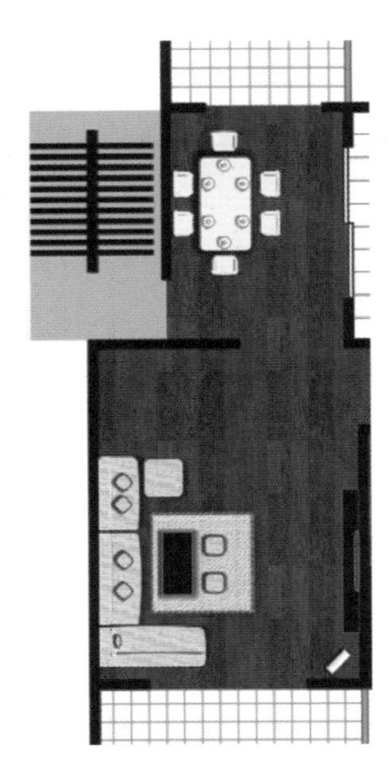

图9-126

（5）绘制厨房、洗手间设施

厨房设施主要包括台面、吊柜、灶具、洗菜盆等。洗手间设施主要包括盥洗台、马桶、蹲便器等。

㉑ 绘制的方法与上面的家具绘制法相同，即先通过绘制矩形、圆形等基本形来确定设施的位置、尺度，再通过调整形状、填充颜色、添加阴影等方法进行修饰，完成后的效果如图9–127、图9–128。

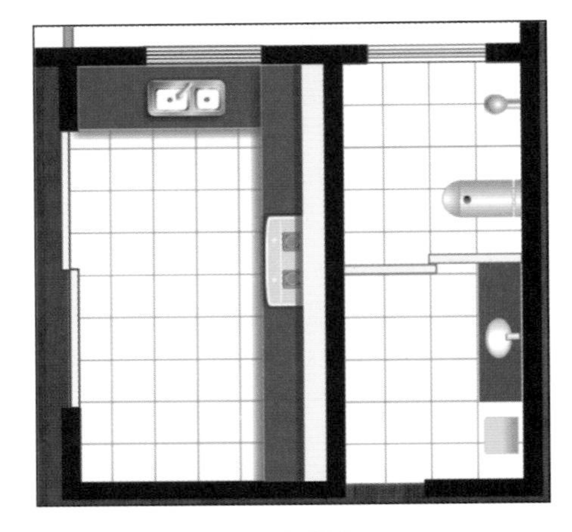

图9-127

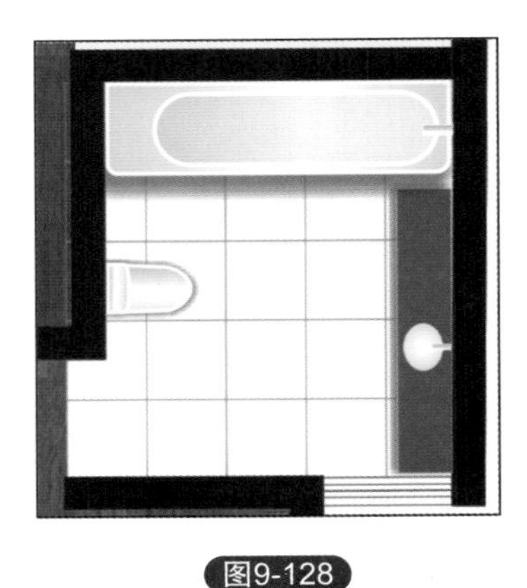

图9-128

（6）绘制房门线

㉒ 绘制房门利用椭圆形工具即可。选择椭圆工具，在属性栏上单击饼形按钮，同时将起始和结束角度分别设为0和90。接着，按住Ctrl键，用鼠标左键在页面中单击并拖动，便绘制出了一个90° 角的饼形。

㉓ 选择形状工具，在饼形上点右键，在弹出的菜单中选择“转换为曲线”。然后，框选饼形下端横线两端的节点，再在属性栏上单击“断开曲线”按钮，之后，单击底部的节点，按Delete，横线被删除，再在属性栏上将线的粗细度改为0.5mm，在调色板中将线的颜色设为20%黑，这样房门线就做好了（图9–129）。

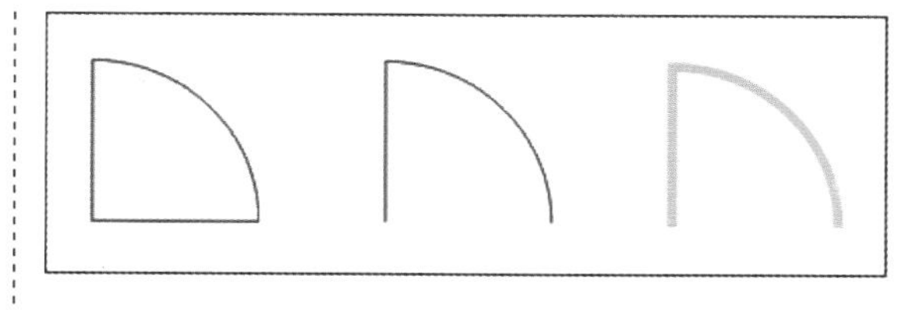

图9-129

㉔ 将房门线根据房门不同的开转方向，通过复制、翻转、缩放等方法，置于不同的门口。最后，根据效果需要，可适当添加一些阴影，整个作品就完成了（图9–130）。

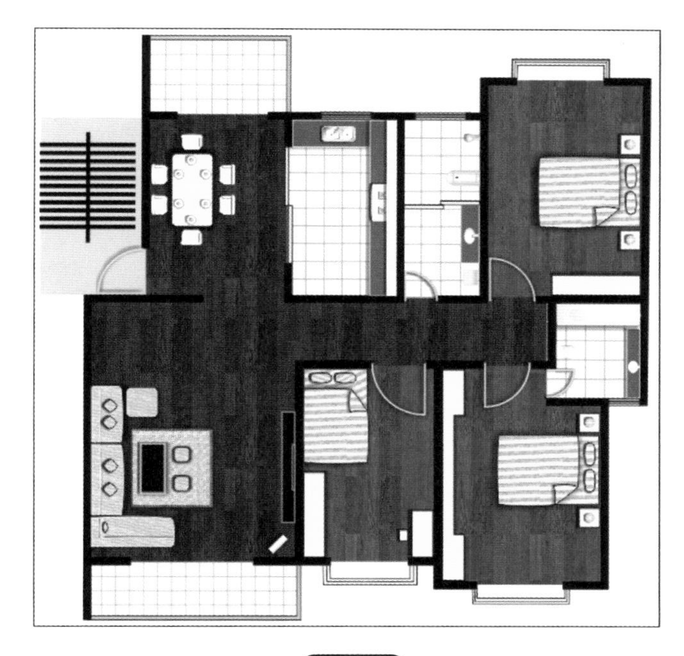

图9-130

9.5 实战五——海报设计

9.5.1 平面广告设计基础认知

（1）什么是平面广告及广告设计

作为实用艺术的一种，平面广告是一种通过报刊、杂志、广告招牌等载体，利用手绘、电脑、摄影、印刷等技术，发布、传递各类商业、公益、活动信息的一种宣传告之的形式。现代广告设计则是以设计为核心，以电脑、影视设备、输入输出设备为工具，以平面、视频、音频传播媒介为载体，以宣传某一对象为设计目的的一种实用艺术形式，如图9–131 所示。海报属于广告的一种。

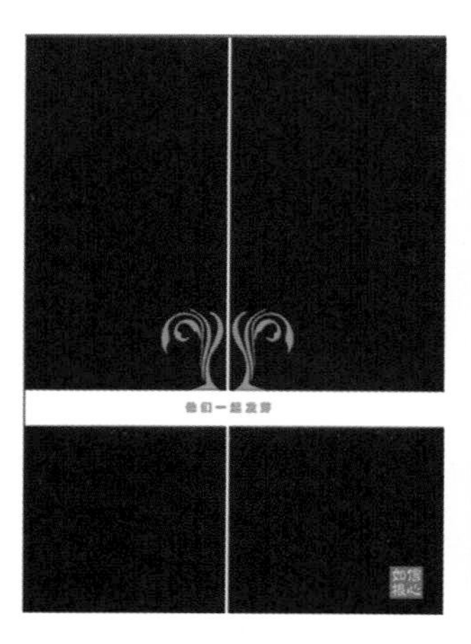
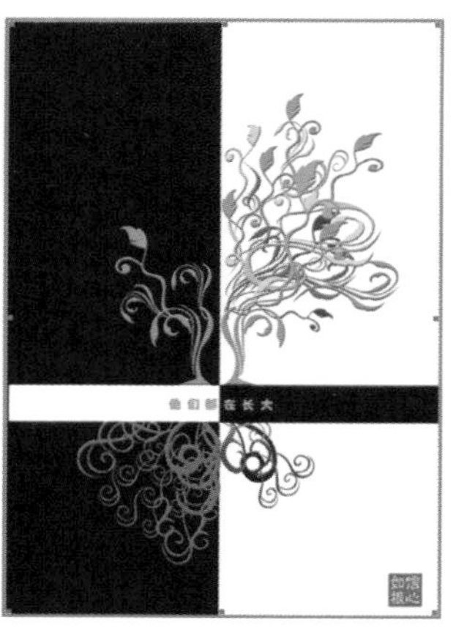

图9-131

（2）平面广告基本构成元素

① 图形。这是平面广告最重要的元素之一。有些广告全部靠图形来体现。图形广告最重要的是要体现创意，要使广告受众者能从图形中领会到其表现的深层含义，既要能让人看懂，又要感到有一定深度，能让人感到回味无穷。图形并非越复杂越好，也不在于色彩的艳丽，关键要能让人可看、可想、可品。

② 文字。平面广告设计中，文字的作用和设计方法常常容易被忽视。事实上，文字的设计与安排在平面广告设计中有着重要的作用和功效。文字设计的不考究，可能会破坏掉整个设计作品的意境，造成无法弥补的缺憾。文字除了与图形配合，起到对图形的说明、解释作用之外，还可独立地起到诸如说明、传递信息；吸引、导向；图形、符号等的作用。也有少量广告是仅靠文字的魅力来体现广告全部内容的。

③ 色彩。搭配合理的色彩对广告可以起到锦上添花的作用。当广告受众者在远处尚无法看清广告的内容时，最先映入眼中的就是色彩，它可以产生强烈的视觉冲击力，让人体会到与众不同的视觉感受。但要注意的是，色彩也并非越丰富越艳丽越好，只要运用得当，简单的黑、白、灰也常常能成为广告色的主角。色彩运用时，应注意的方面主要有：色彩的内涵、色彩的冷暖、色彩的对比、色彩的和谐、色块的大小等。

④ 版式。同样，对于整个广告作品而言，版式的设计是十分重要的。图形得当、文字合理、色彩适度的广告如果没有一个合理、新意的版式设计，就像一个人虽然五官漂亮、皮肤白皙、个头适中，却身材不协调，五官没长对位置，其形象可想而知。版式就是如此，好的版式设计有可能将平凡的图形、文字、色彩整合成优秀作品，而平庸的版式处理却可能将好的创意、好的文字、好的色彩搭配毁于一旦。

9.5.2 传统文化讲座海报设计

任务要求：完成如图9–132所示的传统文化讲座海报设计制作。

任务目标：初步认识和理解海报是什么，掌握CorelDRAW在海报设计中的实用技巧。

主要工具：矩形工具、透明工具、文本工具等。

主要命令：文件|导入、对象 | 造型、位图 | 轮廓描摹、对象 | 锁定、对象 | 顺序、等命令及相应的快捷键。

图9-132

操作步骤：

① 打开软件，按Ctrl+N，打开“创建新文档”对话框，如图9-133所示为文件命名为“传统文化讲座海报”，大小为A3(实际工作时，应按1 ∶ 1大小设定文件尺寸)，其它使用默认值，建立新的文件。

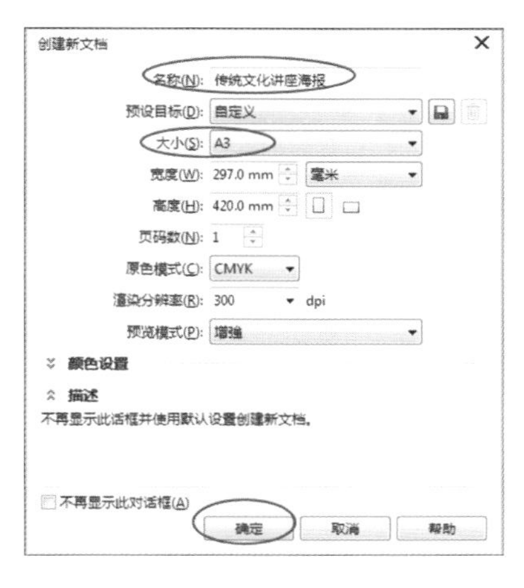

图9-133

② 双击工具箱中的矩形工具，在页面中生成一个和页面大小一样且完全重合的矩形，在调色板中选择黑色色块（C100M100Y100K100）进行填充。然后，选择“对象 | 锁定 | 锁定对象”将矩形锁定在页面上。

③ 按Ctrl+I，打开“导入”对话框，找到名为“瓦当素材”的JPG文件，点“确定”。然后在页面外空白处根据需要的图片大小拖出一个虚线框，如图9-134所示，图片就被导入进来了。

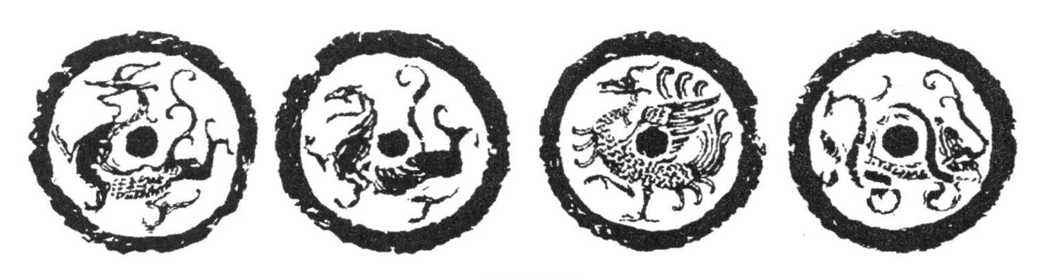

图9-134

④ 选择“位图 | 轮廓描摹 | 高质量图像”，打开如图9-135所示的对话框，在对话框中勾选“删除原始图像”“移除背景”，其他使用默认值不变，按“确定”，导入进来的位图转为矢量图。

⑤ 按Ctrl+U，打散群组。然后用选择工具框选第一个瓦当图片，按属性栏上的“合并”按钮，将被打散的对象焊接成为一个对象。用同样的方法将其它三个瓦当图片进行分别合并。

⑥ 用选择工具将四个对象移动为紧挨着的一排，按下快捷键E，使四个对象成水平排列，如图9-136所示。将其中的第一个对象复制一份放到一边，以备后用。然后将四个对象一起选中，按Ctrl+G，将对象群组。

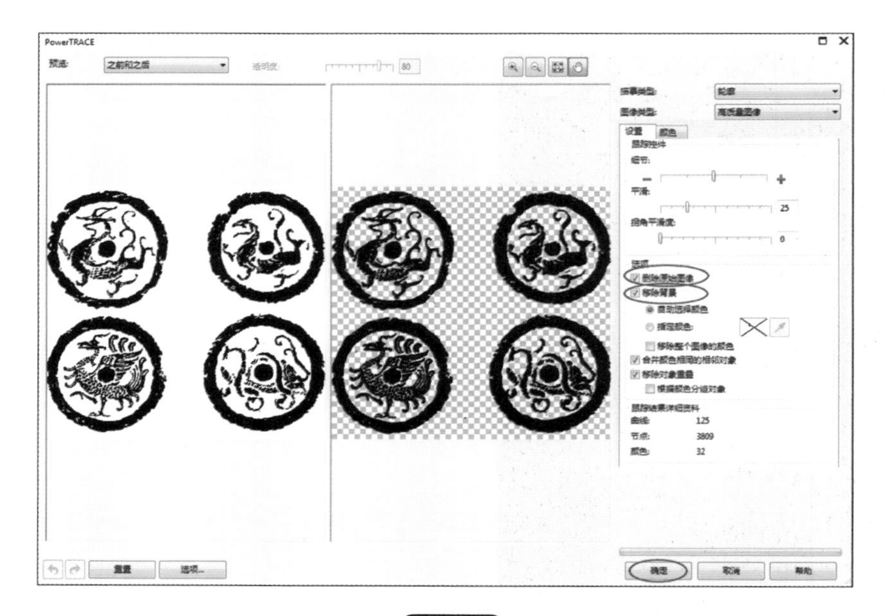

图9-135

图9-136

⑦ 如图9–137所示，用矩形工具在群组对象的下部画一个矩形框，框住对象的大半个部分。然后，用选择工具框选矩形框和瓦当组，在属性栏上单击“相交”，则它被矩形框住的下半部就被剪出来了，如图9–138所示（当前因为原始对象还在，所以剪切效果暂时看不出，为了看到效果，这里给它临时在调色板中填上红色）。

⑧ 用选择工具再次选中矩形和黑色的瓦当组，然后在属性栏上单击“移除前面的对象”。此时，矩形消失，瓦当的上半部被剪出来了，用选择工具选中上半部稍向上移，如图9–139所示，可以看到瓦当已分成黑与红两个部分。暂时将做好的两组对象放在一边待用。

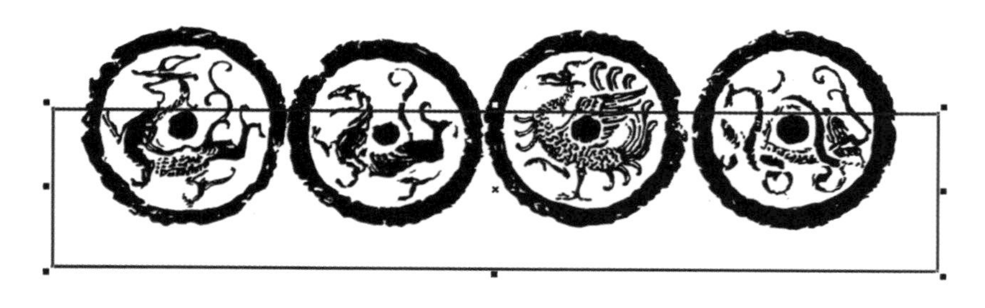

图9-137

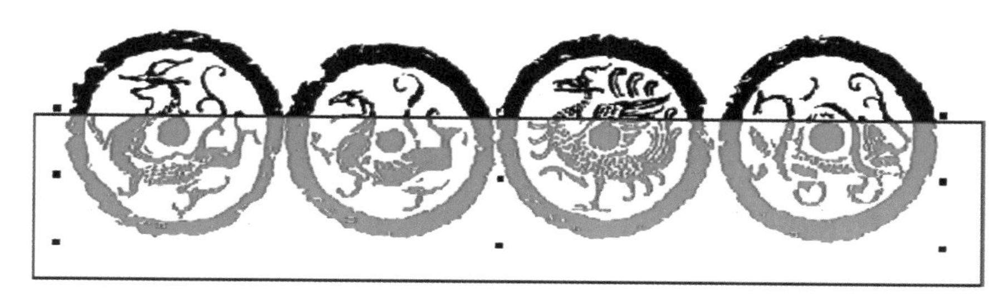

图9-138

图9-139

⑨ 选择工具箱中的文本工具，在页面外空白处单击并拖动画出一个与页面等长的长条形的文本框。单击Ctrl+I，找到文件名为“文字素材”的文本，将其导入进文本框。然后，用选择工具选择文本，在属性栏中设置字体为“经典繁印篆”(如电脑中未安装此字体，可先安装字体或找类似的古文字也可)。接着，选择“文本|段落文本框|使文本适合框架”。此时，文字自动会填满文本框。接下来，在调色板中单击80%黑，为文字填色。然后，用选择工具将文本移至页面中如图9-140所示的位置。

⑩ 用选择工具选择第⑥步复制的备用瓦当，将其复制一份移至图中，如图9-141所示，进行放大并填充白色。然后，用与第⑧步修剪相同的方法，将超出页面以外的对象部分剪去。再选择工具箱中的透明工具，将出现在对象底部的透明度滑块设定到80，对象效果如图9-141。

图9-140

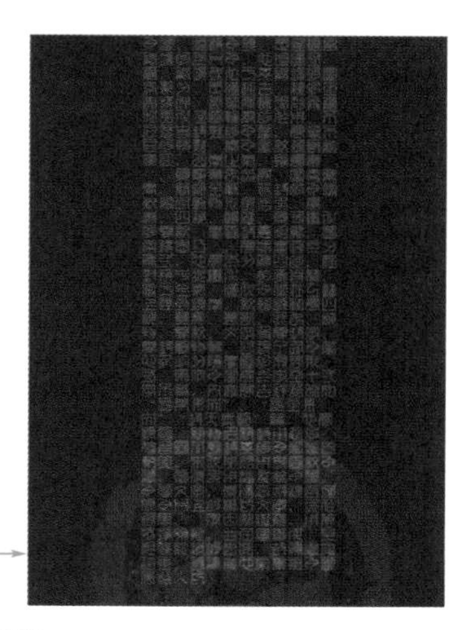

图9-141

⑪ 用选择工具分别选择第⑧步完成的瓦当群组对象的上半部和下半部，如图9–142所示移动到相应的位置，并进行合理的缩放使之与页面大小相符。然后，用选择工具将两组对象一起选中，选择“对象 | 顺序 | 到图层前面”（快捷键Shift+PageUp）。

⑫ 选择文本工具，在页面外空白处确定一个输入点，然后在属性栏上单击“将文本更改为垂直方向”按钮，文字输入方向变为由上向下输入。输入文字“中国传统文化讲座之三”，按回车键换行后，再继续输入“中国传统纹样之”。然后为文字填上红色，接着按Ctrl+K，将两行文字分离成两个独立的对象。

⑬ 在属性栏上为第一行文字设置字体为微软简隶书，字号为32号，为第二行文字设置字体为经典特宋简，字号为48号。如图9–143所示，将两行文字移动图中相应的位置。

图9-142

图9-143

⑭ 用选择工具选择第⑥步复制的备用瓦当，将其再复制一份。选择形状工具，按住Alt，小心在图案中画框，将瓦当中间的图案全部选中。然后，按Del键，去掉中间所有图案，只留下外圈（如果一次没有全选中，可以先删除一部分，然后继续选，直到全部删除为止）。

⑮ 如图9–144所示，将瓦当图案的外圈填充红色，然后放大后移动到页面中。接着，在属性栏上选择“文本换行”，在下拉列表中选择“正方形 | 跨式文本”。此时，背景中的文字会主动为圆圈让出一个空间来。

⑯ 选择文本工具，输入文字“瓦当”。选择选择工具，在属性栏上设置字体为“经典特宋简”，设置字号为72号，然后将文字移到上一步的圆圈中。

⑰ 用文本工具输入文字“主讲 | 彭丹”。字体设为“经典特宋简”，字号为52号。然后选择“对象 | 转换为曲线”（快捷键Ctrl+Q），将文字转为普通曲线。然后，选择选择工具，在属性栏上选择“文本换行”，在下拉列表中选择“正方形 | 跨式文本”。此时，如图9–145所示，背景中的文字会主动为转曲后的文字让出一个空间来。接着用同样的办法，将“中国传统纹样之”“中国传统文化讲座之三”都设为“文本换行”。然后用选择工具选中背景文本，选择“文本 | 段落文本框 | 使文本适合框架”，以调整文字的大小，保证所有的文字内容都能够显示出来。

⑱ 选择文本工具，如图9–146所示，输入文字关于时间、地点、主办单位的文字信息。然后按属性栏上的“将文本更改为垂直方向”按钮，将文字方向变更为垂直方向。接着，将文字字

图9-144

图9-145

体设为“经典特宋简”，字号为28号。

⑲ 选择“文本 | 文本属性”打开文本泊坞窗。如图9-146所示，用文本工具依次选择“时间”“地点”两个字，在“字符”选项卡中，设置“字符调整范围为10”，此时，文字的间距稍稍拉大，“时间”、“地点”与“主办单位”的底部达到水平状态。然后，用选择工具选这个文本，切换到“段落”选项卡中，将行间距设为150。效果如图9-146右图所示。然后，在调色板中将文字颜色设为红色。

⑳ 用选择工具选择第⑥步复制的备用瓦当，将其再复制一份。用矩形工具在瓦当下半部画一个矩形框将瓦当框住，用选择工具将两个对象选中，在属性栏上按下“移除前面对象”按钮，得到剪出的瓦当的上半部。再用同样的方法，在另一个瓦当上修剪出下半部分。选中两个对象，在调色板中将颜色填充为红色。然后，用选择工具将文字和两个半片瓦当图案调整为合适的大小并移动到页面中的右下角。得到如图9-147所示的效果，作品就完成了。

图9-146

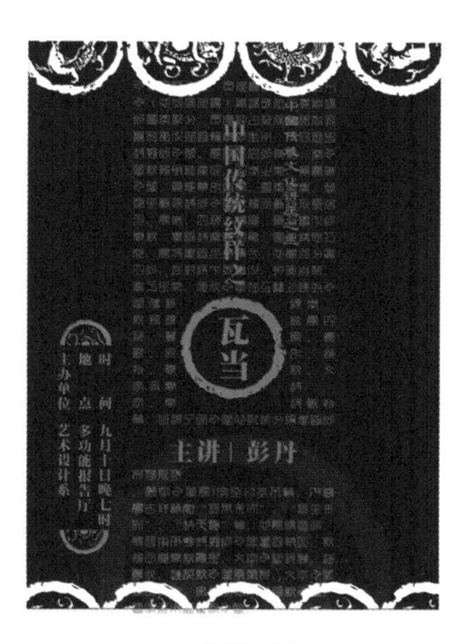

图9-147

参 考 文 献

[1] [美]Rick Altman. CorelDRAW 9从入门到精通[M]. 毛选译. 北京：电子工业出版社，1999.

[2] 徐伟雄、王朝蓬. 电脑美术平面设计案例[M]. 北京：高等教育出版社，1999.

[3] 张璇、龚正伟. CorelDRAW企业标识，产品包装和广告设计[M]. 北京：清华大学出版社，2001.